U0224362

国内外模板脚手架
研究与应用

中国模板脚手架协会

糜加平　著

中国建材工业出版社

图书在版编目（CIP）数据

国内外模板脚手架研究与应用／糜加平著．—

北京：中国建材工业出版社，2014.10

ISBN 978-7-5160-0899-7

Ⅰ．①国…　Ⅱ．①糜…　Ⅲ．①建筑工程－模板－研究
②脚手架－研究　Ⅳ．①TU755.2②TU731.2

中国版本图书馆 CIP 数据核字（2014）第 158054 号

内 容 简 介

本书为作者近 10 多年来在"施工技术"、"建筑施工"、"建筑技术"等全国性学术刊物上发表的论文 41 篇，未发表的论文 10 篇，以及在全国性学术会议上发表的重要报告 6 篇，共 57 篇汇编而成的专著。本书是 2001 年出版的"建筑模板与脚手架研究及应用"一书的延续，不仅具有学术性、资料性，还有一定的实用性和参考借鉴的价值。

本书内容主要包括我国模板行业技术进步与发展趋势、新型模板、脚手架的发展与应用技术、国外模板公司的先进产品和技术、国外各种先进模板和支承系统等。

本书可供建筑工程施工、科研等技术人员学习参考，也可供大专院校相关专业师生学习参考。

国内外模板脚手架研究与应用

中国模板脚手架协会

糜加平　著

出版发行：中国建材工业出版社

地　　址：北京市西城区车公庄大街 6 号

邮　　编：100044

经　　销：全国各地新华书店

印　　刷：北京鑫正大印刷有限公司

开　　本：787mm×1092mm　1/16

印　　张：18.25　彩插：0.5 印张

字　　数：464 千字

版　　次：2014 年 10 月第 1 版

印　　次：2014 年 10 月第 1 次

定　　价：98.00 元

序

糜加平同志是中国模板脚手架协会第一任秘书长，也是我国模板行业的创始人之一，长期以来，他和秘书处全体人员共同为协会的建设、技术进步、行业发展，开展了大量的工作。

1991 年到 2010 年，糜加平同志通过协会组织模架技术的国内外交流，引进和学习国外模板公司的先进技术，促进我国模板行业的发展。多年来，曾组织大型和部分中小型企业的领导和技术骨干，前后五次赴欧洲多国考察模板脚手架技术，又先后组团赴日本、韩国、美国、澳大利亚、加拿大等国的 50 多个模板公司进行考察和交流，增长了见识，学到了不少东西。

近年来，协会接待和参加交流的国外模板公司越来越多，先后与日本、德国、芬兰、奥地利、意大利、英国、法国、美国、加拿大、澳大利亚、韩国、西班牙、智利、新加坡等国的几十家模板、脚手架及胶合板公司进行交流。通过出国技术考察和接待外国公司技术交流，对我国模板和脚手架行业的领导层和技术人员，在生产技术、技术发展趋势、经营管理、品种多样化、开拓国外市场等方面增长了见识，开阔了眼界，对我国模架技术进步和开拓海外市场有很大的推动作用。

30 多年来，糜加平同志在模架新技术的研发和推广应用方面，在模板行业的管理和服务工作中，以及在组织国内外模板公司的技术交流中做了大量工作，取得了较大的成就，也积累了丰富的资料。由于他长期从事模板、脚手架技术研究和行业管理工作，知识面宽广，对国外模架技术的认识更加深透。在协会成立 30 周年之际，他整理了近十年来撰写的相关资料，以及在有关学术刊物和全国性学术会议上发表的论文汇集成册，供行业同仁分享。汇编内容涉及我国模板行业的发展历程、新型模板、脚手架技术进步、国外模板公司的各种体系和应用技术等，对模板行业今后的技术发展，都有借鉴作用。

刘鹤年

2014 年 5 月 31 日

前　言

我 1973 年参加液压滑动模板的研究工作，1978 年负责组合钢模板的研究设计和技术开发工作，1984 年中国模板协会成立，25 年连任协会副理事长兼任协会秘书长，1999 年从冶金部建筑研究总院退休后，专职协会秘书长工作，2010 年退出协会秘书长职务。我从事模板、脚手架行业工作 40 余年，将大半生献身给模架工程事业。

多年来，我曾主持完成"组合钢模板"、"门式脚手架"、"钢框竹胶板模板"等十一项国家级和部级重点科研项目；主持编制"组合钢模板技术规范"、"竹胶合板模板"等国家级和部级标准八项；申报"碗型承插式脚手架"和"自承式钢竹模板"两项国家专利。以上成果曾先后荣获国家级科技进步三等奖、冶金部重大科技成果二等奖、冶金部科技进步二等奖、建设部科学技术推广应用一等奖等十多项科技成果奖。

在上级领导同志的热情关怀和广大会员单位的大力支持下，我结合技术研究、推广应用和行业管理工作，写出了许多有关模板、脚手架的研究报告、学术报告、论文和书籍。其中在"施工技术"、"建筑技术"、"建筑施工"等全国性学术刊物上发表论文 90 多篇，在全国性学术会议上发表重要论文 30 余篇，完成科技研究报告 10 多篇，发挥了新技术和新产品的积极推广和导向作用。

2001 年，我选用了 1980 年~2001 年发表的论文和报告共 55 篇，编辑出版了"建筑模板与脚手架研究及应用"专著，是我国第一本建筑模板与脚手架技术论文专著。主要介绍组合钢模板的研究开发、设计制作和工程应用；新型模板、脚手架的发展动向、研究开发等。

本书是"建筑模板与脚手架研究及应用"一书的延续，选用了 2003 年~2014 年发表的论文和报告 47 篇，未发表的论文 10 篇，主要介绍我国模板行业技术进步与发展趋势、新型模板、脚手架的发展与应用技术、国外模板公司的先进产品和技术、国外各种先进模板和支承系统等。不仅具有学术性、资料性，还有一定的实用性和参考借鉴的价值。

2014 年是中国模板脚手架协会成立 30 周年，也是模板脚手架行业发展的 30 年。如果本书对我们回顾模板行业取得的成就及发展前景，借鉴国外的先进模板和脚手架技术，促进模板、脚手架的研究开发、技术进步和推广应用情况有所参考和帮助；对进一步提高我国模板与脚手架的技术水平能够发挥一点积极作用的话，则将是我出版这本专著的最大愿望。

在本书撰写过程中，去年本人曾一度患病，为了能在协会成立 30 周年前出版，半年以后身体有了好转，又马上执笔。由于本人水平有限，本书中有些观点可能有不妥之处，恳请批评指正。另外，中国模板脚手架协会原理事长刘鹤年、秘书长赵雅军、北京奥宇模板有限公司、芬兰芬欧汇川（中国）有限公司、石家庄市太行钢模板有限公司、涿州市三博桥梁模板制造有限公司、廊坊兴山木业有限公司、无锡速捷脚手架工程有限公司等单位的领导和同志们给予支持、关心和帮助，谨此表示衷心感谢。

糜加平

2014 年 5 月

目　录

历年考察国外著名模板公司的合影照片

北京奥宇模板有限公司

芬兰芬欧汇川（中国）有限公司

石家庄市太行钢模板有限公司

涿州市三博桥梁模板制造有限公司

廊坊兴业木业有限公司

无锡速捷脚手架工程有限公司

一　综合评述

1 我国模板行业发展的回顾

我国模板行业是一个新兴行业，是伴随着我国改革开放一起发展的，30多年来，我国模板行业的技术进步和在建筑施工中起的重要作用是有目共睹的，取得的经济效益和社会效益也是非常可观的。模板行业是从无到有，从小到大得到较大发展；模板、脚手架的品种规格不断完善；模板设计和施工技术水平不断提高；模板行业在建筑施工中的作用越来越大；模板行业为国家经济建设做出了巨大贡献。目前，全国建筑施工用各种钢模板、各类钢脚手架和钢跳板、钢支撑、钢横梁等的用钢量达到3260多万吨，木胶合板模板使用量达到1200多万 m^3，竹胶合板模板的使用量达到400多万 m^3。2007年我

在德国慕尼黑博览会参观

国各种模板的年产量总计约达8亿 m^2 以上，是名副其实的世界模板生产大国。我作为模板行业的创始人之一，25年连任协会副理事长兼秘书长，亲身经历和见证了我国模板行业的发展历程。

一、模板行业建立的背景

十一届三中全会以后，我国转入以经济建设为中心的发展局面，基本建设进入大发展阶段，但面临一个严重问题是基建用木材十分紧缺，使得许多基建施工工程无法开工。中央有关部门及时提出"以钢代木"的重要技术经济政策。1978年上海宝钢工程建设需要大量模板，由于当时我国还是主要采用木模板，不能满足工程建设的要求。原计划要从日本进口大量组合钢模板，后来冶金部领导指示自己开发组合钢模板，并将这个课题交给冶金部建筑研究总院，我院又将它交给我负责完成。

1979年初，在冶金部有关部门的领导和支持下，由冶金部建筑研究总院与二十冶、武钢金属结构厂等单位协作，研究成功了组合钢模板生产和施工工艺，首先在上海宝钢建设工程中大量应用。同年12月，由冶金部在宝钢召开组合钢模板技术成果鉴定会，中央各部的基建部门和施工企业都参加了会议，组合钢模板科技成果通过了鉴定。

1980年5月，由原国家建委施工局在宝钢召开了组合钢模板现场经验交流会，交流了宝钢工程应用钢模板的经验，并正式确定首先在中央各部建立钢模板定点生产厂，大量推广应用。

1981年10月，由原国家建委施工局和国家物资总局在北京召开全国组合钢模板技术规范审定及经验交流会。使钢模板产品标准化，为推广应用打下了良好基础。

1982年11月，由原国家建委施工局在常州召开全国推广使用组合钢模板经验交流会，交流了组合钢模板的施工技术和使用管理经验。

1983年7月，由原国家计委施工局在河北沙河市召开全国组合钢模板技术与管理工作

会议。邀请有经验的科技人员为钢模板生产厂、施工单位和租赁站等人员进行讲课。

　　1984 年 1 月，由原国家物资总局在北京召开全国木材节约代用会议，重点表彰了以钢代木、推广应用钢模板成绩显著的单位。

　　通过多次召开全国性经验交流会，钢模板的推广应用取得重大成就，已建立钢模板厂 150 多家，钢模板年产量达到 500 万 m²，钢模板拥有量达到 1400 万 m²，施工使用面已达到 41%。经原国家计委施工局批准，由我院负责组建，于 1984 年 5 月 30 日在北京成立了中国模板协会，中央各部门和省市所属的有关科研、生产、施工、租赁和管理部门等 80 多个单位和个人参加了协会。随着组合钢模板的推广应用和各种新技术、新产品的开发，从设计、

在芬欧汇川木业公司考察

科研、生产、施工和租赁等各个方面，形成了一个独立的模板行业。由此开始，我国模板行业不断发展壮大，以后还相继成立了"中国建筑金属结构协会建筑模板脚手架委员会"、"中国建筑学会施工学术委员会模板与脚手架专业委员会"、"中国模板协会租赁委员会"、"中国模板协会竹胶板专业委员会"、"中国模板协会木胶合板专业委员会"等一批全国性二级社团组织，以及一批地方性社团组织。

二、我国模板行业取得的成就

1. 模架企业的数量不断增加

　　20 世纪 70 年代初，我国建筑结构以砖混结构为主，建筑施工用模板以木模板为主，当时还没有一家模板生产厂。组合钢模板的大量推广应用，改革了模板施工工艺，节省了大量木材，钢模板使用量曾达到 1 亿多 m²，推广应用面曾达到 75% 以上，钢模板生产厂曾达到 1000 多家，钢模板租赁企业曾达到 13000 多家，年节约代用木材约 1500 万 m³，取得了重大经济效果和社会效果。

　　20 世纪 90 年代以来，我国建筑结构体系又有了很大发展，高层建筑、超高层建筑和大型公共建筑大量兴建，大规模的基础设施建设，城市交通和高速公路、铁路等飞速发展，对模板、脚手架施工技术提出了新的要求。我国不断引进国外先进模架体系，同时也研制开发了多种新型模板和脚手架。当前，我国以组合钢模板为主的格局已经打破，已逐步转变为多种模板并存的格局，组合钢模板的应用量正在下降，新型模板的发展速度很快。

　　全钢大模板 1996 年后得到大量推广应用，现有全钢大模板厂 150 多家，年产量达到 460 万 m²。竹胶合板模板是 20 世纪 90 年代末得到大量推广应用，现有竹胶合板模板厂 500 多家，年产量达到 270 万 m³。木胶合板模板是 1997 年开始大量进入国内建筑市场，并得到迅猛发展，现有木胶合板模板厂 700 多家，年产量达到 997 万 m³。桥梁模板是 20 世纪 90 年代中期发展起来的，现有桥梁模板厂 200 多家，年产量达到 800 多万 m²。

　　20 世纪 60 年代以来，扣件式钢管脚手架在我国得到广泛应用，其使用量占 60% 以上，是当前使用量最多的一种脚手架。目前，全国脚手架钢管约有 1000 万吨以上，但是这种脚手架的最大弱点是安全性较差，施工工效低、材料消耗量大。

　　20 世纪 80 年代初，我国先后从国外引进门式脚手架、碗扣式钢管脚手架等多种型式脚手架。碗扣式钢管脚手架是新型脚手架中推广应用最多的一种脚手架，在许多重大工程中大

量应用。20世纪90年代以来，国内一些企业引进和开发了多种插销式钢管脚手架，由于这些新型脚手架是国际主流脚手架，具有结构合理、技术先进、安全可靠、节省材料等特点，在国内一些重大工程已得到大量应用。目前，国内有专业脚手架生产企业200余家。

2. 模架的品种和规格不断完善

随着混凝土施工技术的发展，模板材料向多样化和轻型化发展，模板使用向多功能和大面积发展。20世纪80年代，我国模板工程以组合钢模板为主，20世纪90年代以来，由于新型材料的不断出现，模板种类也越来越多，目前使用的主要有以下几种：

在日本模板工厂考察

（1）钢模板

除组合钢模板外，已开发了宽幅钢模板、全钢大模板、轻型大钢模、63型钢框钢面模板等。

（2）竹胶合板模板

最早使用的是素面竹席胶合板模板，现已开发了覆膜竹帘竹席胶合板模板、竹片胶合板模板、覆木或覆竹面胶合板模板等。

（3）木胶合板模板

目前大量使用的是素面木胶合板模板，应提倡使用覆膜木胶合板模板。

（4）钢（铝）框胶合板模板

最早使用的是55型钢框胶合板模板、63型钢框胶合板模板，现已开发了大型钢（铝）框胶合板模板等。

（5）塑料模板

最早使用的是定型组合式增强塑料模板、强塑PP模板。目前开发的产品多种多样，如增强塑料模板、中间空心塑料模板、低发泡多层结构塑料模板、工程塑料大模板、GMT建筑模板、钢框塑料模板、木塑复合模板等。

随着模板工程技术水平的不断提高，模板规格正向系列化和体系化发展，出现了不少适用于不同施工工程的模板体系，如组拼式大模板、液压滑动模板、液压爬升模板、台模、筒模、桥梁模板、隧道模板、悬臂模板等。

20世纪60年代初，扣件式钢管脚手架在国内得到大量应用，至今仍是应用最普遍的一种脚手架。20世纪70年代以来，我国从国外引进和开发了门式脚手架、方塔式脚手架、碗扣式钢管脚手架等。

20世纪90年代以来，随着我国大量现代化大型建筑体系的出现，扣件式钢管脚手架已不能适应建筑施工发展的需要，国内一些企业引进国外先进技术，开发了多种新型脚手架，如各类圆盘式脚手架、U形耳插接式脚手架、V形耳插接式脚手架、方板式脚手架以及各类爬架等。

3. 模架设计和施工技术不断进步

20世纪60年代模板工程施工都是由木工进行放大样，施工设计比较简单。20世纪70年代以后，随着建筑规模越来越大，建筑结构体系越来越复杂，一般都是由技术人员用人工进行设计、计算和绘图。20世纪90年代以来，模架施工设计进行了重大改革，设计手段又有了新的飞跃，一些模板公司开发了各种模板设计软件，已有不少模板公司和施工企业利用计算机进行模板施工设计、计算和绘图，不仅速度快，节省人工，而且计算精确，还可节省模板和配件的置备量。

20 世纪 80 年代以来，我国模板施工技术也有了较大的进步，如台模施工方法已开发了立柱式、挂架式、门架式、构架式等多种形式的台模。爬模施工技术现已从人工爬升发展到液压自动爬升，爬升动力从手动葫芦、电动葫芦发展到特殊大油缸、升降千斤顶；从只能爬升外墙施工发展到内外墙同时爬升施工。全钢大模板施工技术从"外挂内浇"施工工艺，发展到"外砌内浇"及"内外墙全现浇"施工工艺。电梯井筒模施工技术也发展很快，已开发了各种形式的筒模。

20 世纪 90 年代以来，随着我国铁路、公路建设的飞速发展，桥梁和隧道模板施工技术得到了很大进步。如在高速铁路和公路的桥梁中，已向大体积大吨位的整孔预制箱梁方向发展。在现浇箱梁的施工中，已大量采用移动模架造桥机及挂篮。广泛应用于城市高架、轻轨、高速铁路和公路桥施工。在隧道衬砌施工中，已广泛使用模板台车，近几年模板台车不断创新，从平移式发展到穿行式，从边顶拱模板发展到全断面模板。目前模板台车主要有穿行式全断面模板台车、平移式全断面模板台车、针梁模板台车、穿行式马蹄形模板台车、非全圆断面模板台车等。广泛应用于公路、铁路、水利水电的隧道施工。

4. 模架在施工中的作用越来越大

现浇混凝土结构的费用、劳动量、工程进度和工程质量等，很大程度上取决于模板工程的技术水平及工业化程度。随着建筑结构体系的发展，大批现代化的大型建筑体系相继建造，其工程质量要求高，施工技术复杂，施工进度要求快。模板质量的优劣，直接影响到混凝土工程的质量好坏及工程成本。当前，许多现浇混凝土工程要求达到清水混凝土的要求，因此，对模板的质量和技术也提出了新的要求。

20 世纪 80 年代以来，推广应用组合钢模板使现场施工面貌发生很大变化，模板的装拆施工由过去木工的锯、刨、钉的传统操作，改为用扳子、锤子等工具的简单操作。采用大模板又使模板装拆施工实现机械化吊装，大大提高了施工工效和施工速度。采用爬模、滑模工艺的工程一般可减少模板用量 60% 左右，采用早拆模板技术一般可减少模板用量 40%～50%。采用新型脚手架不仅施工安全可靠，装拆速度快，而且脚手架用钢量可减少 30% 以上，装拆工效提高 2 倍以上，施工成本可明显下降，施工现场文明、整洁。新型模架和先进模板施工工艺在各地重点工程和全国大部分示范工程中已大量应用，在混凝土施工中的作用越来越大。

三、一些体会

1. 边学边干，献身模架工程事业

20 世纪 70 年代，我国模板、脚手架施工工艺很落后，组合钢模板的推广应用，促进了模板施工技术的重大进步。为了了解国外模架先进技术的发展情况，协会多次组织会员单位到国外先进模板公司考察学习，并引进国外先进模架技术。为了在模板行业中推广应用模架新技术，不但要组织新型模架的技术开发，还要了解模架设计、生产工艺和施工技术，还要组织技术交流、技术培训、工程试点，制定技术和管理标准等一系列行业管理工作。我 1973 年参加液压滑动模板的研究工作，1978 年负责组合钢模板的研究设计和技术开发工作，1984 年中国模板协

在协会年会上作报告

会成立，兼任协会秘书长，1999 年从冶金部建筑研究总院退休后，专职协会秘书长工作，2010 年退出协会秘书长职务。我从事模板、脚手架行业工作 40 余年，将大半生献身给模架工程事业。

20 世纪 80 年代初，我国行业协会刚兴起，中国施工企业管理协会和中央部委一批协会相继成立，中国模板协会也是同期成立的，并接受中国施工企业管理协会的业务指导。20 世纪 90 年代初，全国性社会团体由民政部审核登记，我们这批协会都是首批通过核准登记。对我来讲，秘书长的协会管理工作是全新的，没有一点工作经验。中国施工企业管理协会每年组织召开各部委协会秘书长会议，交流各协会的工作经验和体会，布置下一步协会工作，自己学到很多行业管理经验，特别是中国施工企业管理协会张岳东秘书长的严谨的工作作风，一直是我要学习和敬佩的。

2. 技术创新，促进行业技术进步

利用技术发展协会，依靠协会开发技术，这是我协会多年工作的一点体会。由于我是模板研究室主任兼协会秘书长，这给我开展研究工作提供了有利条件，可以组织有关会员企业和专家参与模板、脚手架的研究开发，及时提出行业发展方向。我组织开展的研究项目除组合钢模板外，有定型钢跳板、YJ 型钢管架、YJ 型门式脚手架、钢模板矫平机、碗型承插式脚手架、竹胶合板模板和钢框竹胶合板模板等十一项国家级和部级重点科研项目；主编九项国家级和部级技术标准；申报"碗型承插式脚手架"和"自承式钢竹模板"两项国家专利。自己也得到了一些荣誉，先后荣获国家级科技进步奖和十多项部级科技成果奖，以及冶金部先进科技工作者，全国施工技术进步先进个人，全国标准化荣誉工作者，冶金部标准化先进工作者等，并享受国务院特殊津贴。

我们还通过大会推荐新产品、新技术；召开现场应用研讨会；新产品、新技术交流会和评议会；在有关刊物和简讯上进行介绍等多种形式，促进了模架新技术的推广应用。多年来，得到协会支持推广应用的模架新产品、新技术，有宽幅钢模板、钢模板自动连轧机生产线、钢模板维修设备、覆膜竹胶合板模板、覆膜木胶合板模板、钢框胶合板模板，组拼式全钢大模板、无背楞全钢大模板、塑料模板、玻璃钢模壳、门式脚手架、碗扣式钢管脚手架、插销式脚手架、方塔式脚手架、爬升式脚手架、轻型钢脚手板、模板快拆体系等。这些新技术的推广应用，对模板行业的技术进步起了很大的促进作用。

3. 走出去请进来，学习国外先进技术

中国模板协会原理事长刘鹤年说过，随着国家改革开放，协会应组织会员单位多走出国门，看看我国的模板、脚手架与国外先进国家有多少差距，学习国外先进技术和管理经验。多年来，协会组织 10 多次出国技术考察，先后赴芬兰肖曼木业有限公司、德国 HüNNEBECK、PERI、MEVA、奥地利 DOKA、意大利 FARESIN、英国 SGB、西班牙 ULMA、美国 SYMONS、加拿大 ALUMA、Tabla、澳大利亚 SPI、科康、日本川铁机材工业、住金钢材工业、韩国金刚工业株式会社等 50 多个模板公司进行考察和交流。

在加拿大建筑工地

通过出国技术考察，增长了见识，开阔了眼界，学到了不少东西，获取了大量有价值的模板、脚手架资料，对指导我国模板工程技术进步，将会有很大促进作用。有些企业已经将考察中学到的技术应用到国内模板设计中，有些企业的模板产品已走出国门，特别是一些脚手架企业，已具备加工生产各种新型脚手架的能力。产品的材料控制、生产工艺、产品质量和安全管理等方面，都能达到国外标准的要求。现在日本、韩国、欧洲、美国等许多国家的脚手架企业，基本上已经不在本土生产脚手架，有许多企业和贸易商到中国来订单加工。

我们还广泛邀请国外模板公司到中国来，到协会年会上进行技术交流，让更多的企业了解国外的模板、脚手架新技术以及发展趋势。随着我国基本建设规模的大发展，外国模板公司对中国建筑市场越来越有兴趣，纷纷到中国来设立办事处，与中国企业合资办厂，销售模板、脚手架产品和施工技术。我们对有意进入中国市场的外国模板公司认真接待，给予帮助，引进和学习国外模板公司的先进技术，促进模板行业的发展。

4. 结合日常工作，撰写书籍论文

20 世纪 80 年代，在政府有关部门的支持下，组合钢模板在全国正在大量推广应用，许多生产和施工企业急需参考资料，当时国内还没有这方面的参考书籍，为此，我们专门组织编写了各种参考书籍。1985 年组织冶金、水电、煤炭、铁道、城乡、中建等部门和地区的 21 个单位参加，编制出版了《组合钢模板施工手册》，为现场施工和管理人员提供了一本具有指导钢模板应用技术的工具书。1986 年我和陈宗严合作编写出版了《组合钢模板》一书，是我国第一本系统介绍钢模板生产、施工和管理方面知识的书籍。1988 年我与王根林、陶茂华合作编写了《组合钢模板施工技术与租赁管理》一书，是为钢模板租赁企业进行技术培训，提供一本系统介绍组合钢模板和钢脚手架知识的教材。

1994 年我组织编写的《中国模板行业十年发展与技术进步》一书，是我国第一本反映模板行业 10 年改革、发展和技术进步的专业书籍。

1994 年原建设部提出建筑业重点推广应用 10 项新技术，为了更好地推广应用建筑业 10 项新技术，2001 年原建设部组织编写出版了《建筑业 10 项新技术及其应用》一书，有 10 项新技术咨询服务单位的负责人和专家共 17 人参加编写。我负责编写"新型模板、脚手架应用技术"一章。2005 年和 2010 年"建筑业 10 项新技术"在内容上作了大幅调整，拓宽了覆盖面，原建设部分别组织编写出版了《建筑业 10 项新技术（2005）应用指南》和《建筑业 10 项新技术（2010）应用指南》，我参加编写"模板及脚手架技术"中的一部分。

2001 年我撰写出版了《建筑模板与脚手架研究及应用》一书，该书收集了作者二十多年来，在全国性学术刊物和全国性学术会议发表的部分重要论文，以及重要科技研究报告，是我国第一本模板与脚手架技术论文专著，对回顾二十多年来我国模板、脚手架工作的发展历史、研究开发、技术进步和推广应用等将会有所参考和帮助。

多年来，我结合日常工作，写出了许多有关模板、脚手架的研究报告、学术报告、论文和书籍。其中主持编写了《组合钢模板》、《组合钢模板施工手册》、《建筑模板与脚手架研究及应用》等七本书籍；参加编写了《建筑业 10 项新技术及其应用》、《建筑业 10 项新技术应用指南》、《建筑百科全书》等七本书籍；在"施工技术"、"建筑技术"、"建筑施工"等全国性学术刊物上发表论文 90 多篇，在全国性学术会议上发表重要论文 30 余篇，完成科技研究报告 10 多篇，发挥了新技术和新产品的积极推广和导向作用。

载于《施工技术－资讯》2013 年第 11 期

2 我国模板行业面临的挑战

20 多年来，我国模板、脚手架技术进步有目共睹，取得的经济效益和社会效益十分可观。模板行业从无到有，从小到大，模板、脚手架的品种规格不断增加和完善，模板施工设计和施工技术水平不断进步，模板行业在建筑施工中的作用越来越大。但是，我国模板行业与发达国家相比，无论在技术水平、产品质量、生产规模、行业管理上都存在较大的差距。加入 WTO 后我国的模板企业不仅要应对国内企业之间的竞争，还将面临国际模板公司的挑战。

1. 科技投入问题

没有较大的科技投入，就不可能有较大的科技进步。当前在科技投入方面，无论是施工企业，还是模板生产厂，都普遍存在科技投入不足的问题。许多施工企业，仍然用 20 世纪 80 年代的施工设备和技术来应付新世纪的建筑市场，许多模板生产厂的生产工艺和生产设备还都是 20 世纪 80 年代的水平。20 世纪 90 年代以来钢模板生产技术进展不大。如钢模板连轧机成型、CO_2 气体保护焊、静电喷漆、电泳涂漆等先进生产工艺，大多数厂家还无力或无意识采用。

科技投入一定要看准方向，否则会适得其反。一些企业在本行业科技投入严重不足的情况下，又想让企业有所发展，势必走扩展产业领域的道路。而扩展的领域选择有误，结果造成丧失原有的市场优势，给企业带来沉重的负担。苏州申庄钢模厂，20 世纪 80 年代末企业的钢模板和钢管的生产规模，在江南地区居首家，这时企业开发了一种叫碧仙的营养品，结果产品销路打不开，营养品厂倒闭，给企业背上沉重的债务，申庄钢模板厂的利润几乎都上交了银行利息。辽宁黎明建筑五金厂，在 20 世纪 80 年代末，钢模板生产规模也较大，为了扩展生产业务，企业开发深井泵，试验了几百次，贷款上千万元，结果新产品开发不成功，银行贷款还不了，钢模板生产几乎被拖垮。

目前，国内大部分钢模厂、模板公司、胶合板厂的生产技术和装备水平都较低，设备简陋，大部分是手工操作。因此企业决策者，应瞄准本行业发展，努力提高企业的技术水平和装备能力，为企业 5 年、10 年的发展进行相关技术储备。例如鞍山模板厂，最近投入几百万元开发了 4 条钢模板连轧机生产流水线，不仅产量大幅度提高，产品质量也得到保证，提高了企业的竞争力。又如北京奥宇模板公司，投入几百万元与清华大学协作，正在开发钢大模板自动焊接生产流水线，这条生产线成功后，将使全钢大模板的产量和质量都跃上一个新台阶。

2. 技术进步问题

20 多年来，许多科研单位、生产和施工企业都一直在学习和引进国外先进技术，在模板、脚手架产品开发和施工技术方面都有较大进步。但是，一些国外仍然大量应用的模板、脚手架技术，在我国却推广应用了几年就一个接一个地萎缩了。如钢板扣件脚手架，目前国外很少采用玛钢扣件脚手架，大多采用钢板扣件脚手架，我国 20 世纪 80 年代初在上海宝钢等地首先应用，几年后，钢板扣件厂家全部倒闭或转产。又如钢支柱，目前在许多发达国家仍然大量应用，并且钢支柱的使用功能越来越多。我国20世纪80年代，北京、天津等许多城市的施工工程中大量应用了钢支柱，至20世纪90年代后期逐步退出。又如门式脚手架，在发达国家仍然是主导脚手架，我国20世纪80年代初开始应用，并建立了20多家门式脚手架生产厂，但几年后不少厂家也纷纷倒闭或转产。而目前在广东地区，又建立了不少小型门式脚手架生产厂，产品质量较差。国内也有几家产品质量好的厂家，如无锡远东建筑器材公司和无锡正大生建筑器材有限公司，但大部分产品都远销国外，国内应用仍不多。还有钢框胶合板模板，我国从20世纪80年代中期开始研究开发，从面板材料、模板设计、施工技术等方面都取得较大的进步。1996年以后，钢框胶合板模板的应用量大量下滑，许多生产厂家转产钢大模板。

上述模板、脚手架技术没有得到大量推广应用，并不是这些技术不先进或不符合我国国情，而是需要加大技术和资金投入，解决技术难关，提高技术水平和产品质量。

目前，竹胶合板的推广应用速度仍较快，但是产品质量仍属中、低档水平。近年来，在沿海许多城市大量采用木胶合板模板，其中大部分是素面木胶合板。由于我国木材资源比较贫乏，国家又下令保护生态资源，严禁乱砍乱伐森林，因此，对推广应用木胶合板模板，存在着不同的意见。我认为采用木胶合板模板应该是发展方向，不能由于保护森林而不采用木胶合板模板，而应合理应用、促进其健康发展。下面讲几点理由。

（1）木材是一种可再生资源，一般树木10~20年即可成材，而铁矿资源要几万年。木材又是一种节能型材料，生产能耗小，每加工1吨木材的能耗为279kW·h，而钢材的能耗为木材的27倍。

（2）我国人造板产量已居世界第二，其中胶合板的产量居世界第三。模板用胶合板一般占胶合板总量20%~50%，则我国木胶合板模板产量约为200万 m^3。这么大产量的胶合板模板必须合理利用，并走向市场，使之健康发展。

（3）当前国内木胶合板生产厂家很多，大部分厂的生产工艺和设备落后，技术水平低，产品质量差，一般只能生产素面胶合板模板，使用次数仅为3~5次，木材利用率很低，木材资源浪费很严重。如果提高工业化程度，生产高质量的覆面胶合板模板，则使用次数可达到30~50次，甚至达到100次以上，大大提高了木材的利用率。

3. 产品质量问题

产品质量是新技术的生命，质量问题将直接影响到新技术的前途。前面讲的几种新技术没有得到发展，其中最主要的原因是产品质量问题。如门式脚手架的钢管材质和规格不符合要求，门架的刚度小，运输和使用中易变形，加工精度差，使用寿命短。钢框胶合板模板的主要问题是面板材料和钢框型材的质量都没过关，有些竹胶合板面板使用3~5次就脱胶开裂。另外，品种规格不齐全，各种连接、附件不配套等也是重要原因。

造成产品质量下降的原因，除了设备落后、生产工艺和技术水平低、管理人员的质量意识差等原因外，更重要的是质量管理制度不健全，缺乏严格的质量监督措施和监控机构，没有对生产厂家进行必要的质量检查和质量管理，以致造成低劣产品大批流入施工现场。如果这种状况得不到改善，继续放任自流，则还会不断出现某些新技术半途而废。

产品质量是企业的生命，产品质量搞不上去，企业就会失去市场。随着我国加入WTO组织，一些国外企业已瞄准中国建筑市场。目前奥地利多卡（DOKA）模板公司、芬兰舒曼（schauman）木材有限公司、日本朝日产业株式会社等企业已在中国建立模板、脚手架生产基地或代表处。近年来，到中国进行技术交流、市场考察或有意在中国建立代表处的外国模板公司更多，如美国的西门子（siemens）、甘维珍（Kamsky）、德国的呼纳贝克（Hunnebek）、巴夏尔（Paschal）、诺埃（Noe）、加拿大的阿鲁玛（Aluma）等，都曾到中国开展交流和考察活动。美国辛普森木材公司是美国最大私营木材公司之一，1997年总销售额达13亿美元，公司自己有林场，生产技术水平高，其双面高密度覆面模板可使用30～50次，系统成型作业模板可使用200次，产品价格在中国市场也还能接受，它们会是有力的竞争对手。

4. 生产规模问题

目前，工业发达国家的模板公司的数量不多，但是生产规模较大，生产技术先进，并且都形成了企业集团，实行集团化经营。

德国约有20多家模板公司，但在国际上都有较大影响，不少模板公司都已发展成为跨国公司。如呼纳贝克模板公司在世界范围内有60多个生产基地，在50多个国家有代表处，还有一批姐妹公司和50多个租赁公司。公司1995年产品销售额达到6.7亿马克，1997年模板储量价值达到8亿马克，产品已销到欧洲、美洲、非洲和亚洲等许多国家。芬兰是世界著名的木材加工国家，胶合板及其制成品是芬兰的主要出口产品，占芬兰全国年出口总额的86%。芬兰现有木材加工企业130多家，其中生产胶合板的企业只有23家，舒曼（schauman）木材有限公司是规模较大的一家。该公司拥有9家木材加工厂，2个姐妹厂。

国外模板公司的经验很值得我们借鉴，首先是集团化经营，有的一个公司可以参加几个集团，有的几个小集团组成大集团。采用集团化经营方式，可以提高企业的竞争力，集团公司可以代表成员单位到世界各国建立代表处，为各成员单位服务。其次是规模化生产，这些公司都是由几个或几十个生产基地、一批姐妹厂组成。生产规模大，有利于各个厂专业化生产，提高生产效率，降低产品成本，有利于改进产品设计，提高产品质量。

我国模板生产厂家的数量之多可居世界第一，目前国内有生产组合钢模板的厂家600多家；生产全钢木模板、桥梁模板及其他模板的公司100多家；竹胶合板生产厂有170多家，其中能生产竹胶合板模板的厂约有70多家；木胶合板生产厂家更多。生产厂过多，生产能力过剩，市场竞争激烈，不利于企业改进生产工艺，提高产品质量。生产厂规模小，生产工艺和设备落后，不利于参与市场竞争，更无力走向国际市场。今后几年，必将有一批生产规模小、技术水平低、产品质量差的模板企业退出模板市场。

5. 专业化队伍问题

建筑业企业资质分为施工总承包、专业承包和劳务分包三类：其中专业承包中，已批准的承包专业有地基与基础工程专业、土石方工程专业、建筑装饰装修工程专业、建筑幕墙工程专业、预拌商品混凝土专业、混凝土预制构件专业、园林古建筑工程专业等，还没有模板工程专业。20世纪80年代以来，我国模板行业才逐步形成，各种新型模板不断完善，模板施工技术也取得较大进步。新型工业化模板体系如滑模、爬模、台模、隧道模、筒模和大模板等施工技术，都需要有较高的施工技术水平，施工工人也需要有熟练的操作技能和施工经验。因此，很有必要成立模板专业化队伍，有利于施工设备充分利用；有利于提高施工技术水平，培养熟练的施工队伍；有利于提高施工速度和施工质量。

随着建筑行业进入市场，建筑行业对工程质量、工程进度的要求越来越高，目前工程项目采用承包制，多数项目负责人有短期行为，对推广应用新技术、新工艺不热心，也不愿意投资，大多采用钢模板与竹（木）模板混用，常因为模板规格不齐全，尺寸不精确，以致费工费时费料，影响工程质量。建筑市场需要成立专业支模的模板工程公司。目前我国许多施工单位和模板公司已掌握多种先进模板工程设计和施工技术，完全有条件成立各类模板专业公司。随着建筑企业的改制，模板工程专业化是发展的趋势。

6. 信息技术问题

近10年来，我国信息化技术和互联网技术发展很快，在建筑设计、招投标工作、施工预算、施工设计、施工管理、财务管理、计划统计、材料管理及租赁管理等方面，已使用计算机和互联网技术。在模板专业方面，已有多种模板设计软件、模板租赁管理软件等，许多模板公司和租赁公司已广泛采用这些软件，大大提高了工作效率和设计质量，也有利于企业的管理水平。

2002年6月，由中国模板协会主办，北京中辰技术工程研究所承办，组建了中国模板脚手架网站，得到了广大会员单位和施工企业的积极支持，目前已有50家加入收费会员，有几十个施工企业登录免费会员。网站的建立，有利于加强施工企业与模板公司、生产厂家及租赁企业之间的沟通，为模板、脚手架行业提供了一个高效的信息交流和技术咨询平台。

载于《施工技术》2003年第2期

3 我国模板行业技术进步调研报告

一、模板行业发展概况

20多年来，我国模板工程取得了重大技术进步。20世纪70年代初，我国建筑结构以砖混结构为主，建筑施工用模板以木模板为主。20世纪80年代以来，各种新结构体系不断出现，钢筋混凝土结构迅速增加，现浇混凝土模板的需要量也剧增，在"以钢代木"方针的推动下，研制和大量推广应用组合钢模板先进施工技术，改革了模板施工工艺，节省了大量木材，取得了重大经济效益。目前，全国建立钢模板厂600余家，形成年生产能力3500多万 m^2，钢模板拥有量达6000多万 m^2，推广使用面曾达70%以上，建立各类钢模板租赁站近1万家，年代用木材可达900万 m^3。

20世纪90年代以来，我国建筑结构体系又有了很大发展，高层建筑、超高层建筑和大型公共建筑大量兴建，大规模的基础设施建设、城市交通和高速公路、铁路等飞速发展，对模板、脚手架施工技术提出了新的要求。我国不断引进国外先进模板体系，同时，也研制开发了多种新型模板和脚手架。我国模板工程施工技术不断提高，模板规格正向系列化和体系化发展，模板材料向多样化和轻型化发展，模板使用向多功能和大面积发展。

二、模板行业科技创新现状

20世纪80年代初，为了积极推广应用组合钢模板，节约木材，原国家建委、国家物资总局和中国人民建设银行成立了领导小组，下达了一系列文件，对搞好钢模板的标准定型、统一规划、加工制造、资金来源和组织管理等问题都作了明确的规定，并在政策、物资和资金上给予积极支持，使组合钢模板在全国范围内迅速推广应用。

自1981年到1987年，原国家计委施工局争取到几笔科研经费，先后组织了冶金、水电、铁道、城乡等有关部门和上海、辽宁、江苏等地区的几十个单位，进行了有关钢模板、钢支承系统、维修机具、脱模剂等方面的科研工作，取得了四十多项科研成果。《组合钢模板》科技成果先后获得多项科技成果奖和国家级科技进步奖；钢模板连轧机和钢模板防锈脱模剂等成果获国家发明奖；钢模板修复机和清理机等获多项国家专利。

20世纪90年代以来，我国许多科研单位、生产和施工企业在学习和引进国外先进的模板、脚手架技术，在新型模板、脚手架技术开发、加工制作、生产设备等方面都做了不少工作，取得了较大成果，不少新型模板和脚手架在国家重点工程和示范工程中大量应用，取得了较好的效果。但是，遗憾的是有不少国外仍然大量应用的模板、脚手架技术，在我国只"开花"不"结果"，推广应用了几年就逐个退出市场。如钢板扣件，目前国外很少采用玛钢扣件，大多数采用钢板扣件，我国20世纪80年代初开始应用，几年后，钢板扣件厂全部倒闭或转产。又如钢支柱，在许多发达国家仍然大量应用，并且应用功能越来越多。我国在20世纪80年代许多大城市曾大量应用钢支柱，至20世纪90年代下半期逐步退出工地。又如门式脚手架，在国外发达国家仍然是主导脚手架，我国20世纪80年代初开始在许多施工工程中应用，推广应用了几年，不少厂家纷纷倒闭或转产。又如钢框胶合板模板，在发达国家已使用了几十年，目前仍然是主导模板。我国从 20 世纪 80 年代中期开始研究和开发钢框胶合板模板，1994 年以来，建设部将钢框胶合板模板列入"建筑业 10 项新技术"之一的重点推广项目，并在许多国家级示范工程和重点工程中应用。1996 年以后，这种模板应用量下滑，许多生产厂转产。

另外，在模板施工中，原来柱、梁、板施工中大量采用柱箍、梁托和钢支柱等先进施工工具，现在施工企业几乎都不用了，又倒退回采用钢管和扣件的连接方式。还有模板施工中应用的三节对拉螺栓、钢楞的 3 形扣件和碟形扣件等附件，现在也都不用了。许多施工企业都是就地取材，在工地自己找些钢管和型材加工，这样模板施工技术水平怎么能提高呢？

20 世纪 90 年代末，随着我国科研单位进行体制改革，许多科研单位转为企业，国家不再拨给科研经费，科研单位和大专院校的科技人员也无力进行模架技术的开发，模板企业普遍缺乏科技创新能力和水平，我国模板、脚手架的技术进步也不大。在建设部的科技成果推广项目中，几乎没有模板、脚手架的科技项目，模板、脚手架的产品和施工技术的变化也不大，新型模板、脚手架的推广应用非常困难。

近几年，中国模板协会多次组织会员企业出国考察，与欧洲、美国、日本、韩国等国家的许多模板企业进行交流，大开了眼界，开阔了思路，学到不少东西。国外许多模板公司已发展为跨国模板公司，主要靠公司的技术不断创新，能不断开发新产品，提高技术性能，满足施工工程的需要，据德国 NOE 模板公司和英国 SGB 模板公司介绍，基本上每两年可研制出一种新产品，并在施工工程中推广应用。如德国 PERI 模板公司已拥有 50 多个产品体系，MEVA 模板公司也拥有 30 多个产品体系。

目前，我国模板、脚手架的产品和技术与发达国家的差距还相当大。因此，模板行业的发展潜力非常大，要开发的产品和技术非常多，必须加大模板企业的科技创新能力，企业才能发展。在模板企业中，有一些模板企业已有了模板技术创新意识，积极开发新型模架技术，在科技投入、人才培养、研究开发等方面做了不少工作，取得了一定成绩。如北京奥宇模板有限公司从一个手工作坊式的小企业发展为国内最大的建筑模板企业之一。企业发展壮大的重要经验是企业创新，包括思想创新、管理创新和技术创新，最主要的是技术创新。

北京城建赫然建筑新技术公司是从事模板与脚手架产品的开发设计、生产、销售、租赁和技术服务等综合功能的技术型企业，公司产品在首都国际机场新航站楼、国家体育场、国家大剧院、中华世纪坛等一批国家重点工程中大量应用，应用其产品的项目有 68% 获"结构长城杯"或"鲁班奖"。另外，还有北京利建模板公司、北京北新施工技术研究所、北京星河模板脚手架公司、中建柏利工程技术发展有限公司、北京卓良模板有限公司、北京建筑工程研究院模架所、浙江莫干山竹胶板厂、广西柳州铁路桂龙竹材人造板厂、石家庄太行钢模板厂等一批企业在科技创新工作中也做出了一定成绩。

三、本行业发展中存在主要问题

1. 科技投入不足、技术力量薄弱

当前在科技投入方面，无论是施工企业还是模板生产厂家，都普遍存在科技投入不足的问题。我国模板生产企业是 20 世纪 80 年代初开始建立的，但是现在许多 20 世纪 80 年代初建立的模板企业已纷纷停产或转产，20 世纪 90 年代建立了一批新的模板企业，生产规模都不大，发展也不快，主要是科技和设备投入不足，没有力量不断研制和开发新产品。如组合

钢模板从 20 世纪 80 年代初开发和大量推广应用，至今已有 20 多年，许多钢模板厂多年来一直生产这种模板产品，并且品种规格还不齐全，更没有新的模板产品开发，生产设备也陈旧简陋，使钢模板产品质量越来越差。

随着国内建筑结构体系的发展，各种形式现代化的大型建筑体系大量建造，这些工程的质量要求高，施工技术复杂，施工工期紧，需要开发和应用各种新型模板、脚手架才能满足施工工程的要求。由于大部分模板企业技术力量薄弱，缺乏研制开发新产品的能力，在市场需求发生变化时，这些企业肯定无法生存。近年来，由于组合钢模板不能适应清水混凝土工程的要求，组合钢模板的使用量不断减少，导致许多钢模板厂倒闭或转产。因此，我们感到必须加大技术和设备投入，不断开发新产品、新技术，企业不搞技术创新是没有希望的。

另外，我们在新型模架技术的开发中，开发新技术的起点低、速度慢。如 20 世纪 90 年代初开发的钢框竹胶板模板的规格为 55 型，主要考虑能与组合钢模板通用，模板尺寸小，刚度差，使用寿命短。我国轻质高强的建筑材料发展较慢，如缺少轻质高强的钢管和型材，面板的使用寿命短和厚度公差控制的问题还没有解决，这都在一定程度上限制了新型模板、脚手架的开发。

目前，除少数国家重点工程外，绝大部分施工工程中采用的模板、脚手架都很落后，与发达国家相比差距太大。国外采用的模板以钢框胶合板模板、铝框胶合板模板和铝合金模板为主，脚手架以各种类型承插式脚手架、框式脚手架为主。我国大量采用的组合钢模板、散装散拆的竹（木）胶合板、扣件式钢管脚手架都是落后技术，尤其是扣件式钢管脚手架的安全性很差，在发达国家都已淘汰。现在大多数施工企业都只顾眼前利益，由于我国人工费用太低，施工企业宁肯多用人工多消耗材料，不肯科技投入，采用新型模板和脚手架。

2. 建筑市场混乱，缺乏质量监管

日本组合钢模板已使用了 50 多年，在各种钢框胶合板模板体系已大量应用的情况下，组合钢模板仍在大量应用。我国组合钢模板使用了 25 年，而其他新型模板体系还没有得到开发或大量应用的情况下，有些城市提出不准使用组合钢模板，用散装散拆的竹（木）胶合板来代替钢模板，既违背了"以钢代木"节约木材的国策，又使模板的施工技术倒退一步。目前，为什么要淘汰"小钢模"的呼声越来越高，这与钢模板产品质量越来越差有直接关系。日本钢模板生产已形成自动化生产线，采用连轧机等先进设备，而我国钢模板生产设备简陋、生产工艺落后，产品质量很难保证。随着钢模板市场竞争激烈，不少厂家为了降低成本、抢占建筑市场，采用改制钢板加工，严重影响钢模板的产品质量和使用寿命。租赁企业不愿购买质量好的钢模板，因为一旦出租后，返回的是劣质模板。钢模板厂也不愿投资进行技术改造，采用先进设备，因为要增加产品成本。如此恶性循环，钢模板质量越来越差，满足不了施工要求，造成许多钢模板厂和租赁企业倒闭的局面也在情理之中。

也有人讲由于组合钢模板面积小、拼缝多，不能适应清水混凝土工程的要求，因此要被淘汰。经过多次到国外考察，我们认为面积小、拼缝多并不是淘汰的理由。美国 SYMONS 公司的 63 型钢框胶合板模板体系，长度为 2400~900mm，宽度为 750~50mm，这套模板正在韩国大量应用。美国 EFCO 公司的标准钢模板体系，长度为 2400~300mm，宽度为 600~150mm。这套模板在台湾也大量应用，规格尺寸与组合钢模板（包括宽幅模板）相近，这两种模板的面积也都不大。所以，如果我们能确保钢模板的质量，完善钢模板的配套附件，提高钢模板的施工技术，就不应该是今天的局面。

前面讲的几种模板、脚手架技术没有得到大量推广应用，并不是这些技术不先进或不适

合我国国情，而是我们工作中存在问题，其中有技术问题，有产品质量问题，更重要的是管理问题。如钢支柱，从技术上来讲并不复杂，许多厂家都能生产，但许多厂家为了抢占市场，降低成本，采用的钢管越来越薄、越短，加工精度差，作用寿命短，受力性能差，还发生过安全事故，施工企业不敢用，生产厂只好倒闭。又如钢框胶合板模板的主要问题是面板材料和钢框型材的质量都没有过关，使用寿命短。

造成产品质量下降的原因，除了生产厂的生产设备落后，生产工艺和技术水平低，管理人员的质量意识差等原因外，更重要的是质量管理制度不健全，缺乏严格的质量监督措施和监控机构，加上建筑市场十分混乱，生产厂家低价恶性竞争，施工企业只图价格便宜和个人好处，以致造成大批低劣产品流入施工现场。使产品质量不断下降，严重影响新技术的推广应用。

由于对产品质量缺乏严格的管理措施，产品质量好的企业利益得不到保护，一些产品质量好，技术力量强的企业，为了企业生存，有的企业开发生产其他产品，有的企业也只好降低产品质量，低价进行竞争。另外，知识产权也得不到保护，使不少企业不愿投资进行新产品开发。有些企业花了大量人力、物力研制开发了一种新产品，一旦有了市场，很快就会有仿造的产品出来，并且价格很低，开发新产品的企业利益得不到保护，这也严重影响了企业科技创新的积极性。如果这种状况得不到改善，对技术低、质量差的厂家放任自流，则还会有新型模板和脚手架技术半途而废。

3. 安全隐患严重，处罚力度不够

2003 年，原建设部、国家质检总局、国家工商总局联合发布了"关于开展建筑施工用钢管、扣件专项整治的通知"，要求通过此次专项整治，使生产、销售、租赁和使用钢管、扣件的状况得到明显扭转。目前全国脚手架钢管约有 800 万吨，其中劣质的、超期使用的和不合格钢管占 90% 以上，扣件总量约有 10 ~ 12 亿个，其中 90% 以上为不合格品，如此量大面广的不合格钢管和扣件，已成为建筑施工的安全隐患，要在短期内完成整治工作是不可能的。

据初步统计，自 2001 年至 2005 年 9 月，已发生脚手架倒塌事故 22 起，其中死亡 42 人，受伤 100 余人。2003 年是扣件式钢管脚手架专项整治之年，当年仍然发生脚手架倒塌事故 4 起，2004 年又发生 9 起，其中 2004 年安阳安玻公司信阳工程的脚手架倒塌事故，造成 21 人死亡，8 人受伤。2005 年又有 3 起以上脚手架倒塌事故，其中北京西单西西工程综合楼工地脚手架倒塌，造成 8 人死亡，20 多人受伤的恶性事故。造成扣件式钢管脚手架不断发生安全事故的原因是：

（1）产品质量问题。大部分钢管、扣件厂的设备简陋，生产工艺落后，技术水平低，产品质量很难保证。随着生产厂家过多，市场竞争激烈，许多厂家将标准规定钢管壁厚为 3.5mm，减薄到 3.0 ~ 2.75mm，扣件的重量也越来越小。目前施工工地上已基本看不到壁厚 3.5mm 的钢管，这些钢管经过多年锈蚀使壁厚减薄，都将是脚手架的安全隐患。

（2）施工应用问题。脚手架倒塌的主要原因是支撑失稳，许多施工企业在施工前，没有进行脚手架设计和刚度验算，只靠经验来进行支撑布置。另外，不少施工工地技术负责人没有对操作工人进行详细的安全技术交底，加上有些工人素质差，施工现场管理混乱，操作工人没有严格按设计要求操作，也是造成安全事故的重要原因。

（3）市场管理问题。由于建筑和租赁市场十分混乱，缺乏严格的质量监督措施和质量监控机构，许多施工和租赁企业只图价格便宜，忽视产品质量，使大量劣质低价产品流入施工现场，给建筑施工带来严重安全隐患。

（4）处罚力度问题。目前建筑施工安全事故频繁发生，根本原因是项目负责人只重视利益，对安全措施不重视，缺乏以人为本的观念。项目负责人为什么对安全措施不重视，主要是处罚力度不够，一旦发生伤亡事故，对项目负责人的处罚并没有伤到元气，因而起不到警示其他项目负责人的作用，惩治有力，才能增强教育的说服力、制度的约束力和监督的威慑力。据了解，2005 年台湾某建筑工地也发生一起死亡 2 人、伤 1 人的安全事故，其工程负责人、安全负责人立即被拘留，工程停工查找事故原因，给死亡者家属安家费每人 1 千万台币（折合 250 多万人民币），政府还要给予处罚。去年协会组织考察韩国某建筑工地，工程租用价格很高的一套 DOKA 公司的爬模设备，据工程负责人讲是为了确保工程安全，因为一旦发生安全事故，其损失还要大得多。

碗扣式钢管脚手架是我国推广多年的新型脚手架，在国内许多建筑和桥梁工程中已大量应用，由于碗扣式钢管脚手架至今尚无国家标准和安全技术规范，使得生产、施工和管理等环节的安全技术管理缺乏依据。又由于大部分厂家生产设备简陋、生产工艺落后，又采用不合格钢管，导致产品质量越来越差。据了解，目前 90% 以上的碗扣式钢管脚手架都不合格，也将给脚手架使用带来很大的安全隐患。

4. 材料损耗严重，忽视社会效益

最近，国务院发布了"关于做好建设节约型社会近期重点工作的通知"，要求"在生产、建设、流通、消费各领域节约资源，提高资源利用效率，减少损失浪费，以尽可能少的资源消耗，创造尽可能大的经济社会效益。"要求"加强重点行业原材料消耗管理"。

建筑业是原材料消耗的重点行业，建筑业用钢量非常大，2000 年到 2002 年建筑业钢材消耗量占全国钢材消耗量的比例分别为 47.6%、50.4%、46.6%，几乎占到一半。建筑施工用钢模板、各类钢脚手架和钢跳板、钢支撑、钢横梁等的用钢量达到 1580 多万吨，年钢材消耗量达到 200 多万吨。目前我国钢模板和钢脚手架不仅技术水平较低，而且使用寿命短，与发达国家的模板和脚手架相比，钢材损耗严重。我国钢模板使用寿命一般为 5～10 年，大钢模用钢量为 180kg/m² 左右，国外钢框胶合板模板的钢框使用寿命可达 20 年左右，用钢量为 40～45kg/m²。我国脚手架钢管一般为普碳钢，其钢管壁厚规定为 3.5mm，每延米重量为 3.84kg，使用寿命为 5～8 年。国外脚手架钢管普遍为低合金钢，钢管壁厚为 2.5mm 左右，每延米重量为 2.82kg，使用寿命为 8～10 年。目前我国钢管脚手架拥有量约 800 万吨，若改用低合金钢管脚手架，则可节省钢材约 220 万吨。另外，普碳钢管脚手架的耐腐蚀性差，每年更新率为 20% 左右，年报废钢管达 160 万吨左右。低合金钢管脚手架的耐腐蚀性好，使用寿命长，每年更新率为 12.5% 左右，年报废钢管达 100 万吨左右，每年又可节约钢材 60 万吨左右，其社会效益和经济效益都十分可观。

建筑业的木材消费量也非常大，目前建筑业的木材消费量约占全国木材消费量的 30%，装修业的木材消费量约占 12%。建筑模板和脚手架工程施工中，木材用量也非常大，同时木材浪费也非常严重。在脚手架工程中，采用杉木脚手架已基本没有，但采用原木做跳板还较多，由于原木跳板的安全性差，又浪费木材，国外已规定取消原木跳板。

1998 年以来，木胶合板模板在国内建筑工程中开始大量推广应用，短短几年发展速度非常迅速，目前生产木胶合板模板的厂家约有 700 多家，木胶合板模板年产量约 200 万 m³。但是，木胶合板模板生产和施工应用中，存在浪费木材资源的问题必须引起有关部门足够重视。

国内木胶合板厂大部分产品质量低，以生产脲醛胶素面胶合板为主，如山东临沂地区，据调查有胶合板生产企业3000多家，能生产覆膜胶合板模板的企业只有10多家，大部分厂家生产素面脲醛胶的胶合板，一般只能使用3~5次。如果采用覆膜酚醛胶合板模板，则可使用20~30次，芬兰维萨模板一般可使用30~50次，我国木材资源极为贫乏，但木材利用率仅是国外的1/10，木材资源浪费太严重。

随着木胶合板模板的市场占有率越来越大，生产厂家越来越多，市场竞争越来越激烈，许多厂家为了抢占市场，忽视产品质量，低价进行竞争。施工企业短期行为较多，一般都采用素面胶合板，使用3~5次报废，甚至更少。目前，报废的木胶合板模板数量很大，已成为施工现场很难处理的环保问题。

5. 体制和机制不完善、政策和法规不健全

建筑工程项目承包制是建筑业的管理体制改革之一，由于这项改革不完善，造成项目负责人的短期行为，片面追求经济效益，限制了新技术的推广应用。不少项目负责人对推广新技术、新工艺不热心，也不愿意投资新技术。许多施工工程中，采用木模板、竹脚手架、扣件钢管支架等落后施工工艺，许多施工企业的模板施工倒退到传统的施工工艺，尤其是楼板、平台等模板施工技术普遍采用满堂支架，费工费料，非常落后。据调查，不少人认为工程项目承包制是新技术推广应用的最大障碍。因此应总结经验教训，完善项目承包制度，调动项目负责人推广应用新技术的积极性，为模架技术创新和推广应用提供一个良好的外部环境。

由于旧习惯势力的影响，一项新技术的推广应用，会遇到各种困难和障碍，需要各级领导的大力支持，采取各项具体推广措施，制定一系列技术经济政策，才能使新技术得到推广应用。当前在市场经济的情况下，遇到的困难和障碍更多。

建设部对新型模板、脚手架的推广应用十分重视，尤其是1994年新型模板、脚手架应用技术被建设部选定为建筑业重点推广应用10项新技术之一以来，新型模架的研究和推广应用工作，取得了较大进展，在国内许多示范工程和重点工程中大量应用，取得一定效果。但是10项新技术领导小组，只能在政策上给予适当支持，在人、财、物方面给予支持很困难，另外，近几年建设部对10项新技术的推广力度有所下降，对10项新技术的技术咨询服务单位的作用和积极性没有充分发挥。

新技术的推广应用中，有关标准的制订和实施工作必须跟上。由于新型模板、脚手架标准制订和颁发工作严重滞后，在一定程度上也影响新技术的推广应用。如碗扣式钢管脚手架已推广应用了近二十年，但至今尚无国家标准和安全技术规程。又如全钢大模板在北京已推广应用了近三十年，直到去年才由中国模板协会牵头组织编制了北京地方标准"全钢大模板应用技术规程"。

又如当前正在推广应用清水混凝土，并已列入建筑业10项新技术内容之一。但是现在清水混凝土的标准还没有，对什么是清水混凝土的认识还不一致，对清水混凝土模板的要求也无标准可依。我国模板技术落后于国外先进模板技术，价格也大大低于国外模板，但是要求混凝土表面质量比国外还高，显然很不合情理，为了搞"长城杯"，对表面质量要求过高，也是人工和资源的浪费。

另外，钢模板和脚手架钢管虽然已制订了报废标准，但是由于没有报废的机制，大量应报废的钢模板和脚手架钢管仍继续使用，还有些个体租赁站专门购置施工企业报废的模板和钢管，通过租赁给施工企业，换回较好的模板和钢管，以致许多租赁企业都不愿购置新的和

质量好的模板、钢管，使现有的钢模板和钢管的质量越来越差，模板和脚手架的安全隐患也越来越严重。制度不健全，监督不得力，不仅阻碍新技术的推广应用，而且是腐败现象滋生蔓延的重要原因。

四、本行业应抓好的技术创新工作

1. 积极开发新型模板技术

当前，我国以组合钢模板为主的格局已经打破，已逐步转变为多种模板体系并存的格局，组合钢模板的应用量正在下降，不少钢模板厂面临转产或倒闭的困境，竹胶合板模板、木胶合板模板发展速度很快，与钢模板已成三足鼎立之势。但是，散装、散拆竹（木）胶合板模板的施工技术落后，费工费料，材料浪费严重，不是新型模板技术。

开发和推广应用新型钢框胶合板模板是施工技术和模板技术发展的需要，最近，一些模板企业正在积极开发新型模板技术。由于新型模板技术是一项综合配套技术，研究的内容多，涉及的范围广，如果某个环节没有过关或处理不好，则将影响新技术的推广应用。当前应抓好以下工作：

（1）加强模板材料的应用研究，开发应用轻质高强、环保无污染、可再生利用的模板材料。

（2）应根据不同工程需要开发不同种类的模板体系，适应各种建筑结构的要求。

（3）积极组织对钢框型材设计定型和生产加工。

（4）积极开发和推广应用表面质量高、周转次数30次以上的面板。

（5）鼓励建立专业化的连接件、支撑件生产厂。

2. 做好水平模板施工的技术创新

楼板和平台施工中，模板、脚手架占用的时间较长，使用的数量大、装拆耗工多，也易产生安全事故。因此，做好水平模板施工的技术创新，对提高施工效益和施工安全十分重要。

国外水平模板施工方法很多，使用的支柱为钢支柱或铝合金支柱；面板为胶合板、钢框胶合板模板或铝框胶合板模板；横梁为木工字梁、型钢或钢桁架等，利用这些支柱、面板、横梁相互组合，形成了多种多样的施工方法。国内水平模板大多数采用方木背楞、竹（木）胶合板、钢管支撑体系。这种满堂的传统支模方法，材料用量大，装拆工效低，施工速度慢，安全性能差。因此，应积极推广木工字梁或钢梁为横梁、竹（木）胶合板模板或钢框胶合板模板为面板，钢支柱或承插式支撑为支柱的支模体系，要大力提倡使用钢支柱支模体系，积极开发和生产各种高质量的钢支柱。

另外，要大力推广应用水平模板的早拆模板体系。我国早拆模板技术也应用了几年，有不少模板公司也开发了多种早拆柱头，在不少施工工程中应用，经济效果十分显著。但是，近几年早拆模板技术未能大量推广应用，其原因是多方面的，主要是宣传力度不够，没有算好经济账。另外，早拆模施工要求施工人员必须做好模板和支架的施工设计，及施工管理等工作，由于许多施工人员素质低，不愿找麻烦，省略了相关环节，留下了隐患。我们要大力宣传早拆模板技术的施工经济效益，积极推广应用早拆模板技术。

3. 大力推广应用新型脚手架

大力推广应用新型脚手架是解决施工安全的根本措施。目前国内一些企业引进国外先进技术，开发生产了多种新型脚手架。实践证明，采用新型脚手架不仅施工安全可靠，装拆速度快，而且脚手架用钢量可减少 30%～50%，装拆工效提高 2 倍以上，综合施工成本可明显下降，施工现场文明、整洁。国内已有专业脚手架生产厂百余家，从技术上来讲，国内一些脚手架企业，已具备加工生产各种新型脚手架的技术和能力，但是国内市场还没有形成，施工企业对新型脚手架的认识还不足，采用新技术的能力不够。目前国内一些脚手架企业积极开拓国际市场，日本、韩国、欧洲、美国等许多国家和地区的贸易商和脚手架企业，纷纷到中国来订单加工，这也促进了我国脚手架的技术进步。有关部门应制订政策鼓励施工企业采用新型脚手架，尤其是高大空间的脚手架应尽量采用新型脚手架，保证施工安全，避免使用扣件式脚手架。对扣件式钢管脚手架和碗扣式脚手架的产品质量及使用安全问题，应大力开展整治工作，引导施工企业采用安全可靠的新型脚手架。

4. 提倡建立有技术特色的专业模板公司

目前，我国模板工程在技术装备、产品质量、工人素质、组织管理等方面与国外发达国家的差距很大。大多数模板生产厂、租赁企业和施工单位的模架都在同一层次竞争，各企业的技术水平和装备水平档次差距不大，技术特点和特色不明显。

我国已开始建立了一些专业模板公司，如桥梁模板公司、爬模公司等，但是大部分企业仍为模板生产企业，没有自己的专利技术和施工技术，企业的特色不明显。福建省专业模板施工队发展很快，队伍数量很多，但是这些队伍的施工水平不高，职工的素质差。因此，发展专业模板公司必须搞科技创新，要创立企业的技术特点和产品品牌，提高企业的技术水平和装备水平。专业模板公司应是具备设计、科研、生产、经营和施工等综合功能的技术密集型企业，能适应模板工程较高技术特点的需要。协会要提倡建立有技术特色的专业模板公司，如桥梁模板公司、隧道模板公司、爬模公司、滑模公司，以及各类脚手架公司等。

载于《建筑施工》2006 年第 1 期

4 我国模板行业发展的研究与对策

一、我国模板行业的发展概况

20 多年来，我国模板工程取得了重大技术进步。20 世纪 70 年代初，我国建筑结构以砖混结构为主，建筑施工用模板以木模板为主。20 世纪 80 年代以来，各种新结构体系不断出现，钢筋混凝土结构迅速增加，现浇混凝土模板的需要量也剧增，在"以钢代木"方针的推动下，研制和大量推广应用了组合钢模板先进施工技术，改革了模板施工工艺，节省了大量木材，取得了重大经济效益和社会效益。

20 世纪 90 年代以来，我国建筑结构体系又有了很大发展，高层建筑、超高层建筑和大型公共建筑大量兴建，大规模的基础设施建设，城市交通和高速公路、铁路等飞速发展，对模板、脚手架施工技术提出了新的要求。我国不断引进国外先进模板体系，同时也研制开发了多种新型模板和脚手架。我国模板工程施工技术不断提高，模板规格正向系列化和体系化发展，模板材料向多样化和轻型化发展，模板使用向多功能和大面积发展。

20 多年来，我国国民经济一直保持高速的发展，建筑市场也十分巨大，给我国模板行业提供了巨大的商机，促进了我国模板行业从无到有的较大发展。我国模板行业为保护森林资源、促进建筑施工技术进步、满足大规模经济建设的需要做出了较大贡献。目前，全国建立组合钢模板生产厂 600 多家，形成年生产能力 3000 多万 m^2，建立钢模板租赁企业 1 万余家，建筑器材拥有量达 850 多万吨，总价值约 250 亿元；建立竹胶合板厂 400 多家，形成年生产能力 200 多万 m^3；建立木胶合板模板厂 700 多家，形成年生产能力 400 多万 m^3；建立全钢大模板厂 100 多家，形成年生产能力 400 多万 m^2；建立桥隧模板厂 200 多家，形成年生产能力 1000 多万 m^2。

另外，全国还建立了专业脚手架生产企业百余家，开发生产了多种新型脚手架，如碗扣式脚手架、卡板式脚手架、插卡式脚手架、方塔式脚手架、CRAB 模块脚手架、圆盘式脚手架、轮扣式脚手架以及各种类型的爬架等。

二、模板工程的重要性

1. 模板工程的技术与经济性

模板是钢筋混凝土结构建筑施工中量大面广的重要施工工具。在经济效益上，模板工程占钢筋混凝土结构工程费用的 20% ~30%，用工量的 30% ~40%，工期的 50% 左右。因此，促进模板工程技术进步，是减少模板工程费用、节省劳动力、加快工程进度的重要途径。

在施工技术上，混凝土工程中，主要技术集中在模板工程上，混凝土施工设计主要是模板施工设计。

在工程质量上，模板施工质量直接影响混凝土工程的质量，混凝土结构工程的质量主要看模板施工的混凝土表面质量。由此可见，模板在混凝土施工工程中的作用十分重要。

2. 模板工程的材料节约代用

建筑业是原材料消耗的重点行业，建筑业钢材消耗量占全国钢材消耗量的 50% 以上，建筑施工用钢模板、各类脚手架和钢跳板、钢支撑、钢横梁等用钢量达到 2580 多万吨，年钢材消耗量达到 400 多万吨。目前我国钢模板和钢脚手架不仅技术水平较低，而且使用寿命短，与发达国家相比，钢材损耗严重。我国钢模板使用寿命一般为 5～10 年，大钢模用钢量为 180kg/m² 左右，国外钢框胶合板模板的钢框使用寿命可达 20 年左右，用钢量为 40～45kg/m²。我国脚手架钢管一般为普碳钢，钢管壁厚规定为 3.5mm，每延米重量为 3.84kg，使用寿命为 5～8 年。国外脚手架钢管普遍为低合金钢，钢管壁厚为 2.5mm 左右，每延米重量为 2.82kg，使用寿命为 8～10 年。目前我国钢管脚手架拥有量约 1000 多万吨，若改用低合金钢管脚手架，则可节省钢材约 220 万吨。低合金钢管脚手架的耐腐蚀性好，每年又可节约钢材 60 万吨左右，可见其社会效益和经济效益都十分可观。

建筑业的木材消耗量非常大，目前建筑业的木材消耗量约占全国木材消耗量的 30% 左右，其中住宅建筑的木材消耗：门窗用材占 30%、装修用材占 30%、施工模板和脚手架用材占 40%，工业建筑的木材消耗：门窗和装修用材占 20%，施工模板和脚手架用材占 80%。由此可见，施工模板、脚手架用材量的比例相当大，施工用材的节约代用具有十分重要的意义。

3. 模板工程的安全性

模板和脚手架施工几乎都是室外作业。目前，我国脚手架以扣件式钢管脚手架为主，这种脚手架安全性很差。多年来，全国各地多次发生脚手架、模板倒塌重大事故，给国家和人民生命财产造成重大损失。因此，模板工程的安全性非常重要。

三、我国模板技术的现状及发展趋势

当前，我国以组合钢模板为主的格局已经打破，已逐步转变为多种模板并存的格局，组合钢模板的应用量正在下降，新型模板的发展速度很快。目前，竹胶合板模板、木胶合板模板与钢模板已成三足鼎立之势。

1. 组合钢模板

我国组合钢模板从 20 世纪 80 年代初开发，推广应用面曾达到 75%，"以钢代木"，促进模板施工技术进步，取得了重大经济效益。20 世纪 90 年代以来，随着高层建筑和大型公共设施建筑的大量兴建，许多工程要求做成清水混凝土，对模板提出了新的要求。组合钢模板存在板面尺寸小、拼缝多、板面易生锈，清理工作量大等缺陷。另外，由于市场竞争激烈，许多钢模板厂生产设备陈旧简陋，技术和设备投入不足。还有不少厂采用改制钢板加工，产品质量越来越差，很难适应清水混凝土工程施工的需要。随着各种新型模板的大量开发和应用，尤其是竹、木胶合板的大量应用，组合钢模板的应用量大幅度下滑，致使许多钢模板厂和租赁企业面临停产或转产的危机。

我国组合钢模板已应用了 30 多年，而在其他新型模板体系还没有得到开发和大量应用的情况下，有些城市提出不准使用组合钢模板，用散装散拆的竹（木）胶合板来代替钢模板，既违背了"以钢代木"节约木材的国策，又使模板的施工技术倒退一步。但是，要让组合钢模板不在短期内被淘汰，必须改进加工设备，完善生产工艺；完善模板体系，提高钢模板使用效果；加强产品质量管理，确保钢模板产品质量。

2. 竹胶合板模板

竹胶合板模板是 20 世纪 80 年代末开发的一种新型模板，我国是世界上竹材资源最丰富的国家之一，竹材资源占世界的四分之一，竹材产量占世界的三分之一。竹子又是能长期利用的资源，竹材产区分布较广，生长期短，繁殖速度快，而且物理力学性能较好，是理想的建筑模板材料，"以竹代木"也是今后森林资源利用的必然趋势，因此，竹胶合板具有良好的发展前景。

20 世纪 90 年代末，竹胶合板模板在全国各地得到大量推广应用，1998 年全国竹胶合板模板的年产量为 72 万 m³，到 2005 年上升到 160 万 m³，竹胶合板模板的使用量从 110 万 m³上升到 240 万 m³，施工使用面从 28% 左右上升到 32% 左右。

但是，目前竹胶板厂普遍存在生产工艺以手工操作为主，生产设备简陋、技术力量薄弱、质量检测手段落后、产品质量较难控制等缺陷，主要问题是板面厚薄不均，厚度公差较大，存在不同程度的开胶等缺陷，使用寿命也较短，一般周转使用 10~20 次。竹材资源浪费较大，竹材利用率为 60%~70%，产品质量均属中低档水平，不能满足钢框胶合板模板的质量要求，也很难达到大批量出口的要求。因此，必须采取积极措施，改进生产设备，提高产品质量和精度；采用性能好的胶粘剂，提高竹胶板的使用寿命；改革生产工艺，提高竹材资源利用率。

3. 木胶合板模板

木胶合板模板是国外应用最广泛的模板形式之一，20 世纪 80 年代初，我国开始从国外引进木胶合板模板，在一些重点工程中应用，取得较好效果。由于我国木材资源十分紧缺，当时覆膜木胶合板模板的价格又高，施工单位难以接受，因此，这种模板没有得到推广应用。

20 世纪 90 年代以来，随着我国经济建设迅猛发展，胶合板的需求量猛增，胶合板生产厂大批建立，1993 年国内木胶合板厂仅 400 多家，木胶合板年产量仅为 212.45 万 m³，到 1997 年胶合板年产量已达到 758.45 万 m³，。胶合板厂达到 5000 多家，这时，木胶合板模板开始大量进入国内建筑市场。至 2004 年木胶合板年产量猛增到 2098.62 万 m³，10 年间将近增长十倍，总产量居世界第一，胶合板厂达到 7000 多家。全国木胶合板模板 1998 年的年产量为 70 多万 m³，至 2005 年增到 250 万 m³，木胶合板模板的使用量从 85 万 m³ 猛增到 300 多万 m³，施工使用面从 23% 左右上升到 40%。另外，木胶合板模板还大量出口到中东、欧洲和亚洲等许多国家。

目前，木胶合板模板存在主要问题是大部分产品质量低，以生产脲醛胶素面胶合板为主，一般只能使用 3~5 次，木材资源浪费严重；企业布局不合理，在一些地区特别集中、企业数量过多、规模不大、设备简陋、技术力量弱；企业竞争激烈，产品价格低、档次低。因此，应尽快采取有效措施，加强产品质量监督和管理，作为模板用的胶合板必须采用防水的酚醛胶，使用次数应能达到 20~30 次以上，以提高木材利用率，节约木材资源。

4. 全钢大模板

早在 20 世纪 70 年代初，北京开始应用全钢大模板。但是北京大量推广应用大模板是在 1996 年以后，一方面由于北京市高层住宅建筑发展迅猛，住宅建筑成片大规模建设，为发展大模板施工技术提供了商机。另一方面，由于建筑施工混凝土表面质量要求高，组合钢模板面积小、拼缝多，难以达到施工工程的要求。1994 年开发的钢框竹胶板模板，由于竹胶板的产品质量问题，钢竹模板使用寿命短，不能满足工程的使用要求。全钢大模板具有板面平整、拼缝少、使用次数多、能适应不同板面尺寸的要求等特点，因此，这种模板在北京地区得到迅猛发展。

目前，北京地区已建立全钢大模板生产厂 100 多家，1998 年产量为 170 万 m²，至 2005 年上升到 340 万 m²，全钢大模板使用量从 1650 万 m²，上升到 3410 多万 m²。在北京周边地区、西北的西安、西南的重庆等地，也已在逐步推广应用。

5. 桥隧模板

这种模板是 20 世纪 90 年代中期发展起来的，随着我国高速公路、立交桥、大型跨江桥梁、铁路桥梁及各种隧道等工程的兴建，各种桥隧模板得到大量开发应用。目前，已建立专门生产桥隧模板的厂家有 100 多家，许多组合钢模板生产厂也大量生产桥梁模板和隧道模板，有些厂甚至转为生产桥隧模板为主。1998 年全国桥隧模板的年产量为 240 万 m²，2005 年已升到 580 万 m²，桥隧模板使用量从 1200 万 m² 上升到 2910 万 m²。桥隧模板的施工技术也得到很大发展，但是这种模板是异形模板，还没有质量标准可执行，周转次数少、制作技术较高。

6. 塑料模板

塑料模板具有表面光滑、易于脱模、重量轻、耐腐蚀性好、可以回收利用、有利于环境保护等特点。另外，它允许设计有较大的自由度，可以根据设计要求，加工各种形状或花纹的异形模板。我国自 1982 年以来，在一些工程中推广应用过塑料平面模板和塑料模壳。由于它存在强度和刚度较低、耐热性和耐久性较差、价格较高等原因，没能大量推广应用。

目前，塑料模板在欧美等国正在得到不断开发和应用，品种规格也很多。我国有不少企业也正在开发各种塑料模板，如硬质增强塑料模板、木塑复合模板、挤压成型塑料模板、楼板塑料模板和塑料大模板体系等。

另外，还有筒模、台模、滑模、爬模、悬臂模等模板施工技术也有了较大的发展。

四、我国脚手架技术的现状及发展趋势

我国在 20 世纪 60 年代初开始应用扣件式钢管脚手架，由于这种脚手架具有装拆灵活、搬运方便、通用性强、价格便宜等特点，所以在我国应用十分广泛，其使用量占 60% 以上，是当前使用量最多的一种脚手架。但是这种脚手架的最大弱点是安全性较差，施工工效低、材料消耗量大。目前，全国脚手架钢管约有 800 万吨以上，其中劣质的、超期使用的和不合格的钢管占 80% 以上，扣件总量约有 10~12 亿个，其中 90% 左右为不合格品，如此量大面广的不合格钢管和扣件，已成为建筑施工的安全隐患。据初步统计，自 2001 年至 2005 年 9 月，已发生脚手架倒塌事故 22 起，其中死亡 42 人，受伤 100 余人。

20 世纪 80 年代初，我国先后从国外引进门式脚手架、碗扣式钢管脚手架等多种型式脚手架。门式脚手架在国内许多工程中也曾大量应用过，取得较好的效果，由于门式脚手架的产品质量问题，这种脚手架没有得到大量推广应用。现在国内又建了一批门式脚手架生产厂，其产品大部分是按外商来图加工。碗扣式钢管脚手架是新型脚手架中推广应用最多的一种脚手架，但使用面还不广，只有部分地区和部分工程中大量应用。

20 世纪 90 年代以来，国内一些企业引进国外先进技术，开发了多种新型脚手架，如插卡式脚手架、CRAB 模块脚手架、圆盘式脚手架、方塔式脚手架，以及各种类型的爬架。目前，国内有专业脚手架生产企业百余家，主要在无锡、广州、青岛等地。从技术上来讲，我国脚手架企业已具备加工生产各种新型脚手架的能力。但是国内市场还没有形成，施工企业对新型脚手架的认识还不足。采用新技术的能力还不够，国内脚手架企业主要任务是对外加工。

随着我国大量现代化大型建筑体系的出现，扣件式钢管钢管脚手架已不能适应建筑施工发展的需要，大力开发和推广应用新型脚手架是当务之急。实践证明，采用新型脚手架不仅施工安全可靠，装拆速度快，而且脚手架用钢量可减少 33%，装拆工效提高 2 倍以上，施工成本可明显下降，施工现场文明、整洁。

五、发展我国模板行业的对策

1. 加强科技创新、开发新型模板

我国模板生产企业是 20 世纪 80 年代初开始建立的，但是大部分 20 世纪 80 年代建立的模板企业已停产或转产，20 世纪 90 年代建立了一批新的模板企业，生产规模不大、发展也不快，主要是科技和设备投入不足，缺乏研制和开发新产品的能力。许多钢模板厂 20 多年来只生产组合钢模板一种模板产品，并且品种规格还不齐全，更没有新的模板产品开发。随着国内建筑结构体系的发展，各种形式现代化的大型建筑体系的大量建造，需要开发和应用各种新型模板、脚手架才能满足施工工程的要求。我们感到模板企业必须加大技术和设备投入，提高研制开发新产品的能力，才能适应建筑市场变化的需求，我国模板行业才能得到发展。

加强科技创新，开发新型模板是施工技术和模板技术发展的需要。由于新型模板技术是一项综合配套技术，研究的内容多，涉及的范围广，如果某个环节没有过关或处理不好，将影响新技术的推广应用。当前应积极做好以下工作：

（1）加强模板材料的应用研究，积极开发轻质高强、环保无污染、可再生及可回收利用、重复使用次数多的模板材料，如低合金钢框型材、铝合金框型材、高强塑料模板和木塑模板、高档木（竹）胶合板模板等。

（2）根据各种建筑结构的要求，开发各种不同种类的模板体系，如爬模体系、滑模体系、筒模体系、倒模体系、隧道模体系、桥梁模体系等。

（3）目前国内水平模板施工工艺非常落后，材料用量大、装拆工效低、施工速度慢、安全性能差，应积极推广木工字梁、几字梁或型钢梁为横梁，竹（木）胶合板或钢框胶合板模板为面板、钢支柱或承插式支撑为支柱的支模体系。

2. 推广新型脚手架，确保施工安全

多年来，建筑施工用扣件式钢脚手架每年发生多起倒塌事故，给国家和人民生命财产造成巨大损失。2003 年原建设部、国家质检总局、国家工商局联合发布了"关于开展建筑施工用钢管、扣件专项整治的通知"，要求通过此次专项整治，使生产、销售、租赁和使用钢管、扣件的状况得到明显扭转。由于全国脚手架钢管和扣件的数量非常大，使用面又很广，不合格的钢管和扣件的比例又很高，要在短期内完成整治工作是不可能的。事实上，脚手架倒塌事故仍在连年发生。

日本在 20 世纪 50 年代以扣件式钢管脚手架为主导脚手架，由于不断发生伤亡事故，脚手架安全问题引起政府有关部门的高度重视，对脚手架的安全使用做出了规定，大力推广门式脚手架，使脚手架的安全事故基本得到控制，其中经历了 20 多年的发展过程。我国从 20 世纪 60 年代开始应用扣件式钢管脚手架，至今已经历了 40 多年，仍然以这种脚手架为主导脚手架，安全事故仍不断发生。

大力推广应用新型脚手架是解决脚手架施工安全的根本措施。有关部门应制订政策鼓励施工企业采用新型脚手架，尤其是高大空间的脚手架应尽量采用新型脚手架，保证施工安全，避免使用扣件式钢管脚手架，尽快淘汰竹（木）脚手架。对扣件式钢管脚手架和碗扣式脚手架的产品质量及使用安全问题，应大力开展整治工作，引导施工企业采用安全可靠的新型脚手架。

3. 加强监督管理，提高产品质量

20多年来，我国模板行业在研究和开发新型模板、脚手架技术和施工技术方面取得了较大进步。但是，有不少在国外仍然大量应用的模板、脚手架技术，在我国只开发而没有得到大量推广应用，如钢板扣件、钢支柱、门式脚手架、钢框胶合板模板等。并不是这些技术不先进或不适合我国国情，而是我们工作中存在一些问题，其中有技术问题，更主要是产品质量问题。

造成产品质量下降的原因，除了生产厂的生产设备落后、生产工艺和技术水平低、管理人员的质量意识差等原因外，更重要的是质量管理体制和制度不健全，缺乏严格的质量监督措施和监控机构，没有对生产厂家进行必要的质量检查和质量管理，以致造成低劣产品大批流入施工现场。加上建筑市场十分混乱，生产厂家又低价竞争，使产品质量不断下降，严重影响新技术的推广应用。如果这种状况得不到改善，还会有某些新技术半途而废。

当前，我国模板行业中，大部分扣件式钢管脚手架都不合格，已成为建筑施工安全的严重隐患，大部分木胶合板模板为素面脲醛胶的胶合板，使用次数只有3~5次，已成为木材资源浪费最严重的产品。因此，有关政府部门必须采取有效措施，加强监督管理，提高产品质量，建议应做好以下工作：

（1）责任有关部门对脚手架厂和胶合板生产厂进行产品质量监督管理，颁发产品合格证或质量认证书，以堵住不合格产品的生产源头。

（2）严格监督施工和租赁企业必须选购有"产品合格证书"厂家的产品，租赁的模架必须有质量保证书和检测证书，以堵住不合格产品的流通渠道。

（3）建立模架工程质量监理制度，由质量监理部门负责对施工中采用的模架进行质量监督，对没有"产品合格证"和检测证书，不符合质量要求和施工安全的模架，有权责成施工企业停止使用。

（4）作为建筑用胶合板模板的使用次数应能达到20次以上，以提高木材利用率，节约木材资源。政府有关部门应采取措施严格限制生产和使用素面脲醛胶的胶合板模板。

4. 制定配套政策，改革管理体制

新技术推广工作是一项系统工程，不仅有技术问题，还有经济、管理、体制等问题，有时这些问题比技术问题更重要。目前，我国在科技创新、新技术推广中，在体制和机制方面都存在不少问题，如项目承包制度不完善，项目负责人短期行为，限制了新技术的推广应用。质量监督和监控机构不健全，建筑市场混乱等。因此，为了更有效地推广新技术，建议做好以下工作。

（1）完善项目承包制度。改革管理体制、调动项目负责人推广应用新技术的积极性，为新技术的推广应用提供一个良好的外部环境。

（2）发展专业模板公司。发展专业模板公司有利于采用新技术，提高模架利用率，培养熟练技术队伍，降低施工成本，促进技术进步等，有关部门应支持建立滑模专业公司，爬模、爬架专业公司，桥隧模专业公司及各类模板专业公司。

（3）进行资质审查和认证。目前国内模板公司之间的总体实力和技术水平相差很大，有不少模板公司技术力量薄弱，设计研究能力差。无生产车间，没有实力进行工程承包。为保证模板工程质量，有关部门应对这些模板公司进行资质审查和认证。

（4）大力开展租赁业务。鉴于新型模板、脚手架的一次性投资较大，一般中小企业无能力购置，大型企业的项目负责人一般也不愿购置。因此，有条件的地区应建立新型模板、脚手架租赁公司或新型模架生产厂开展租赁业务，以减轻施工企业负担，加速模架周转、促进新技术的推广。

《木材节约代用专题研究》 国家木材节约中心 2006 年

5 大力推进我国模板、脚手架企业的自主创新

一、自主创新是必由之路

"十一五"开局之年的第一件大事，就是党中央、国务院召开了新世纪第一次全国科技大会。这是一次全面贯彻落实科学发展观，加强自主创新，建设创新型国家的动员大会，并对实施国家中长期科技发展规划纲要做出了重大部署。

自主创新是全面建设小康社会，落实科学发展观、转变经济增长方式的必由之路，是建设资源节约型、环境友好型社会的重要保证，是国家综合竞争力的核心。

我国 2005 年底 GDP 已达到 18.2 万亿元，人均 GDP 超过 1700 美元，根据国际社会的经验，当一个国家的人均生产总值达到 1000～3000 美元时，是国家经济社会的重要转型期，同时也是重要战略机遇期。经历这一发展阶段的国家中，有成功的经验，也有失败的教训。如亚洲的日本、韩国，欧洲的后起之秀芬兰、爱尔兰等国家，都成功地实现了转型。

又如拉美的墨西哥、巴西、秘鲁、智利、阿根廷，亚洲的菲律宾、泰国、马来西亚等国家，都陷入经济发展停滞不前的局面。

我国经济多年来一直处于高速发展阶段，同时也存在一些突出的问题，一是经济对外依存度不断提高，出现了重引进、轻消化吸收和再创新的情况，造成了不断重复引进和对外国技术的依赖。二是知识产权矛盾越来越突出，多数产品的品牌、关键技术和销售渠道都掌握在跨国公司手里，对我国进一步使用和引进国外技术造成了很大困难。三是我国在高技术领域中，核心技术方面受制于人。因此，要实现我国可持续发展必须依靠科技创新。

二、与外国模板强国的差距

2005 年我国各种模板的产量总计约达 2.9 亿 m² 以上，是名副其实的世界模板生产大国。但是还不是世界模板生产的强国，与国外模板生产强国相比存在差距还相当大。

美国麻省理工学院"工业生产率委员会"曾就一个国家某个行业的竞争力问题，提出过一个质量－生产率方程理论。该理论指出，评价一个国家内某个行业竞争力的强与弱，可以采用两类基本标准；一类是产品的质量，一类是产品的生产率。具体化为一系列量化指标，而这一系列指标又是由工业化、现代化程度，产业集中度的高低，产品规模经营的大小，工艺装备技术状况，企业管理水平，以及开发创新能力等多种因素的综合体现。

1. 在工业化、现代化进程上的差距

外国先进模板公司都是具备设计、科研、生产、经营和施工等综合功能的技术密集型企业，能适应各类模板工程较高技术特点的需要。生产工艺先进，采用先进的专用生产设备，模板、脚手架生产都已形成机械化、自动化生产线。如德国 PERI 模板公司职工人数达到 3900 人，但生产工人只有 200 多人，德国 MEVA 模板公司职工人数 300 余人，生产工人仅40 人。先进的生产设备能确保产品的加工质量和加工速度。

日本组合钢模板已有 50 多年历史，日本钢模板生产线已经达到完全机械化、自动化的

程度。一条年产 15 万 m^2 的生产线只有 7 个生产工人，可见日本钢模板生产工艺先进，自动化程度高。这条生产线也是经过多年的改进，不断创新而完善的。如日本松户工场的钢模板生产线，1982 年采用钢模板连轧机设备，1984 年采用自动焊接设备，1994 年采用自动喷漆设备，前后经过十二年不断创新才形成一条较完善的自动化生产线。

我国钢模板生产工业化程度较低，生产设备简陋，工艺落后，专用设备多数是各厂自制、仿制或委托加工，大多数设计不合理，加工精度差，钢模板质量很难达到要求。许多钢模板厂的生产工艺和生产设备还都是 20 世纪 80 年代的水平，20 世纪 90 年代以来，钢模板生产技术进展不大，多数钢模板厂的生产条件还达不到 20 世纪 80 年代的先进水平。如钢模板连轧机成型、CO_2 气体保护焊、静电喷漆、电泳涂漆、一次冲孔等先进生产工艺，都是 20 世纪 80 年代已开始应用，但是现在多数厂家无力或无意识采用这些先进生产工艺。全钢大模板和钢框胶合板模板生产的工业化程度更低，生产工艺落后，没有专用设备，机械化程度比组合钢模板生产厂还低。

2. 在产业集中度和规模经营上的差距

工业发达国家的模板公司生产规模都很大，并在世界各国建立了生产基地和办事处。如德国 PERI 模板公司在全世界 55 个国家拥有 42 个子公司或代表处，拥有客户 2.5 万个。奥地利 DOKA 模板公司在德国、捷克、瑞士、芬兰等国家都有生产基地，在 43 个国家有办事处。德国 HÜNNEBECK 模板公司在 50 个国家有办事处，有 60 多个生产基地。

国外模板企业都是私人企业，许多企业已形成企业集团，实行集团化经营，规模化生产。如 DOKA 模板公司与 SHOP 公司组成 UMDASCH 集团公司，集团公司总产值中 DOKA 公司占 70%，SHOP 公司占 30%。又如肖曼木业有限公司是芬欧汇川集团的成员单位之一，芬欧汇川集团是世界上最大的林业公司之一，该集团 2003 年全球销售额达 97.87 亿欧元，2004 年达 98.2 亿欧元。肖曼公司在芬兰、法国、俄罗斯等国家有 14 个胶合板厂，维萨建筑模板已远销到 38 个国家。采用集团化经营方式，可以提高企业竞争力，实行规模化生产有利于专业化生产，提高生产效率，降低生产成本。

工业发达国家的模板公司数量都不多，例如德国是世界上模板技术最先进的国家之一，模板公司的数量不超过百家，但在国际上有较大影响的模板公司有近 20 家，PERI 模板公司是世界上最大的跨国模板公司之一，2005 年营业额达到 6.5 个亿欧元，中型模板公司的年销售额也达 6000 ~ 7000 万欧元。芬兰是世界上胶合板生产最先进的国家，但只有 23 个胶合板厂，其中肖曼公司有 14 个胶合板厂，2004 年胶合板年产量达 96.9 万 m^3，平均每个厂的年产量为 6.92 万 m^3，其中胶合板模板年产量为 15 万 m^3。加拿大也是胶合板生产大国，只有 12 个胶合板厂，胶合板年总产量达 200 多万 m^3，平均每个厂的年产量为 16.67 万 m^3，其中胶合板模板年产量为 20 万 m^3。

我国模板生产厂家的数量之多位居世界之首，但生产规模都不大，产业集中度很低。目前各类模板公司和钢模板厂将近千家，最大的模板企业年产值 2.5 亿元，中型模板企业年产值为 3000 ~ 4000 万元。木胶合板生产厂多达 7000 余家，但年产能力 10 万 m^3 以上的企业只有 10 家左右，年产能力 1 万 m^3 以上的企业只有 200 多家，平均企业年产量仅 0.70 万 m^3。其中约有 10% 的厂家能生产木胶合板模板，即有 700 多家。竹胶合板生产厂有 400 多家，生产能力 1 万 m^3 以上的企业约 10 家左右，大部分企业生产能力均在 5000 m^3 以下。生产厂家过多，生产能力过剩，市场竞争激烈，不利于企业改进生产工艺，提高产品质量。生产规模小、生产工艺和设备落后，制约了技术进步。

3. 在产品品种、质量上的差距

工业发达国家的模板规格已形成了多种多样、各具特色的模板体系，如组合式模板体系、大模板体系、楼板模体系、柱模体系、筒模体系、隧道模体系、单面模体系、爬模体系、滑模体系等。脚手架和支架已发展为各具特色的施工工具，形成各种系列产品，如各种型式的钢支柱和铝合金支柱，门式和方塔式脚手架、各种承插式脚手架等。

许多国家的模板公司都有自己独特的模板体系，如德国 PERI 模板公司已拥有 50 多个产品体系，MENA 模板公司也拥有 30 多个产品体系。这些模架产品不仅技术水平高，而且产品质量好，使用寿命长。如大型钢框胶合板模板体系，模板面积大、重量轻，操作简单、速度快，只需一个万能夹具即可拼装模板，承载能力大，使用寿命长，一般能使用 50～100 次，钢框可以使用 20 年。MEVA 公司的钢框塑料模板可使用 500 次以上。

我国以组合钢模板为主的格局已经打破，已转变为多种模板体系并存的局面，组合钢模板的应用量正在下降，竹胶合板模板和木胶合板模板的应用量已超过钢模板。组合钢模板在欧美等国家已是淘汰产品，散装、散拆的竹（木）胶合板模板的施工技术更落后，费工费料，材料浪费严重。如国内大部分胶合板厂生产素面脲醛胶的木胶合板模板，质量差、档次低，一般只能使用 3～5 次，芬兰维萨模板一般可使用 30～50 次。我国木材资源极为贫乏，但木材利用率仅是国外的 1/10，木材资源浪费十分严重。我国新型模板的研究和开发工作也搞了十多年，有些模板公司已开发了几种模板体系，但是应用量很少，没有大量推广应用。

我国脚手架仍以扣件式钢管脚手架为主，目前全国脚手架钢管约有 800 万吨，其中劣质的超期使用的和不合格的钢管占 80% 以上，扣件总量约有 10～12 亿个，其中 90% 以上为不合格品，已成为建筑施工的安全隐患，脚手架倒塌事故不断发生，2003 年原建设部、国家质检总局、国家工商总局联合发文，要求对脚手架钢管和扣件进行专项整治，但没有取得预期效果。

扣件式钢管脚手架的安全性较差，施工工效低，材料消耗量大，在工业发达国家已很少使用。大力推广应用新型脚手架不仅可以提高施工工效、节省材料，而且是解决脚手架施工安全的根本措施。我国新型脚手架的研究和开发工作已搞了 20 多年，先后开发了门式、碗扣式、方塔式、圆盘式、插卡式、轮扣式等多种型式脚手架。其中碗扣式钢管脚手架推广应用最多，但使用面还不广，只有部分地区和部分工程中大量应用。另外，碗扣式钢管脚手架的产品质量越来越差，给脚手架使用也将带来很大安全隐患。

4. 在自主创新能力上的差距

欧洲许多跨国模板公司是老企业，如奥地利 DOKA 模板公司已有 138 年历史，芬兰肖曼木业有限公司已有 123 年历史，英国 SGB 模板公司也有 86 年历史。这些老企业能够长久不衰、不断发展为规模很大的跨国模板公司，就是靠技术不断创新、设备不断更新。

德国 PERI 模板公司和 MEVA 模板公司都是只有 30 多年历史的企业，但都已发展为跨国模板公司，尤其是德国 PERI 模板公司已成为世界最大的跨国模板公司之一。

这些模板公司能如此快速发展，主要是能不断开发新产品，不断改进模板、脚手架技术，增强公司产品的竞争力。如德国 PERI 模板公司创立时只有 T70 木梁一项专利技术，目前公司拥有一个庞大的科研机构和科研队伍，几乎每年都有 1～2 项开发的新产品或换代产品。据德国 NOE 模板公司、英国 SGB 模板公司介绍，基本上每 2～3 年可研制出一种新产品。

20 世纪 80 年代以来，我国模板行业在模板、脚手架技术开发、加工制作、生产设备等方面都得到较大进步，取得了一定成果。但是这些技术成果大部分都是科研单位和大专院校的科研人员完成的，绝大部分模板企业缺乏科技创新的能力。如组合钢模板从 20 世纪 80 年代初开发和大量推广应用，至今已有 20 多年，许多钢模板厂多年来一直生产这种模板产品，没有新的模板产品开发。20 世纪 90 年代末，我国科研体制改革后，科研单位和大专院校的科技人员无力进行模架技术开发。近五年来，由于模板企业普遍缺乏技术开发的能力和水平，我国模板、脚手架的技术进步不大，在建设部的科技成果推广项目中，几乎没有模板、脚手架科技项目。

今后我国模板、脚手架的技术开发和科技创新要靠模板企业来完成，企业将作为技术创新的主体。企业要发展，必须加大科技和设备的投入，提高企业的自主创新能力。据协会 2004 年的统计资料，我国拥有模架及相关附件技术专利的企业只有 30 多家，其中模板企业拥有专利技术最多不超过 30 个。日本有一家专业生产模板对拉螺栓的企业，多年来一起致力于新产品的创新，提高产品质量，已拥有技术专利 200 多个。

5. 在生产效率上的差距

模板、脚手架的生产效率应包括生产企业的生产效率和施工企业的施工效率，整体上与工业发达国家相比，差距很大。外国先进的模板公司由于机械化、自动化程度高，劳动生产率非常高，如德国 PERI 模板公司的全员劳动生产率为 16.7 万欧元／人·年，MEVA 模板公司的全员劳动生产率为 23.3 万欧元／人·年。我国较大的模板公司全员劳动生产率为 10 ~ 20 万元／人·年，相差约 10 倍，如果按工人劳动生产率计则差距更大。

韩国模板生产企业的规模和生产设备与我国模板生产企业的情况差不多，但生产效率较高，如泰永模板公司是专业桥梁模板公司，生产设备也较简陋，但工人平均年产量达 160 吨／人·年，而我国桥梁模板公司的工人平均年产量一般为 30 ~ 40 吨／人·年，相差 4 ~ 5 倍。

美国乔治亚胶合板厂是美国中等规模的企业，人均年产量达 740m³／人·年，加拿大维尔吾胶合板厂也是中等规模的企业，人均年产量达 624m³／人·年。山东临沂新港木业发展有限公司是我国规模较大、生产效率较高的胶合板模板生产厂，人均年产量 192.7m³／人·年，相差 3 ~ 4 倍。印尼也不是工业发达国家，有胶合板厂 113 家，企业平均年产量为 6 万 m³，人均年产量为 67.5m³／人·年。我国胶合板生产厂达 7000 多家，企业平均年产量仅 0.70 万 m³，人均年产量为 8.2m³／人·年，相差 8 倍。

在工业发达国家，模板工程的人工费都很高，据德国 PERI 模板公司的资料介绍，欧洲模板工程的费用占钢筋混凝土结构工程费用的 52.7%，其中人工费占钢筋混凝土费用的 46.7%，材料费只占 6%。因此，不断开发和改进模板和脚手架技术，以达到提高施工工效，减轻劳动强度和降低施工成本的目的。

我国模板工程的施工效率与工业发达国家相比差距很大。由于模板工程施工是室外作业和高空操作，工作条件差、劳动强度高，在工业发达国家招聘建筑工人较困难，因此要给予建筑工人高工资。施工企业必须采用技术先进的模板体系，改善劳动环境，确保施工安全，才能吸引建筑工人，同时也能大量节省人工，提高施工工效。如墙体模板施工一般采用钢框胶合板模板，由于钢框的强度和刚度大，模板组装时，不需要附加纵横楞条，只需用夹具将两块模板的边肋夹紧固定，装拆简便，省工省料，楼板模板施工一般采用钢（铝）支柱与木工字梁、型钢等横梁组成的各种型式支架，面板采用钢（铝）框胶合板模板或胶合板模板。脚手架主要采用各种型式的承插式和框式脚手架，装拆速度快、施工空间大、安全性能好、省工又省料。因此，采用质量好的、先进的模板体系，模板使用寿命可提高5~10倍，施工工效可提高3~5倍，采用先进的脚手架体系不仅安全可靠，而且脚手架用钢量可减少30%~50%，装拆工效可提高2倍以上。

另外，为了减轻建筑工人的劳动强度，改善劳动环境，提高施工工效，对建筑模板、脚手架的设计趋向于轻型化、装拆方便、外表美观、安全可靠。目前，欧美国家正在大力开发和应用铝合金模板、塑料模板、铝合金支架等。

我国大量采用的组合钢模板、散装散拆的竹（木）胶合板、扣件式钢管脚手架等都是落后技术，尤其是扣件式钢管脚手架，安全性很差，在发达国家都已淘汰。由于我国建筑工人大部分是农民工，工资很低，劳动条件很差，施工企业宁肯使用人工多、材料消耗大的落后技术，也不肯采用新型模架。因此，模架施工工效很低，安全性能差，劳动强度也很高。

三、大力推进企业的自主创新

胡锦涛总书记在全国科技大会上的讲话"要建设以企业为主体、市场为导向、产学研相结合的技术创新体系，使企业真正成为研究开发投入的主体、技术创新活动的主体和创新成果应用的主体，全面提升企业的自主创新能力"。大力推进企业的自主创新，也是行业协会的重要任务，当前应做好以下工作。

1. 坚定企业自主创新的信心

当前我国模板、脚手架的技术水平与工业发达国家相比，从整体上讲，差距很大，体系不完善、技术水平低、施工效率低、劳动强度大；产品质量差、安全隐患严重；使用寿命短、材料损耗量大。这是我们模板行业存在的主要问题，但是我们也有许多有利条件。首先我们有巨大的建筑市场，每年模板使用量近3亿m^2，脚手架钢管使用量达800多万吨，为我国模板、脚手架企业提供了一个巨大的商机；第二建立了了一批有较大实力的模板公司，这些企业已具有一定规模，有一批具有开发能力的技术人才，并开发了一些新型模架产品；第三通过多次出国考察和广泛与国外模板公司交流，对国外模架技术的水平和发展动向已基本了解，我国部分模板和脚手架产品已进入国际市场。如木胶合板模板已大量出口到欧美、亚洲等许多国家和地区。有几十家脚手架企业为欧美、日本等国大量加工各种类型的脚手架和配件，具备了生产各种新型脚手架的能力。

2. 提高企业自主创新的能力

当前我国模板企业数量过多，但生产规模不大，发展也不快，主要是科技和设备投入不足，缺乏研制和开发新产品的能力。随着我国建筑结构体系的发展，各种形式现代化的大型建筑体系大量建造，需要开发和应用各种新型模板、脚手架才能满足施工工程的要求。我们感到模板企业必须加大技术和设备投入，培养和引进技术人才，提高研制开发新产品的能力，以适应建筑市场变化的需求。另外，应大力促进"产学研"相结合，企业可以直接应用大学和科研院所的转让成果，或企业与大学或科研院所联合建立技术研究中心，提高企业的技术创新能力。第三协会应充分发挥中间桥梁作用，积极为企业推荐新产品、新技术，为企业与科研院所及国外模板公司的技术合作搭桥。

3. 完善企业自主创新的环境

企业自主创新还必须有一个良好的外部环境，目前外部环境存在主要问题是：

（1）建筑市场混乱，缺乏严格的质量监管

我国模板企业在开发新型模板、脚手架技术方面作了不少工作，但是不少新品产应用了几年就退出市场了，如钢板扣件、钢支柱、门式脚手架、钢框胶合板模板等。主要原因是产品质量问题，造成产品质量不断下降的原因，主要是质量管理制度不健全，缺乏严格的质量监督措施和监控机构，加上建筑市场十分混乱，生产厂家低价恶性竞争，施工企业只图价格便宜，造成大批低劣产品流入施工现场。

另外，知识产权也得不到保护，使不少企业不愿投资进行新产品开发。有些企业花了大量人力、物力研制开发了一种新产品，一旦有了市场，仿制产品很快就会出来，并且价格很低，扰乱了市场，也影响了企业科技创新的积极性。

（2）体制和机制不完善，政策和法规不健全

目前，我国在科技创新、新技术推广中，体制和机制方面都存在不少问题，如项目承包制度不完善，项目负责人的短期行为，限制了新技术的推广应用。质量监督和监控机构不健全，对模板生产厂的产品质量和施工企业采购的模架质量不能有效监督，造成建筑市场十分混乱，低劣模架大批流入施工现场。

另外，新型模板、脚手架标准制定和颁发工作严重滞后，在一定程度上影响了新技术的推广应用。如碗扣脚手架推广应用了近二十年，但今尚无国家标准和安全技术规程。全钢大模板在北京已推广应用了近30年，直到2004年才由中国模板协会组织编制了"全钢大模板应用技术规程"。钢模板和脚手架钢管虽然已制订了报废标准，但是由于没有报废的机制，大量应报废的钢模板和脚手架钢管仍继续使用，还有些租赁站专门购置施工企业报废的模板和钢管。制度不健全，监督不得力，不仅影响了企业自主创新和阻碍新技术的推广应用，而且是腐败现象滋生蔓延的温床。因此，有关政府部门应进一步完善体制改革，健全有关政策和法规，为企业自主创新提供一个良好的外部环境。

载于《施工技术》2007年第3期

6 模板工程施工专业化是必然趋势

一、模板工程的重要性

模板是钢筋混凝土结构建筑施工中量大面广的重要施工工具。在经济性上，模板工程占钢筋混凝土结构工程费用的 20% ~ 30%，用工量的 30% ~ 40%，工期的 50% 左右。因此，促进模板工程的技术进步，是减少模板工程费用，节省劳动力，加快工程进度的重要途径。

在施工技术上，许多高、难、大的工程主要集中在混凝土结构工程上，而混凝土工程中，主要技术又集中在模板工程上，模板技术问题解决了，工程水平就可上去了，体现了模板技术的主导作用。

在工程质量上，模板施工质量直接影响混凝土工程的质量，如混凝土结构工程长城杯，主要看模板施工的混凝土表面质量。清水混凝土模板施工工程必须选择高质量的模板，利用这种模板可以完成各种装饰混凝土面和饰面清水混凝土面，不仅减少了混凝土面层湿作业的材料和人工费，也提高了结构工程的档次。由此可见，模板在混凝土工程中的作用是十分重要的。

二、我国模板工程的现状

当前，我国以组合钢模板为主的格局已经打破，已逐步转变为多种模板体系并存的格局，组合钢模板的应用量正在不断下降，不少钢模板厂面临转产或倒闭的困境，竹胶合板模板和木胶合板模板发展速度很快，与钢模板已成三足鼎立之势。

目前，我国模板、脚手架的技术进步不大，与发达国家的差距还相当大，模板行业发展中存在的主要问题是：

1. 科技投入不足

大部分模板企业生产规模都不大，发展也不快，主要是科技和设备投入不足，技术力量薄弱，缺乏研制开发新产品的能力。如组合钢模板已应用了 20 多年，许多钢模板厂多年来一直生产这种模板产品，并且规格品种还不齐全，生产设备也陈旧简陋，使钢模板产品质量越来越差。大部分模板企业都缺乏研制开发新产品的能力，在市场需求发生变化时，这些企业肯定无法生存。

据德国 NOE 和英国 SGB 模板公司介绍，基本上每两年可研制出一种新产品，德国 PERI 公司几乎每年都有 1 ~ 2 项开发的新产品或换代产品。

在施工方面，除少数国家重点工程外，绝大多数施工工程中采用的模板、脚手架都很落后，施工企业宁肯多用人工，多消耗材料，也不肯科技投入，采用新型模架。

2. 建筑市场混乱

由于建筑市场十分混乱，生产厂家低价恶性竞争，施工企业只图价格便宜，造成大批低劣产品流入施工现场。由于对产品质量缺乏严格的监督措施和监控机构，产品质量好的企业利益得不到保护，使产品质量不断下降，另外知识产权也得不到保护，严重影响了企业科技创新的积极性。

3. 安全隐患严重

目前全国脚手架钢管约有 1000 多万吨，其中劣质的、超期使用的和不合格的钢管占 90% 以上，扣件总量约有 10 ~ 12 亿个，其中 90% 以上为不合格品，如此量大面广的不合格钢管和扣件，已成为建筑施工的安全隐患。

据初步统计，自 2001 年至 2005 年，已发生脚手架倒塌事故 24 起，其中死亡 71 人，受伤 150 余人。2003 年国家有关部门开展对钢管和扣件专项整治，但仍不断发生安全事故。

碗扣式钢管脚手架是我国推广的新型脚手架，由于缺乏标准和质量管理，大部分厂家生产设备简陋，工艺落后，又采用不合格钢管，以致大部分碗扣脚手架都不合格，也是很大的安全隐患。

4. 材料消耗严重

建筑业是原材料消耗的重点行业，建筑业钢材消耗量约占全国钢材消耗量的 60% 以上，建筑施工用钢模板、各类脚手架、跳板、支撑、横梁等用钢量达到 2000 多万吨，年钢材消耗量 260 多万吨。

与发达国家的模板和脚手架相比，不仅技术水平低，而且使用寿命短，消耗量多。如国外钢框胶合板模板的钢框使用寿命可达 20 年左右，我国钢模板使用寿命一般为 5 ~ 10 年，我国脚手架钢管为普碳钢，使用寿命为 5 ~ 8 年，同样一个工程，采用新型脚手架与扣件钢管脚手架相比，可节省三分之二的钢脚手架用量。

建筑业的木材消费量也非常大，占全国木材消费量的 30%，建筑模板的木材用量也非常大。2006 年全国木胶合板产量为 2728 万 m^3，其中木胶合板模板的产量约占 30% ~ 40%，折合 800 ~ 1000 万 m^3，出口木胶合板模板约 300 多万 m^3。

由于国内使用的木胶合板大部分为脲醛胶素面胶合板，档次低、质量差，一般只能使用 3 ~ 5 次，而芬兰维萨模板可使用 30 ~ 50 次，我国木模板的利用率仅是国外的十分之一，木材资源浪费太严重。

5. 体制和机制不完善

建筑工程项目承包制是建筑业的管理体制改革之一，由于这项改革不完善，造成项目负责人的短期行为，片面追求经济效益，限制了新技术的推广应用，不少项目负责人对推广新技术、新工艺不热心，也不愿意投资应用新技术。许多施工工程中，采用木模板、竹脚手架、扣件式钢管支架等落后施工工艺，许多施工企业的模板施工倒退到传统的施工工艺，尤其是楼板、平台等模板施工技术普遍采用满堂支架，费工费料，非常落后。

三、模板工程施工专业化的必然性

当前，混凝土工程中已实现了混凝土商品化，钢筋加工安装专业化，模板工程施工专业化将是发展的必然趋势。在发达国家的专业模板公司已有几十年的历史，并已形成了具有各类模板施工技术的专业公司。模板工程施工专业化具有以下明显优点：

1. 有利于促进模板行业的技术进步

项目经理一般不愿投资采用新技术，限制了模架的技术进步。但是模板专业公司必须采用新技术不断开发新产品，掌握先进的模架体系，才能提高企业的市场竞争能力，也促进了模板行业的技术进步。

2. 有利于提高模架资源的利用率

目前采用的木胶合板模板和扣件钢管脚手架利用率都很低，资源浪费严重，模板专业公司可以采用高质量的覆膜胶合板，周转次数提高到 30 次以上，提高模板利用率，节省大量木材。采用先进脚手架，减少脚手架的使用量，加速周转，提高利用率和安全性。

3. 有利于充分利用模架施工设备

模板专业公司可以充分利用模架施工设备，尤其是爬模、滑模、爬架等施工设备，一般施工企业由于工程项目的限制，利用率都不高，只有专业模板公司才能充分利用。

4. 有利于培养专业人员，提高施工技术水平

一般施工企业对普通工人缺乏培训，以致有些先进的模板产品不会使用，用不好，也容易发生安全事故。模板专业公司可以通过专业培训，培养专业队伍，提高队伍素质，掌握先进模板施工技术，提高模板工程的施工进度和施工质量。

5. 有利于提高模板工程的经济效益

模板专业公司可以从模架装备和技术水平等方面，比一般施工企业提高档次，不再在同一水平竞争。专业模板公司利用先进模架，熟练的施工队伍，充分利用模架设备等方面提高经济效益。同时，在节约木材、钢材等资源，提高施工安全性等方面，收到很好的社会及经济效益。

我国已开始建立了一些专业模板公司，但是大部分企业仍为模板生产企业，没有自己的专利技术和施工技术，企业特色不明显。福建省专业模板施工队发展很快，队伍数量很多，但是这些队伍的施工水平和装备水平很低，职工的素质差，对促进模板行业技术进步的作用不大。专业模板公司应是具备设计、科研、生产、经营和施工等综合功能的技术密集型企业，能适应模板工程较高技术特点的需要。协会提倡建立有技术特色的专业模板公司，如桥梁模板公司、隧道模板公司、爬模公司、滑模公司以及各类脚手架公司等。

四、几点建议

1. 积极争取政府有关部门的支持

原建设部曾下发了《建筑业企业资质管理规定》，建筑业企业资质分为施工总承包、专业承包和劳务分包三类，其中专业承包中，批准的承包专业有地基与基础工程、土石方工程、建筑装饰装修工程、建筑幕墙工程、预拌混凝土工程、混凝土预制构件工程、园林古建筑工程等 7 个专业，没有模板工程专业。从模板工程的重要性、经济性、必然性、发展规模等方面来看，都有必要设立模板专业承包的企业资质。

2. 进一步完善项目承包制度

据调查，不少人认为工程项目承包制度是新技术推广应用的最大障碍。由于工程项目经理是按工程项目临时设立，项目结束后，项目经理也撤了，以后是否还有工程项目还不清楚，这种短期行为造成不愿大量投资采用新技术也在情理之中。因此应进一步完善项目承包制度，调动项目负责人推广新技术的积极性，为新型模架技术的推广应用提供一个良好的外部环境。

3. 切实加强产品质量监督和管理

目前我国模板、脚手架的产品质量从整体上讲是比较差的，2003 年原建设部等部门对脚手架钢管和扣件进行专项整治，结果没有见到成效，产品质量仍然很差。我国也不断开发了新型模板和脚手架，有不少产品在国外仍在大量应用，并不断发展，而我国只推广了几年就退出了市场。什么原因？主要是缺乏严格的质量监督和管理措施，对生产低劣产品的厂家不能加以监督管理。一个新产品出来后，有了一定市场，很快仿造产品出来了，价格很低，竞争激烈，产品质量下降，最后被淘汰出局。这种局面不改变，以后还会有新产品被淘汰。

4. 大力发展租赁业，促进模板技术进步

目前全国钢模板租赁企业有近万家，在加速模板周转、提高利用率和社会经济效益等方面都起了很大作用。但是大部分钢模板租赁企业规模小，租赁器材的品种单调，技术落后，基本上都是小钢模和钢管、扣件等，随着小钢模的应用量减少，不少租赁企业倒闭。因此租赁企业应该随着建筑施工技术和模架技术的发展，不断调整和增加新产品。

由于新型模架的价格都比较高，施工企业一般不愿意购买，使得推广应用新型模架很困难，如果通过租赁方式，则有可能有些施工企业会应用，这样既可以发展了租赁业务，又可以推动新技术的应用，施工企业也能促进施工技术进步，并能取得更好的效益，因此，要大力发展新型模架的租赁业。

载于《施工技术》2008 年第 8 期

7 30年来，我国模板行业取得的成就及发展前景

30多年来，我国模板、脚手架的技术进步和在建筑施工中起的重要作用是有目共睹的，取得的经济效益和社会效益也是非常可观的。模板行业从无到有得到较大发展；模板、脚手架的品种及规格不断完善；模板设计和施工技术水平不断提高；模板行业在建筑施工中的作用越来越大；模板行业为国家经济建设做出了巨大贡献。目前，全国建筑施工用各种钢模板、各类钢脚手架和钢跳板、钢支撑、钢横梁等的用钢量达到3260多万 t，木胶合板模板使用量达到1200多万 m^3，竹胶合板模板的使用量达到400多万 m^3。2007年我国各种模板的年产量总计约达8亿 m^2 以上，是名副其实的世界模板生产大国。

30多年来，我国国民经济一直保持高速的发展，建筑市场也十分巨大，给我国模板行业提供了巨大商机，促进了我国模板行业的发展。我国模板行业为保护森林资源和满足大规模经济建设的需要做出了巨大的贡献。

一、我国模板行业取得的成就

1. 模架企业不断壮大

20世纪70年代初，我国建筑结构以砖混结构为主，建筑施工用模板以木模板为主，当时国内还没有一家模板生产企业。随着组合钢模板的研制成功，改革了模板施工工艺，钢模板生产厂曾达到1000多家，钢模板使用量曾达到1亿多 m^2，推广应用面曾达到75%以上。钢模板租赁企业曾达到13000多家，年节约代用木材约1500万 m^3，取得了重大经济效果和社会效果。

20世纪90年代以来，我国不断引进国外先进模架体系，同时也研制开发了多种新型模板和脚手架。全钢大模板1996年后得到大量推广应用，现有全钢大模板厂150多家，年产量达到460万 m^2。竹胶合板模板是20世纪90年代末得到大量推广应用，现有竹胶合板模板厂500多家，年产量达到270万 m^3。木胶合板模板1997年开始大量进入国内建筑市场，并得到迅猛发展，现有木胶合板模板厂700多家，年产量达到997万 m^3。桥梁模板是20世纪90年代中期发展起来的，现有桥梁模板厂180多家，年产量达到800多万 m^2。近年来，塑料模板和铝合金模板得到很大发展，现有塑料模板厂100多家，铝合金模板厂10多家。

20世纪60年代以来，扣件式钢管脚手架在我国得到广泛应用，目前，全国脚手架钢管约有1000万吨以上，其使用量占60%以上，是当前使用量最多的一种脚手架。但是这种脚手架的最大弱点是安全性较差，施工工效低、材料消耗量大。由于大量劣质的、不合格的钢管和扣件在施工工程中应用，已成为建筑施工的安全隐患。

20世纪80年代初，我国先后从国外引进门式脚手架、碗扣式钢管脚手架等多种型式脚手架。碗扣式脚手架是新型脚手架中推广应用最多的一种脚手架，在许多重大工程中大量应用。20世纪90年代以来，国内一些企业引进和开发了多种新型脚手架，如插销式脚手架、轮扣式脚手架、方塔式脚手架，以及各种类型的爬架。由于这些新型脚手架是国际主流脚手架，具有结构合理、技术先进、安全可靠、节省材料等特点，在国内一些重大工程已得到大

量应用。目前，国内有专业脚手架生产企业 200 余家。

2. 模架品种不断完善

20 世纪 80 年代，我国模板工程以组合钢模板为主，20 世纪 90 年代以来，由于新型材料的不断出现，模板种类也越来越多。钢模板除组合钢模板外，已开发了宽幅钢模板、全钢大模板、轻型大钢模、63 型钢框钢面模板等。竹胶合板模板最早使用的是素面竹席胶合板模板，现已开发了覆膜竹帘竹席胶合板模板、竹片胶合板模板、覆木或覆竹面胶合板模板等。木胶合板模板目前大量使用的是素面木胶合板模板和覆膜木胶合板模板，现已开发了覆塑木胶合板模板。

钢框胶合板模板最早使用的是 55 型钢框胶合板模板，现已开发了 63 型钢框胶合板模板，大型钢框胶合板模板等。铝合金模板已开发有铝合金框胶合板模板、全铝合金模板和组合铝合金模板。

塑料模板目前各地陆续投入生产塑料模板的企业已有百家左右，开发的产品多种多样，如增强塑料模板、中间空心塑料模板、低发泡多层结构塑料模板、工程塑料大模板、GMT 建筑模板、钢框塑料模板、木塑复合模板等。

随着模板工程技术水平的不断提高，模板规格正向系列化和体系化发展，出现了不少适用于不同施工工程的模板体系，如组拼式大模板，液压滑动模板，液压爬升模板，台模，筒模，桥梁模板，隧道模板，悬臂模板等。

20 世纪 60 年代初，扣件式脚手架在国内得到大量应用，至今仍是应用最普遍的一种脚手架。20 世纪 80 年代以来，我国从国外引进和开发了门式脚手架、方塔式脚手架、碗扣式脚手架等。

20 世纪 90 年代以来，随着我国大量现代化大型建筑体系的出现，扣件式钢管脚手架已不能适应建筑施工发展的需要，国内一些企业引进国外先进技术，开发了多种新型脚手架，如圆盘式脚手架、盘扣式脚手架、扣盘式脚手架、重力模板支撑、强力多功能支架、十字形盘式支架、八角盘脚手架、U 形耳插接式脚手架和 V 形耳插接式脚手架，以及各类爬架等。

3. 施工技术不断进步

20 世纪 80 年代以来，推广应用组合钢模板以来，我国模板施工技术有了很大的进步，改变了过去木工的锯、刨、钉的传统操作，组合钢模板拼装成大模板，可以实现机械化吊装施工。墙体模板施工，开发了全钢大模板施工技术，不仅模板面积大，而且模板上带有脚手架，模板组装、拆除和搬运更方便，工人操作简便，施工技术从"外挂内浇"施工工艺，发展到"外砌内浇"及"内外墙全现浇"施工工艺。楼板模板施工从传统的满堂脚手架，开发了台模施工方法，施工技术已发展了立柱式、挂架式、门架式、构架式等多种形式的台模。

液压滑动模板施工工艺得到很大发展，应用范围由原来的等截面结构发展到变截面结构；由简单框架发展到大型多层复杂框架结构；由整体结构发展到成排单层厂房柱；由工业建筑发展到民用高层建筑。爬模施工技术也不断创新，现已从人工爬升发展到液压自动爬升，爬升动力从手动葫芦、电动葫芦发展到特殊大油缸、升降千斤顶，从只能爬升施工外墙发展到内外墙同时爬升施工。已广泛应用于高层建筑核心筒、大型桥塔等工程，电梯井筒模施工技术也发展很快，已开发了各种形式的筒模。

20 世纪 90 年代以来，随着我国铁路、公路建设的飞速发展，桥梁和隧道模板施工技术得到了很大进步。如桥面箱梁在高速铁路和公路的桥梁中，已向大体积、大吨位的整孔预制箱梁方向发展。在现浇箱梁的施工中，已大量采用移动模架造桥机及挂篮。广泛应用于城市高架、轻轨、高速铁路和公路桥施工。在隧道衬砌施工中，已广泛使用模板台车，近几年模板台车不断创新，从平移式发展到穿行式，从边顶拱模板发展到全断面模板。目前模板台车主要有穿行式全断面模板台车、平移式全断面模板台车、针梁模板台车、穿行式马蹄形模板台车、非全圆断面模板台车等，广泛应用于公路、铁路、水利水电的隧道施工。

4. 模架作用更加重要

现浇混凝土结构的费用、劳动量、工程进度和工程质量等，很大程度上取决于模板工程的技术水平及工业化程度。随着建筑结构体系的发展，大批现代化的大型建筑体系相继建造，其工程质量要求高，施工技术复杂，施工进度要求快。模板质量的优劣，直接影响到混凝土工程的质量好坏及工程成本。在混凝土工程中，建筑物的结构主体尺寸、位置、形状最终是由模板工程决定的。模板工程与钢筋混凝土工程比较，模板工程费用占主体工程费用的三分之一至四分之一。劳动力费用中，混凝土工程约占 8% ~ 10%，钢筋工程约占 30% ~ 35%，模板工程约占 50%。当前，许多现浇混凝土工程要求达到清水混凝土的要求，因此，对模板的质量和技术也提出了新的要求。

20 世纪 80 年代以来，推广应用组合钢模板使现场施工面貌起了很大变化，操作简便、现场清洁、整齐，实现了文明施工。采用大模板又使模板装拆施工实现机械化吊装，大大提高了施工工效和施工速度。采用爬模、滑模工艺的工程一般可减少模板用量 60% 左右，采用早拆模板技术一般可减少模板用量 40% ~ 50%。采用新型脚手架不仅施工安全可靠，装拆速度快，而且脚手架用钢量可减少 30% 以上，装拆工效提高 2 倍以上，施工成本可明显下降，施工现场文明、整洁。新型模架和先进模板施工工艺在各地重点工程和全国大部分示范工程中已大量应用，在混凝土施工中的作用越来越大。

二、我国模板行业发展的建议

1. 积极开发新型模板技术

当前，木胶合板模板和竹胶合板模板的发展速度很快，与钢模板已成三足鼎立之势。但是，散装、散拆木（竹）胶合板模板的施工技术落后，费工费料，材料浪费严重，不是新型模板技术。积极开发新型模板是施工技术和模板技术发展的需要，目前应抓好以下工作：

（1）加强模板材料的应用研究，研发轻质高强、环保无污染、可再生利用的模板材料；

（2）应根据不同工程需要开发不同种类的模板体系，适应各种建筑结构的要求；

（3）积极开发水平模板体系和水平模板施工方法，大力推广应用早拆模板技术；

（4）提高木（竹）胶合板模板的产品质量和使用寿命。

2. 大力推广应用新型脚手架

多年来，扣件式钢管脚手架坍塌事故每年发生多起，给国家和人民生命财产造成巨大损失。新型脚手架是建筑业重点推广应用十大新技术之一，大力推广应用新型脚手架是解决脚手架施工安全的根本措施。目前应抓好以下工作：

（1）有关部门应制定相应政策，鼓励施工企业采用新型脚手架；

（2）高大空间结构的脚手架应采用新型脚手架，限制使用扣件式脚手架；

（3）对扣件式脚手架的产品质量及使用安全问题，应大力开展整治工作。

3. 大力推进模板工程施工专业化

当前，混凝土工程中已实现了混凝土商品化、钢筋加工安装专业化，模板工程施工专业化将是发展的必然趋势。模板工程施工专业化有利于采用新技术，提高模架利用率，培养熟练技术队伍，降低施工成本，促进技术进步等。目前应抓好以下工作；

（1）争取政府有关部门支持，尽快设立模板专业承包的企业资质；

（2）要支持有条件的企业，建立有技术特色的专业模板公司，如桥梁模板公司、隧道模板公司、爬模公司、滑模公司以及各类脚手架公司等；

（3）提高劳务模板专业公司的技术水平和装备水平，适应模板工程较高技术特点的需要。

4. 切实加强产品质量监督和管理

当前，我国模板行业中，大部分扣件式脚手架都不合格，已成为建筑施工安全的严重隐患，大部分木胶合板模板为素面脲醛胶的胶合板，只能使用 3~5 次，已成为木材资源浪费最严重的产品。目前应抓好以下工作；

（1）对脚手架和胶合板企业应进行产品质量监督管理，以堵住不合格产品的生产源头；

（2）施工和租赁企业必须选购有"产品合格证"厂家的产品，租赁的模架必须有质量保证书和检测证书，以堵住不合格产品的流通渠道；

（3）由质量监理部门负责对施工中采用的模架进行质量监督，对不符合质量要求和施工安全的模架，有权责成施工企业停止使用，以确保模架的产品质量和施工安全。

载于《施工技术》2009 年第 4 期

8 我国模板脚手架技术的现状及发展趋势

一、模板技术的现状及发展趋势

当前，我国以组合钢模板为主的格局已经打破，已逐步转变为多种模板并存的格局，组合钢模板的应用量正在下降，新型模板的发展速度很快。目前，竹胶合板模板、木胶合板模板与钢模板已成三足鼎立之势。

1. 组合钢模板

我国组合钢模板从20世纪80年代初开发，推广应用面曾达到75%以上，"以钢代木"，促进模板施工技术进步，取得重大经济效益。20世纪90年代以来，随着高层建筑和大型公共设施建筑的大量兴建，许多工程要求做成清水混凝土，对模板提出了新的要求。由于组合钢模板存在板面尺寸小、拼缝多、板面易生锈、清理工作量大等缺陷，限制了其推广应用。另外，由于市场竞争激烈，许多钢模板厂生产设备陈旧简陋，技术和设备投入不足。还有不少厂采用改制钢板加工，产品质量越来越差，很难适应清水混凝土工程施工的需要。随着竹、木胶合板的大量应用，组合钢模板的应用量大幅度下滑，致使许多钢模板厂和租赁企业面临停产或转产的危机。目前，全国钢模板的年产量已从1998年的1060万 m^2，下降到2007年的700万 m^2，使用量从47%下降到15%。

有些城市提出不准使用组合钢模板，用散装散拆的竹（木）胶合板来代替钢模板，既违背了"以钢代木"节约木材的国策，又使模板的施工技术倒退一步。但是，要让组合钢模板短期内不被淘汰，必须改进加工设备，完善生产工艺；完善模板体系，提高钢模板使用效果；加强产品质量管理，确保钢模板产品质量。

2. 竹胶合板模板

竹胶合板模板是20世纪80年代末开发的一种新型模板，20世纪90年代末，竹胶合板模板在全国各地得到大量推广应用，1998年全国竹胶合板模板的年产量为72万 m^3，到2007年上升到270万 m^3，使用量从21%上升到28%。

但是，目前竹胶板厂普遍存在生产工艺以手工操作为主，生产设备简陋、技术力量薄弱、质量检测手段落后、产品质量较难控制，主要问题是板面厚薄不均，厚度公差较大，存在不同程度的开胶等缺陷，使用寿命也较短，一般周转使用10~20次。竹材资源浪费较大，竹材利用率为60%~70%，产品质量均属中低档水平，不能满足钢框胶合板模板的质量要求，也很难达到大批量出口的要求。因此，必须采取积极措施，改进生产设备，提高产品质量和精度；采用性能好的胶粘剂，提高竹胶板的使用寿命；改革生产工艺，提高竹材资源利用率。

3. 木胶合板模板

木胶合板模板是国外应用最广泛的模板形式之一，20世纪90年代以来，随着我国经济建设迅猛发展，胶合板的需求量猛增，胶合板生产厂大批建立，1993年国内木胶合板厂仅400多家，木胶合板年产量仅为212.45万 m^3，到2006年木胶合板年产量猛增到2728.78万

m^3，10 年间将近增长十多倍，总产量居世界第一，胶合板厂达到 7000 多家。全国木胶合板模板 1998 年的年产量为 70 多万 m^3，至 2007 年增到 1070 万 m^3，使用量从 6% 猛增到 35%。另外，木胶合板模板还大量出口到中东、欧洲和亚洲等许多国家。

目前，木胶合板模板存在主要问题是大部分产品质量低，以生产脲醛胶素面胶合板为主，一般只能使用 3～5 次，木材资源浪费严重；企业布局不合理，在一些地区特别集中、企业数量过多、规模不大、设备简陋、技术力量弱；企业竞争激烈，产品价格低、档次低。因此，应尽快采取有效措施，加强产品质量监督和管理，作为模板用的胶合板必须采用防水的酚醛胶，使用次数应能达到 20 次以上，以提高木材利用率，节约木材资源。

4. 全钢大模板

早在 20 世纪 70 年代初，北京开始应用全钢大模板。但是北京大量推广应用大模板是在 1996 年以后，一方面由于北京市高层住宅建筑发展迅猛，住宅建筑成片大规模建设，为发展大模板施工技术提供了商机。另一方面，由于建筑施工混凝土表面质量要求高，组合钢模板面积小、拼缝多，难以达到施工工程的要求。1994 年开发的钢框竹胶板模板，由于竹胶板的产品质量问题，钢竹模板使用寿命短，不能满足工程的使用要求。全钢大模板具有板面平整、拼缝少、使用次数多、能适应不同板面尺寸的要求等特点，因此，这种模板在北京地区得到迅猛发展。

目前，北京地区已建立全钢大模板生产厂 150 多家，1998 年产量为 170 万 m^2，至 2007 年上升到 480 万 m^2，全钢大模板使用量从 1650 万 m^2，上升到 3700 多万 m^2。在北京周边地区、西北的西安、西南的重庆等地，也已在逐步推广应用。但是，一些模板工程中采用整体式全钢大模板和子母扣全钢大模板，这种模板通用性差，使用次数少，安装不方便，应积极推行拼装式全钢大模板。

5. 桥隧模板

这种模板是 20 世纪 90 年代中期发展起来的，随着我国高速公路、立交桥、大型跨江桥梁、铁路桥梁及各种隧道等工程的兴建，各种桥隧模板得到大量开发应用。目前，已建立专门生产桥隧模板的厂家有 120 多家，许多组合钢模板生产厂也大量生产桥梁模板和隧道模板，有些厂甚至转为生产桥隧模板为主。1998 年全国桥隧模板的年产量为 240 万 m^2，2007 年已升到 800 万 m^2，桥隧模板使用量从 1200 万 m^2 上升到 3900 万 m^2。近年来，桥隧模板发展很快，其施工技术也得到很大发展。但是，大部分模板厂家技术人才缺乏，加工设备简陋，管理水平低，产品质量差。另外，这种模板是异形模板，还没有质量标准可执行，周转次数少、制作技术较高。因此，应尽快引进和培养技术人才，更新加工设备，提高技术水平和产品质量。

6. 塑料模板

塑料模板具有表面光滑、易于脱模、重量轻、耐腐蚀性好、可以回收利用、有利于环境保护等特点。另外，它允许设计有较大的自由度，可以根据设计要求，加工各种形状或花纹的异形模板。我国自 1982 年以来，在一些工程中推广应用过塑料平面模板和塑料模壳。由于它存在强度和刚度较低、耐热性和耐久性较差、价格较高等原因，没有能大量推广应用。

目前，我国有不少企业正在研制和开发各种塑料模板，如硬质增强塑料模板、木塑复合模板、GMT 塑料模板、楼板塑料模板和塑料大模板体系等。在民用建筑和桥梁工程中大量应用，使用效果很好，是一种具有发展前景的轻型模板材料。

另外，还有筒模、台模、滑模、爬模、悬臂模等模板施工技术也有了较大的发展。

二、脚手架技术的现状及发展趋势

我国在20世纪60年代初开始应用扣件式钢管脚手架，由于这种脚手架具有装拆灵活、搬运方便、通用性强、价格便宜等特点，所以在我国应用十分广泛，其使用量占60%以上，是当前使用量最多的一种脚手架。但是这种脚手架的最大弱点是安全性较差，施工工效低，材料消耗量大。目前，全国脚手架钢管约有1000万吨以上，其中劣质的、超期使用的和不合格的钢管占80%以上，扣件总量约有10～12亿个，其中90%左右为不合格品，如此量大面广的不合格钢管和扣件，已成为建筑施工的安全隐患。据不完全统计，自2001年至2007年，已发生扣件式钢管脚手架倒塌事故70多起，其中死亡200余人，受伤400余人。

20世纪80年代初，我国先后从国外引进门式脚手架、碗扣式脚手架等多种型式脚手架。门式脚手架在国内许多工程中也曾大量应用过，取得较好的效果，由于门式脚手架的产品质量问题，这种脚手架没有得到大量推广应用。现在国内又建了一批门式脚手架生产厂，其产品在装修工程中大量应用。碗扣式脚手架是新型脚手架中推广应用最多的一种脚手架，在部分地区和部分工程中大量应用。

20世纪90年代以来，国内一些企业引进国外先进技术，开发了多种新型脚手架，如插接式脚手架、CRAB模块脚手架、盘销式脚手架、方塔式脚手架以及各类爬架。由于这些新型脚手架是国际主流脚手架，具有结构合理、技术先进、安全可靠、节省材料等特点，在国内一些重大工程已得到大量应用。目前，国内有专业脚手架生产企业百余家。从技术上来讲，我国脚手架企业已具备加工生产各种新型脚手架的能力。但是国内市场还没有形成，施工企业对新型脚手架的认识还不足。

随着我国大量现代化大型建筑体系的出现，扣件式钢管脚手架已不能适应建筑施工发展的需要，大力开发和推广应用新型脚手架是当务之急。实践证明，采用新型脚手架不仅施工安全可靠，装拆速度快，而且脚手架用钢量可减少33%，装拆工效提高两倍以上，施工成本可明显下降，施工现场文明、整洁。

三、发展我国模板行业的对策

1. 加强科技创新、开发新型模板

我国模板生产企业是20世纪80年代初开始建立的，但是大部分20世纪80年代建立的模板企业已停产或转产，20世纪90年代建立了一批新的模板企业，生产规模不大，发展也不快，主要是科技和设备投入不足，缺乏研制和开发新产品的能力。许多钢模板厂20多年来只生产组合钢模板一种模板产品，并且品种规格还不齐全，更没有开发新的模板产品。随着国内建筑结构体系的发展，各种现代化的大型建筑体系大量建造，需要开发和应用各种新型模板、脚手架才能满足施工工程的要求。当前应积极做好以下工作：

（1）加强模板材料的应用研究，积极开发轻质高强、环保无污染、可再生及可回收利用、重复使用次数多的模板材料，如低合金钢框型材、铝合金框型材、高强塑料模板和木塑模板，高档木（竹）胶合板模板等。

（2）根据各种建筑结构的要求，开发各种不同种类的模板体系，如爬模体系、滑模体系、筒模体系、倒模体系、隧道模体系、桥梁模体系等。

（3）根据目前国内水平模板施工工艺非常落后、材料用量大、装拆工效低、施工速度慢、安全性能差的现状，应积极推广木工字梁、几字梁或型钢梁为横梁；竹（木）胶合板、

塑料模板或钢框胶合板模板为面板；钢支柱或插销式支架为支柱的支模体系。

2. 推广新型脚手架，确保施工安全

多年来，建筑施工用扣件式钢脚手架每年发生多起倒塌事故，给国家和人民生命财产造成巨大损失。2003年原建设部、国家质检总局、国家工商局联合发布了"关于开展建筑施工用钢管、扣件专项整治的通知"，要求通过此次专项整治，使生产、销售、租赁和使用钢管、扣件的状况得到明显扭转。由于全国脚手架钢管和扣件的数量非常大，使用面又很广，不合格的钢管和扣件的比例又很高，要在短期内完成整治工作是不可能的。事实上，脚手架倒塌事故仍在连年发生。

大力推广应用新型脚手架是解决脚手架施工安全的根本措施。有关部门应制订政策鼓励施工企业采用新型脚手架，尤其是高大空间的脚手架应尽量采用新型脚手架，保证施工安全，避免使用扣件式钢管脚手架，尽快淘汰竹（木）脚手架。对扣件式钢管脚手架和碗扣式脚手架的产品质量及使用安全问题，应大力开展整治工作，引导施工企业采用安全可靠的新型脚手架。

3. 加强监督管理，提高产品质量

20多年来，我国模板行业在研究和开发新型模板、脚手架技术和施工技术方面取得了较大进步。但是，有不少在国外仍然大量应用的模板、脚手架技术，在我国只开发而没有得到大量推广应用，如钢板扣件、钢支柱、门式脚手架、钢框胶合板模板等。并不是这些技术不先进或不适合我国国情，而是我们工作中存在一些问题，其中有技术问题，更主要是产品质量问题。

造成产品质量下降的原因，除了生产厂的生产设备落后，生产工艺和技术水平低，管理人员的质量意识差等原因外，更重要的是质量管理体制和制度不健全，缺乏严格的质量监督措施和监控机构，没有对生产厂家进行必要的质量检查和质量管理，以致造成低劣产品大批流入施工现场。加上建筑市场十分混乱，生产厂家又低价竞争，使产品质量不断下降，严重影响新技术的推广应用。如果这种状况得不到改善，还会有某些新技术半途而废。

当前，我国模板行业中，大部分扣件式钢管脚手架都不合格，已成为建筑施工安全的严重隐患，大部分木胶合板模板为素面脲醛胶的胶合板，使用次数只有3~5次，已成为木材资源浪费最严重的产品。因此，有关政府部门必须采取有效措施，加强监督管理，提高产品质量，建议应做好以下工作：

（1）责任有关部门对脚手架厂和胶合板进行产品质量监督管理，颁发产品合格证或质量认证书，以堵住不合格产品的生产源头。

（2）严格监督施工和租赁企业必须选购有"产品合格证书"厂家的产品，租赁的模架必须有质量保证书和检测证书，以堵住不合格产品的流通渠道。

（3）建立模架工程质量监理制度，由质量监理部门负责对施工中采用的模架进行质量监督，对没有"产品合格证"和检测证书，不符合质量要求和施工安全的模架，有权责成施工企业停止使用。

（4）作为建筑用胶合板模板的使用次数应能达到20次以上，以提高木材利用率，节约木材资源。政府有关部门应采取措施严格限制生产和使用素面脲醛胶的胶合板模板。

4. 制定配套政策，改革管理体制

新技术推广工作是一项系统工程，不仅有技术问题，还有经济、管理、体制等问题，有时这些问题比技术问题更重要。目前，我国在科技创新、新技术推广中，在体制和机制方面都存在不少问题，如项目承包制度不完善，项目负责人短期行为，限制了新技术的推广应用。质量监督和监控机构不健全，建筑市场混乱等。因此，为了更有效地推广新技术，建议做好以下工作。

（1）完善项目承包制度。改革管理体制、调动项目负责人推广应用新技术的积极性，为新技术的推广应用提供一个良好的外部环境。

（2）发展专业模板公司。发展专业模板公司有利于采用新技术，提高模架利用率，培养熟练技术队伍，降低施工成本，促进技术进步等。有关部门应尽快将模板和脚手架专业承包公司列入计划，支持建立各类模板和脚手架专业公司。

（3）进行资质审查和认证。目前国内模板公司之间的总体实力和技术水平相差很大，有不少模板公司技术力量薄弱，设计开发能力差，加工设备简陋。为保证模板工程质量，有关部门应对这些模板公司进行资质审查和认证。

（4）大力开展租赁业务。推广应用新型模板、脚手架是对租赁企业的考验，有一批租赁企业没有能力适应市场需要，将面临被淘汰的危机。同时，也为租赁企业提供了难得的机遇。新型模板、脚手架的品种和规格很多，技术水平较高，一次性投资较大，一般中小施工企业无能力购置，大型施工企业的项目负责人一般也不愿购置。因此，有条件的租赁企业应尽快适应市场需要，开展新型模板、脚手架租赁业务，并逐步发展为专业模板公司，不但能减轻施工企业负担，加速模架周转，促进新技术的推广，而且租赁企业将有很好的发展前景。

载于《中国模板脚手架》2009 年第 1 期

9 我国模板、脚手架行业的技术进步

一、行业发展概况

我国模板、脚手架行业是改革开放以来发展起来的新型行业，30 多年来，模板、脚手架行业从无到有得到较大发展，模板、脚手架的品种规格不断完善，模板设计和施工技术水平不断提高；模板、脚手架行业取得了重大技术进步，在建筑施工中发挥了重要作用，经济效益和社会效益也非常显著，为国家经济建设做出了巨大贡献。目前，全国建筑施工用各种钢模板、各类钢脚手架和钢跳板、钢支撑、钢横梁等的用钢量达到 3500 多万吨，木胶合板模板使用量达到 1200 多万 m^3，竹胶合板模板的使用量达到 400 多万 m^3。我国各种模板的年产量总计约达 8.5 亿 m^2 以上，是名副其实的世界模板生产大国。

30 多年来，我国国民经济一直保持高速的发展，建筑市场也十分巨大，给我国模板行业提供了巨大商机，促进了我国模板行业的发展。我国模板行业为保护森林资源和满足大规模经济建设的需要做出了巨大的贡献。

二、模板技术进步现状

1. 组合钢模板

我国组合钢模板从 20 世纪 80 年代初开发，推广应用面曾达到 75% 以上，在许多重大工程中得到大量应用，"以钢代木"保护森林资源，促进模板施工技术进步，取得了重大经济效益。20 世纪 90 年代以来，随着建筑工业化的发展和模板工程技术水平的不断提高，由于组合钢模板的面积较小和产品质量问题，以及木（竹）胶合板模板的大量应用，并且价格比较低，导致组合钢模板使用量大量减少，甚至有些城市发文提出不准使用组合钢模板，用散装散拆的木（竹）胶合板模板来替代组合钢模板，致使 2/3 的钢模板厂倒闭或转产。

目前，全国组合钢模板拥有量达到 1.4 亿 m^2 以上，钢模板和配件的资金占有量已达 220 多亿元，钢模板租赁企业约有 13000 家，年租赁总收入达 150 亿元以上，这是一笔巨大财产。另外，我国地域辽阔，组合钢模板技术在各地发展不平衡，许多地区钢模板应用仍很普遍。

今后在模板工程中，多种模板同时并存是模板施工的发展方向。"以钢代木"是我国一项长期的技术经济政策，推广应用钢模板不仅是节约木材、实现"以钢代木"的一项重要措施，也是混凝土施工工艺的重大改革。因此，组合钢模板不可能在短期内被淘汰，而要改变组合钢模板目前的局面，还必须在完善模板体系，提高钢模板产品质量，加强企业监督和管理等方面做大量工作。

1997 年以来，在组合钢模板的基础上，开发了宽度为 600~350mm 的中型钢模板，也称宽面钢模板，由于这种模板具有模板面积较大、施工工效高、拼缝较少、混凝土表面平整等特点，得到施工单位的欢迎。最近，石家庄市太行钢模板有限公司在宽面钢模板的基础上，又自主开发了长度规格有 2100~600mm 七种，宽度有 1200~400mm 七种的 55 型全钢模板。由于完善了模板体系，扩大了钢模板的使用面积，提高了钢模板使用效果，目前这种钢模板在施工中已得到大量推广应用，使用效果很好。

2. 竹胶合板模板

竹胶合板模板是 20 世纪 80 年代末我国自主开发的一种新型模板，20 世纪 90 年代末，竹胶合板模板在全国各地得到大量推广应用，1998 年全国竹胶合板模板的年产量为 72 万 m^3，到 2007 年达到 270 万 m^3，竹胶合板企业有 505 家左右，拥有生产线 900 条左右，实际年产值约到 108 亿元。产品品种有素面板、单面覆膜板、双面覆膜板、竹木复合板等，主要用作房屋建筑模板和清水混凝土模板。

但是，竹胶板企业普遍存在企业规模较小、生产工艺以手工操作为主、生产设备简陋、技术力量薄弱、质量检测手段落后、产品质量较难控制等问题，主要问题是板面厚薄不均，厚度公差较大，存在不同程度的开胶等缺陷，使用寿命也较短，一般周转使用 10 ~ 20 次。竹材资源浪费较大，竹材利用率为 50% ~ 60%，产品质量均属中低档水平，不能满足钢框胶合板模板的质量要求，也很难达到大批量出口的要求。因此，必须采取积极措施，倡导企业自主创新，改进生产设备，提高产品质量和精度；采用性能好的胶粘剂，提高竹胶板的使用寿命；改革生产工艺，提高竹材资源利用率。

通过多年的努力，我国已研制成功了开竹机、剖篾机、织帘机及径向竹篾剖切缝帘机等，初步实现了竹材剖篾、织帘的工厂化、机械化生产，大大提高了劳动生产率。推广了径向竹篾帘复合板生产技术，可以使竹材利用率由现有的 50% 提高到 85% 以上。采用了两步法"冷—热—冷"胶合工艺和热水循环利用方法，可以节约 90% 的热能和减少 90% 的冷却水的排放，降低了产品成本。采用二次加工工艺替代一次覆膜工艺，提高了产品档次，能够满足清水混凝土模板和钢框胶合板模板的质量要求。

3. 木胶合板模板

木胶合板模板是国外应用最广泛的模板形式之一，20 世纪 90 年代以来，随着我国经济建设迅猛发展，胶合板的需求量猛增，胶合板生产厂大批建立。1993 年国内木胶合板厂仅 400 多家，木胶合板年产量仅为 212.45 万 m^3，到 2008 年木胶合板年产量猛增到 3540.86 万 m^3，总产量居世界第一，胶合板厂曾达到 7000 多家，近两年，由于受国际金融危机风暴的影响，木胶合板生产企业大量倒闭，目前还有 4500 余家。随着木胶合板模板生产工艺的成熟，木胶合板模板的发展速度十分惊人，在建筑施工中的应用量已超过组合钢模板和竹胶合板模板。目前，木胶合板模板的产量约达 1000 万 m^3，在国内建筑模板市场的占有率约达 45% 左右，在国际市场上，年出口量达到 420 万 m^3 左右，已占全球需求量的 40% 以上。

目前，木胶合板模板存在主要问题是大部分产品质量和档次低，以生产脲醛胶素面胶合板为主，一般只能使用 3 ~ 5 次，木材资源浪费严重；企业布局不合理，在一些地区特别集中，企业数量过多，生产规模较小，产品价格低，企业竞争激烈；机械化程度低，设备简陋，生产工艺落后，技术力量薄弱，制约了企业技术进步，形不成规模生产；管理人员的质量意识也较差，质量管理制度不健全，缺乏严格的质量监督措施，质量检测手段也较落后，产品质量很难提高。

我国目前已经成为世界第一大胶合板生产国和消费国，第二大木材消耗国，但又是木材资源贫乏的国家。因此，要做到胶合板模板健康发展，首先应积极做好人工速生林基地的建设工作，解决胶合板木材资源不足的问题，保证企业的原料供应和企业的发展。第二要加强科技创新，注重科技和设备投入，不断研究和开发新产品，采用先进生产流水线，提高产品质量和木材利用率。第三要加强对木胶合板企业的管理和产品质量的监督检查，规范建筑市场，对木模板生产和销售提出有效的制约措施，以促进模板市场健康有序发展。

4. 钢框胶合板模板

钢框胶合板模板是指钢框与竹（木）胶合板组合的一种模板，这种模板采用模数制设计，横竖都可拼装，使用灵活，适用范围广，并有较完整的支撑体系，可适用于墙体、楼板、梁、柱等多种结构施工，是国外建筑工程中应用最广泛的模板型式之一。

我国钢框胶合板的研究和开发工作也搞了 10 多年。新型模板的边框截面高度有 55mm、70mm、75mm、78mm 等多种规格，这些都属中小型模板，55 型模板可与钢模板通用，连接件简单，但边框高度和厚度受到限制，模板刚度小，加工面积不宜过大。1999 年组织编制的"钢框竹胶合板模板"标准中，选定边框高度为 75mm。

钢框竹胶板模板在 1994～1996 年曾得到大量应用，但在 1997 年以后，使用量明显减少，不少生产厂纷纷转产。主要原因是：钢框竹胶板模板的使用寿命不能满足一个工程的周转使用要求；竹胶板的厚度公差较大，热轧钢框型材的精度也难控制；钢框竹胶板模板的品种规格不全，各种连接件、附件也不配套；在产品质量管理和施工使用管理上也存在不少问题。

最近有不少模板企业在学习国外先进模板技术的基础上，正在开发美国 63 型钢框胶合板模板和大型空腹钢框胶合板模板，在建筑施工工程中推广应用，并已出口到国外，我们认为开发钢框胶合板模板已势在必行。

5. 桥隧模板

20 世纪 90 年代以来，随着我国铁路、公路建设的飞速发展，各种桥梁和隧道模板得到大量开发应用，模板施工技术也得到了很大进步。目前，已建立专门生产桥隧模板的厂家有 200 多家，许多组合钢模板生产厂也大量生产桥梁模板和隧道模板，有些厂甚至转为生产桥隧模板为主，全国桥隧模板的年产量已达到 1000 万 m² 以上，使用量达到 4000 万 m² 以上，为我国铁路、公路建设的高速发展作出了很大贡献。

目前，国内铁路、公路及城市桥梁等工程都以钢筋混凝土结构为主，桥面箱梁等构件一般采用预制工艺制作，随着桥梁设计和施工技术的进步，在高速铁路和公路的桥梁设计中，已向大体积、大吨位的整孔预制箱梁方向发展。在现浇箱梁的施工中，已大量采用移动模架造桥机及挂篮，广泛应用于城市高架、轻轨、高速铁路和公路桥施工。在隧道衬砌施工中，已广泛使用模板台车，近几年模板台车不断技术创新，从平移式发展到穿行式，从边顶拱模板发展到全断面模板。目前模板台车主要有穿行式全断面模板台车、平移式全断面模板台车、针梁模板台车、穿行式马蹄形模板台车、非全圆断面模板台车等。广泛应用于公路、铁路、水利水电的隧道施工。

近几年，新建了不少桥梁模板厂，大部分厂家技术人才缺乏，加工设备简陋，管理水平低，产品质量较差。另外，这种模板是异形模板，还没有质量标准可执行，周转次数少，制作技术较高。因此，应尽快引进和培养技术人才，更新加工设备，提高技术水平和产品质量。

6. 塑料模板

我国最早的塑料模板是于 1982 年由宝钢工程指挥部和上海跃华玻璃厂联合研制成的"定型组合式增强塑料模板"，至今已经历了二十多年的发展过程。随着我国塑料工业的发展和塑料复合材料的性能改进，各种新型塑料模板也正在不断开发和诞生，塑料模板的品种规格也越来越多，目前，各地已建立塑料模板企业数十家，开发的产品多种多样，如强塑PP模板、木塑复合模板、竹材增强木塑模板、混杂纤维增强再生塑料模板、硬质增强塑料模板、中间空心的塑料模板、低发泡多层结构塑料模板、木硅塑复合模板、GMT塑料模板、工程塑料大模板以及钢框塑料模板等。

塑料模板具有表面光滑、易于脱模；加工制作简单，板材用热压机即可快速模压成型；重量轻、耐水、耐腐蚀性好；可以回收反复使用、有利于环境保护等特点。另外，可塑性强，可以根据设计要求，加工各种形状或花纹的异形模板。推广应用塑料模板是节约资源、节约能耗、"以塑代木"、"以塑代钢"的重要措施。推广应用塑料模板具有广阔的发展前景，采用塑料模板应该是发展方向。

目前在建筑工程和桥梁工程中也已得到大量应用，取得很好的效果。但是，由于塑料模板存在强度和刚度较低、耐热性和耐久性较差、价格较高等问题。塑料模板企业还都只生产塑料平板，主要用于建筑和桥梁工程的水平模板，没有形成塑料模板体系。因此，还没有得到普遍推广应用，各种塑料模板正处于不断开发和发展的阶段。

另外，我国模板施工技术也有了较大的进步，如台模施工方法已开发了立柱式、挂架式、门架式、构架式等多种形式的台模。爬模施工技术已从人工爬升发展到液压自动爬升，爬升动力从手动葫芦、电动葫芦发展到特殊大油缸、升降千斤顶，从只能爬升施工外墙发展到内外墙同时爬升施工，已广泛应用于高层建筑核心筒、大型桥塔等工程。全钢大模板施工技术从"外挂内浇"施工工艺发展到"外砌内浇"及"内外墙全现浇"施工工艺。电梯井筒模施工技术也发展很快，已开发了各种形式的筒模，还有滑模、悬臂模等模板施工技术也有了较大的发展。

三、脚手架技术进步现状

我国在20世纪60年代初开始应用扣件式钢管脚手架，由于这种脚手架具有装拆灵活、搬运方便、通用性强、价格便宜等特点，所以在我国应用十分广泛，其使用量占60%以上，是当前使用量最多的一种脚手架。但是这种脚手架的最大弱点是安全性较差，施工工效低、材料消耗量大。再加上扣件式钢管脚手架产品质量严重失控，其不合格的钢管占80%以上，扣件占90%左右，如此量大面广的不合格钢管和扣件，已成为建筑施工的严重安全隐患。在国外发达国家已明确规定不能用扣件式钢管脚手架作模板支架和搭建大型脚手架系统。目前我国对脚手架和模板支架的两类不同产品的概念模糊，大部分建筑工程都是采用扣件式钢管脚手架作模板支架，以至年年发生多起模架坍塌事故，造成人民生命和财产的重大损失。

20世纪80年代初，我国先后从国外引进门式脚手架、碗扣式钢管脚手架等多种型式脚手架。门式脚手架在国内许多工程中也曾大量应用过，取得较好的效果，由于门式脚手架的产品质量问题，这种脚手架没有得到大量推广应用。现在国内又建了一批门式脚手架生产厂，其产品在装修工程中大量应用，部分产品是按外商来图加工，出口国外。

碗扣式钢管脚手架是我国推广多年的新型脚手架，在许多建筑和桥梁工程中已大量应用。由于碗扣式钢管脚手架在生产、施工等环节缺乏严格的质量监督管理，大部分厂家生产设备简陋，生产工艺落后，又采用不合格的钢管和碗扣件，产品质量越来越差，不同厂家的产品还不能相互通用。据了解，目前80%以上的碗扣式脚手架都不合格，近年来，这种脚手架坍塌事故也不断发生，存在很大的安全隐患。

20世纪90年代以来，国内一些企业引进国外先进技术，开发了多种新型脚手架，如插接式脚手架、CRAB 模块脚手架、盘销式脚手架、卡板式脚手架、轮扣式脚手架、方塔式脚手架以及各类爬架。由于这些新型脚手架是国际主流脚手架，具有结构合理、技术先进、安全可靠、节省材料等特点，在国内许多重大工程中得到大量应用，受到施工企业的普遍欢迎。

目前，国内有专业脚手架生产企业百余家，主要生产外商来图加工的各种脚手架。从技术上来讲，我国一些脚手架企业，已具备加工生产各种新型脚手架的能力。但是国内市场还没有得到推广应用，施工企业对新型脚手架的认识还不足，采用新技术的能力不够。现在日本、韩国、欧洲、美国等许多国家的贸易商和脚手架企业，都到中国来订单加工。一方面是中国脚手架企业加工和运费的总成本比在当地生产还便宜，另一方面是产品质量能达到国外标准要求。在国内新型脚手架应用市场还不成熟的情况下，企业加工出口是发展企业和促进脚手架技术进步的有效途径。

四、行业技术创新工作

目前我国建筑市场是当今世界上最大的建筑市场，我国的经济规模已跨越到世界第二大经济强国，创造了无数世界建筑史上的奇迹。但是，我国模板、脚手架的产品和技术水平与发达国家的差距还相当大，体系不完善、技术水平低；施工效率低、劳动强度大；产品质量差、安全隐患严重；使用寿命短、材料损耗量大，与世界模板生产大国很不相称。因此，要大力推进我国模板、脚手架的技术创新工作。

1. 积极开发新型模板技术

随着我国建筑结构体系的发展和大规模的基本建设，对模板、脚手架施工技术提出了新的要求，模板规格正向系列化和体系化发展，模板材料向多样化和轻型化发展，模板使用向多功能和大面积发展。我国以组合钢模板为主的格局已经打破，已逐步转变为多种模板体系并存的格局，组合钢模板的应用量正在下降，不少钢模板厂面临转产或倒闭的困境，各地施工工程大量采用散装、散拆竹（木）胶合板模板的落后施工技术，费工费料，这不是技术创新，而是施工技术倒退。

我国虽然已开发多种材料的模板，但都未形成模板规格的系列化和体系化。因此，开发和推广应用轻型钢模板体系和钢框胶合板模板体系是施工技术和模板技术发展的需要。最近，一些模板企业正在积极开发新型模板技术，我们感到必须加大技术和设备投入，培养和引进技术人才，大力促进"产学研"相结合，与大学或科研院所联合建立技术研究中心，提高企业的技术创新能力。

2. 做好水平模板施工的技术创新

楼板和平台施工中，模板、脚手架占用的时间较长，使用的数量大，装拆耗工多，也易产生安全事故。因此，做好水平模板施工的技术创新，对提高施工效益和施工安全十分重要。

国外水平模板施工方法很多，使用的支柱为钢支柱或铝合金支柱；面板为胶合板、钢框胶合板模板或铝框胶合板模板；横梁为木工字梁、型钢或钢桁架等，利用这些支柱、面板、横梁相互组合，形成了多种多样的施工方法。国内水平模板大多数采用方木背楞、竹（木）胶合板、钢管支撑体系。这种满堂的传统支模方法，材料用量大，装拆工效低，施工速度慢，安全性能差。因此，应积极推广木工字梁或钢梁为横梁、竹（木）胶合板模板或钢框胶合板模板为面板、钢支柱或承插式支撑为支柱的支模体系。

我国早拆模板技术也应用了多年，有不少模板公司开发了多种早拆柱头，在许多施工工程中应用，经济效果十分显著。但是，近几年早拆模板技术未能大量推广应用，主要是宣传力度不够，没有算好经济账。早拆模施工要求施工人员必须做好模板和支架的施工设计，以及施工管理等工作，由于许多施工人员素质低，不愿找麻烦。我们要大力宣传早拆模板技术的施工经济效益，积极推广应用早拆模板技术。

3. 大力推广应用新型脚手架

最近，天津恒工模板公司的刘辉经理在《中国模板脚手架》刊物上，连续发表了"建立我国脚手架安全应用体系"的论文，提出的许多观点很值得我们考虑。为什么我国生产的新型脚手架和模架能在欧美等发达国家大量应用，而在国内建筑工地还在大量应用扣件式脚手架，以至脚手架坍塌事故频繁发生，造成严重的人员伤亡和财产损失？其中有一个重要原因是我国在脚手架和模板支架的概念上存在模糊认识，将扣件式脚手架用作模板支架，这在发达国家是不允许的。

大力推广应用新型脚手架和模架是解决施工安全的根本措施。有关部门应制定政策鼓励施工企业采用新型脚手架和模架，尤其是高大空间的模架应尽量采用新型模架，保证施工安全，避免使用扣件式脚手架。对扣件式钢管脚手架和碗扣式脚手架的产品质量及使用安全问题，应大力开展整治工作，引导施工企业采用安全可靠的新型脚手架和模架。

4. 提倡建立有技术特色的专业模板公司

目前，我国模板工程在技术装备、产品质量、工人素质、组织管理等方面与国外发达国家的差距很大。大多数模板生产厂、租赁企业和施工单位的模架都在同一层次竞争，各企业的技术水平和装备水平档次差距不大，技术特点和特色不明显。

我国已开始建立了一些专业模板公司，如桥梁模板公司、爬模公司等，但是大部分企业仍为模板生产企业，没有自己的专利技术和施工技术，企业的特色不明显。福建省专业模板施工队发展很快，队伍数量很多，但是这些队伍的施工水平不高，职工的素质差。因此，发展专业模板公司必须搞科技创新，要创立企业的技术特点和产品品牌，提高企业的技术水平和装备水平。专业模板公司应是具备设计、科研、生产、经营和施工等综合功能的技术密集型企业，能适应模板工程较高技术特点的需要。协会要提倡建立有技术特色的专业模板公司，如桥梁模板公司、隧道模板公司、爬模公司、滑模公司，以及各类脚手架公司等。

载于《施工技术》2011 年第 1 期

10 近年来国外建筑模板、脚手架技术的发展及对中国同业的启示

2002年9月3日至19日，中国模板协会组织赴欧洲模板、脚手架技术考察团一行19人，主要到德国派利（PERI）模板有限公司、奥地利多卡（DOKA）模板公司和芬兰肖曼木业有限公司、劳特公司等企业参观产品和生产工艺，并进行技术交流；同时考察欧洲模板、脚手架施工应用和维修管理情况，洽谈有关技术合作事宜等。

2004年3月28日至4月12日，中国模板协会再次组织赴欧洲模板、脚手架技术考察团一行18人，这次考察的任务是到德国慕尼黑参观BAUMA建筑设备、建筑机械博览会，这次博览会展出的模板、脚手架代表当前国际上最先进的模板、脚手架技术水平，也标志着当前模板、脚手架技术的发展方向。另外，我们代表团还到德国的MEVA模板公司、意大利的PILOSIO模板公司和英国的SGB模板公司进行参观和技术交流。

通过这两次考察，代表团成员都感到收获非常大，学到不少东西，获取了大量有价值的模板、脚手架技术资料，对指导我国模板工程技术进步将会有很大促进作用。另外，通过与国外模板公司技术交流，建立了经常的联系。国外模板公司对中国模板行业的发展和模板市场十分感兴趣，有些国外模板公司已准备进入中国市场，或表示协作意向。这说明，巨大的中国模板、脚手架市场已引起世界所瞩目，而中国同业如何应对，当迫在眉睫。

1. 模板系统体系化、多样化是发展方向

目前国外先进的墙模板体系主要是两大类：

第一类是无框模板体系，用木工字梁或型钢作檩条，面板为实木模板或胶合板模板。这种模板价格低，使用灵活，可以拼装成各种形状的模板结构，尤其是形状比较复杂的结构，适用工程面较广。

第二类是带框胶合板模板体系，其中小型钢框胶合板模板的边框和肋为热轧扁钢，板厚一般为6mm；轻型钢框胶合板模板的边框和肋为冷弯型钢，或边框为空腹钢框，肋为冷弯型钢；重型钢框胶合板模板的边框和肋为空腹钢框。这些模板的特点都是钢框的强度和刚度很大，模板组装时，不需要附加纵横楞条，只需用夹具将两块模板的边肋夹紧固定即可，因此装拆速度比较快，省工省料，非常方便。

楼板模板体系主要分三类：

第一类是快拆模板体系，即由钢横梁和钢支柱拼装成支架，在支架上放铝合金框胶合板模板或胶合板，钢支柱上端放快拆头，可以组成快拆施工体系。

第二类是木工字梁和木模体系，即由木工字梁和钢支柱拼装成支架，在支架上放实木模板或胶合板，这种模板体系不能快拆施工，但装拆施工速度也很快，费用较低。

第三类是台模体系，即由型钢或木工字梁和钢支柱组装成支架，在支架上放胶合板模板。钢支柱可以在台模往上一层吊装时折叠。

模板的附件很多，尤其是模板夹具多种多样，都是公司自己研制和生产，工具化附件使模板的组装和拆除非常灵活方便。

脚手架和支架的品种规格也很多，钢支柱在国外楼板和梁施工中应用相当普遍，钢支柱大部分为螺纹封闭式，并且在钢支柱的转盘和顶部附件上作了很多改进，各家模板公司都有新颖设计，使钢支柱的使用功能大大增加。另外，近几年铝合金支柱在欧洲不少模板公司都已生产，并在施工工程中已大量应用。这种支柱采用带槽的方形铝合金管作套管，插管是四角带齿牙的铝合金管，其特点是重量轻、承载能力大，支柱之间可用横杆连接成支架，提高承载力和稳定性。

目前在欧洲扣件式钢管脚手架已很少使用，尤其是搭设高层脚手架时不能使用扣件式脚手架。圆盘式脚手架是在圆盘插座上，可以连接 8 个不同方向的横杆和斜杆，其插头的构造设计先进，组装牢固可靠，目前是欧洲应用最为普遍的脚手架。

另外，门式脚手架在欧洲应用也较多，但在结构上已作了改进，门框改为封闭框，提高了门框的刚度。碗扣式脚手架是英国 SGB 模板公司的专利，已有 30 多年历史，目前在欧洲应用并不多，但由于其价廉物美，在一些国家仍在大量推广应用。

这次考察中还看到不少国外模板公司研制开发的新产品、新技术。如德国 MEVA 公司在 2 年前研制开发了钢框塑料板模板，由于这种塑料板材质轻、耐磨性好、使用寿命长，可以周转使用 500 次以上，并且清理和修补简便，很受市场欢迎，目前该公司已逐步将木胶合板面板改为塑料板面板。另外，德国 HUNNEBECK 模板公司也研制了一种粘贴塑料板的钢框塑料板模板；德国 PECA 模板公司研制了在钢筋框上贴塑料布，作一次性模板；德国 NOE 模板公司研制开发塑料衬模，有 130 多种不同花纹，可用于桥梁、立交桥、建筑外墙、公共建筑的地坪等，在混凝土内可加入各种颜料，浇筑的混凝土可以一次成型且有各种花纹、各种颜色的外装饰，这种模板施工工艺非常有前途。另外还有透光模板、透水模板、纸模板、钢柱模板等。

2. 先进的生产技术和生产设备是企业发展的重要条件

我们参观的国外模板公司，无论是历史悠久的老企业，还是创建历史不长的新企业，都能得到快速发展，主要是重视科技进步，不断开发新产品，提高产品的技术性能。据 NOE 公司、SGB 公司等介绍，他们基本上每两年就要研制出一种新产品。芬欧汇川木业公司有一个欧洲最大的科研开发中心，不断开发胶合板新产品。PERI 模板公司有一个庞大的科研机构和科研队伍，对模板、脚手架产品不断改进、不断开发新产品。另外是采用先进的专用设备，模板、脚手架生产工艺都已形成自动化生产线，生产工人很少，如 PERI 模板公司有职工 3500 多人，工人只有 200 多人。MEVA 模板公司有职工 300 余人，工人仅有 20 人。先进的生产设备确保了产品的加工质量。通过这两次考察，我们感到模板行业很有发展前途，模板企业可以采用高科技、先进的生产流水线，生产技术含量高、质量好的产品。

我国模板生产企业中，许多 20 世纪 90 年代初建立的企业已纷纷停产，20 世纪 90 年代建立的模板企业规模也都不大，发展也不很快，主要是科研和设备投入不足，没有力量不断研制开发新产品。如组合钢模板从 20 世纪 80 年代初开发和大量推广应用，至今已有 20 多年，许多钢模板生产厂多年来一直生产这一种模板产品，没有新的模板产品开发，市场日趋式微，如小钢模板由于不能适应清水混凝土施工的需要，市场的需要量大减，许多小钢模板厂已面临转产或停产的危机。

因此，我们感到必须加大技术和设备投入，不断开发新产品、新技术，扩大企业规模。企业不向高新技术发展是没有希望的，我们模板行业竞争越来越激烈，但最后必定是优胜劣汰，只有少数技术和设备先进、不断开发新产品、产品质量高、生产规模大的企业才能在竞争中得到发展。

3. 科学化的管理、集团化的经营、规模化的生产是企业发展的重要保证

这两次考察的几个国外模板公司管理都很先进，厂容厂貌都很好，生产车间很整洁，库房和露天场地堆放的成品都很整齐，职工素质也较高，环保意识很强，有许多地方值得我们借鉴和学习。

德国 PERI 模板公司职工大部分为管理人员、科研设计人员和产品销售人员等，该公司能发展如此快，其经验是：有一批研究设计人员不断改进产品设计，设计出新型产品，增强公司产品的竞争力，有一批精通模板设计和应用技术、实力雄厚、人员庞大的产品销售人员，该公司在 50 个国家有分公司或代表处，70% 的业务扩展到国外。

DOKA 模板公司不论对顾客还是竞争对手都能做到友好相处，热情接待，他们认为同行不应是冤家，应是可以协作交流的朋友，同行之间不怕竞争，但应公平竞争，不搞互残式的低价竞争。

目前国外模板公司在注重销售的同时，更关注租赁方式，如 PERI 公司的租赁业务很大，其租赁器材的资产达 3 亿欧元。SGB 公司在英国有 60 个租赁和销售分部，最近计划要扩大租赁投资。

国外模板企业都是私人企业，许多企业已形成企业集团，实行集团化经营、规模化生产。如 DOKA 公司和 SHOP 公司组成 UMDASCH 集团公司，集团公司 2001 年总产值达 5.27 亿欧元，其中 DOKA 公司占 70%，公司在奥地利、德国、捷克、瑞士、芬兰等地有 6 个生产基地，在 43 个国家还有办事处，在中国上海也已设立办事处。又如芬兰肖曼木业有限公司是芬欧汇川集团的成员单位之一，芬欧汇川集团是世界上最大的林业公司之一，肖曼公司在芬兰、法国、俄罗斯等国家有 14 个胶合板厂，该公司生产的维萨建筑模板已远销到 38 个国家。从上可以看出采用集团化经营，实行规模化、专业化生产，可以大幅度地提高生产效率，降低生产成本，提高企业竞争力。

耐人寻味的是，在工业发达国家，模板公司的数量并不多，但生产规模却较大，生产技术先进。例如德国是世界上模板技术较为先进的国家，模板公司数量不超过百家，但在国际上有较大影响的模板公司有近 20 家。最大的模板公司年销售额 5 亿欧元以上，中型模板公司年销售额为 6000~7000 万欧元。芬兰是世界上胶合板生产最先进的国家，也只有 23 个胶合板厂，平均年产量 8.4 万 m^3。

我国模板生产厂家的数量之多可居世界之首，但生产规模都不大。目前国内各类模板公司和钢模板厂将近千家，最大的模板公司年产值 2.5 亿元（人民币），中型模板公司年产值为 3000~4000 万元，木胶合板生产及加工厂多达 7000 余家，但年产能力达 1 万 m^3 以上的企业只有 200 多家，年产能力 10 万 m^3 以上的企业只有 10 家左右，平均年产量仅 0.15 万 m^3。其中有 10% 的厂家能直接生产木胶合板模板，有 700 多家。竹胶合板生产厂有 360 多家，但年产能力 1 万 m^3 以上的企业不超过 10 家，大部分企业生产能力均在 5000m^3 以下。就上述情况而言，我国模板生产厂家过多、生产能力过剩、市场竞争激烈，不利于企业改进生产工艺、提高产品质量；生产厂规模过小，生产工艺和设备落后，也制约了技术进步。

4. 结合我国国情，走自己的模板发展道路

据德国 PERI 公司的统计资料，欧洲钢筋混凝土结构工程的费用中，模板工程的人工费和材料费占 52.7%，混凝土工程的人工费和材料费占 29.6%，钢筋工程的人工费和材料费占 17.7%。可见模板工程的费用占一半以上，其中模板工程的人工费要占混凝土结构费用的46.7%，人工费用非常之高，而材料费只占6.0%。因此，施工企业都愿意采用高新技术和高价格的新型模板、脚手架，以提高施工工效，减轻劳动强度和减少人工费用。

我国情况不同，模板工程的人工费较低，而材料费较高，施工企业对价格高的新型模板、脚手架不会感兴趣，尤其是在项目经理负责制情况下。因此，我们不能照搬国外模板和脚手架技术及生产工艺，应结合我国国情，学习和借鉴国外的管理经验，开发符合我国国情的模板和脚手架生产和管理技术。

当前，我国推广应用20多年的组合钢模板已不能满足建筑施工的要求，不少城市已提出不再使用小钢模，竹（木）胶合板模板虽仍得到大量发展，但是胶合板模板的施工仍停留在散装散拆的落后施工工艺上。应该说散装散拆的竹（木）胶合板不是新型模板，这种施工工艺用工量多，材料损耗大，尤其在我国木材资源紧缺的情况下，必须提高胶合板模板的使用次数。

全钢大模板在北京地区得到大面积应用，并已向周边地区逐步发展，但是在一些南方地区和中小城市推广应用还很困难，原因是这种模板重量较重，必须有较大的起吊能力；只适合于剪力墙结构，只能用于平面墙体施工。

因此，当前紧迫的任务是学习国外先进模板技术，积极开发无框胶合板模板体系和钢框胶合板模板体系，这应该是发展方向。1994年建设部大力推广建筑业十项新技术中，我们曾积极开发和推广钢框竹胶板模板，但由于竹胶板和钢框的质量问题，没有得到大量推广应用，现在各方面条件已有了很大进步，在这方面应该有所作为。我们要欢迎国外模板公司进入中国市场，同时要积极组织有实力的模板公司开发无框胶合板模板和钢框胶合板模板体系，施工企业也应改变观念积极推广应用新型模板体系，促进施工技术进步，达到节约施工成本和提高木材利用率的目的。

载于《建筑施工》2004年第6期

11 大力开发新型模架技术、促进模板工程技术进步

原建设部于 1994 年提出建筑业重点推广应用 10 项新技术以来，得到全行业各有关单位的广泛响应和积极支持，推广工作取得重大进展。建设部专门成立了"建筑新技术促进应用领导小组"、指定了 10 项新技术咨询服务单位，建立了三批全国新技术应用示范工程等。为了适应建筑施工工程的需要，原建设部对 10 项新技术的内容进行了二次调整。1998 年 10 月对原 10 项新技术的内容作了调整，10 项中合并成三项，增加了深基坑支护、钢结构和大型构件及设备的整体安装三项技术。

"新型模板和脚手架应用技术"的主要技术内容作了如下调整：

（1）在新型模板方面，增加"中型钢模板、钢或胶合板可拆卸式大模板"。

（2）在新型脚手架方面，增加在桥梁施工中，推广应用"方塔式组合脚手架"，开发低合金钢管脚手架，逐步取代普通钢管脚手架等。

2004 年 6 月原建设部对"建筑业 10 项新技术"的内容又作了较大调整，合并了一项、增加了"施工过程监测与控制技术"一项，"新型模板和脚手架应用技术"的内容调整为：（1）清水混凝土模板技术；（2）早拆模板成套技术；（3）液压自动爬模技术；（4）新型脚手架应用技术等。

10 项新技术项目两次调整后，"新型模板和脚手架应用技术"仍然保留，本协会继续为技术咨询服务单位。10 年来，10 项新技术的推广应用取得很大成绩，促进了我国建筑业的技术进步，1999 年该项推广成果被原建设部评为科技推广应用一等奖，我协会也荣获一等奖证书。多年来，协会在建设部和"促进应用领导小组"指导下，开展了大量工作，取得了一定成绩。如成立"推广服务中心"，及时传达原建设部推广工作步骤；参加建设部召开的新技术工作会、研讨会、示范工程验收会、新技术展览会、新技术现场应用研讨会等；组织召开各种新技术交流会，促进新技术的推广应用；组织修订《竹胶合板模板》、《全钢大模板应用技术规程》等标准；组织举办竹胶合板模板技术培训和行检活动；编辑出版《中国建筑模板、脚手架企业及产品精选》、《建筑业 10 项新技术及其应用》、《建筑模板与脚手架研究及应用》、《中国建筑模板二十年》等书籍及论文汇编资料等。

近十年来，新型模架的推广应用工作取得了一些成绩，但还存在不少问题，影响新技术推广工作的顺利开展。我国先后引进和开发过多种模架新产品，这些模架产品在国外发达国家仍然大量应用，并且还不断有新的发展，但在我国推广应用了几年就一个又一个地退出建筑市场。如钢板扣件、钢支柱、门式脚手架、钢框竹胶合板模板等，都是只"开花"不结果。模架技术发展较慢，技术进步不大，这次座谈会的目的是讨论如何组织开发新型模板体系，满足清水混凝土工程的要求，促进模板工程的技术进步。下面就当前推广新型模架技术急需解决的几个问题，谈本人一些看法：

1. 采用新型模架是施工和模板技术发展的需要

20 世纪 90 年代以来，我国建筑结构已从砖混结构为主，发展到以现浇混凝土为主，建

筑结构体系也有了很大发展，高层建筑和超高层建筑大量兴建，大规模的基础设施建设、城市交通和高速公路飞速发展。这些现代化的大型建筑体系工程质量要求高，施工技术复杂，施工工期要求紧，工程规模巨大，对模板、脚手架技术提出了新的要求，必须采用先进的模板和脚手架技术，才能满足现代建筑工程施工的要求。因此，推广应用新型模架是施工技术发展的需要。

近几年，协会连续组织了几次赴欧洲、美国、韩国、日本等国进行模架技术考察，看到了不少新产品，大开了眼界，开阔了思路，获取了大量有价值的模板、脚手架资料，对国外先进模架技术有了较全面的认识。我们参观了两个博览会，到十多个模板公司进行考察，看到模板、脚手架和各种附件多种多样，技术非常先进，代表着当前国际上最先进模板、脚手架技术水平，也标志着当前模架技术的发展方向。国外模板公司的许多模架产品，在我们国内基本上都没有，而我国正在大量应用的小钢模、扣件钢管脚手架、玛钢扣件等已是淘汰产品，就连我国正在推广的碗扣式脚手架，在欧洲也已是过时产品。因此，开发新型模架技术也是模板技术发展的需要。

2. 新型模架技术必须综合开发

新型模板、脚手架技术是一项综合配套技术，研究的内容多，涉及的范围广，新型模板的研究和开发工作比钢模板更困难，需要解决的问题更多，如果某个环节没有过关或处理不好，则将影响新技术的推广应用。如我国从 20 世纪 80 年代中期就开始研究和开发钢框胶合板模板，1994 年以来，建设部将推广应用钢框胶合板模板列入重点推广的新技术之一，加大宣传力度，在许多国家级和省级示范工程及重点工程中大量应用，但是由于面板材料、模板设计、加工制作、配套附件、施工技术、质量管理等方面均存在不少问题，经过许多工程实践应用，不能满足施工工程的要求。1997 年以后，许多施工企业拒绝应用钢框竹胶板模板，钢框竹胶板模板的应用量大量下滑，生产厂被迫转产。我们认为不是钢框胶合板模板技术不适合我国国情，而是我们在技术开发和应用中，还有许多问题没有解决好，其中有技术问题，也有管理问题。

3. 必须明确清水混凝土的表面质量要求

随着建筑结构体系的发展和工程质量要求的提高，清水混凝土越来越多。但是什么是清水混凝土和清水混凝土模板，其质量要求是什么等级还不很清楚。如国外发达国家在清水混凝土工程中，广泛采用钢框胶合板模板，清水混凝土表面允许有模板拼缝。目前，我国对什么是清水混凝土及其表面质量要求还不明确，对混凝土表面质量要求过高，对模板拼缝要求过分苛刻，许多混凝土表面仍需进行表面装饰的工程，要求混凝土表面拼缝少，甚至没有拼缝，造成许多工程质量过剩。我国模板技术落后于国外先进模板技术，模板价格也低很多，但对混凝土表面质量的要求比国外还高，按照现在对清水混凝土表面质量的要求，钢框胶合板模板在我国还无法推广应用。因此，我们还必须解决对清水混凝土表面质量要求的认识问题，明确清水混凝土表面质量等级问题，才能促进我国模板技术的发展。

最近，中建一局编制了《清水混凝土施工技术规程》讨论稿，对清水混凝土下了定义，并按其表面质量等级分为饰面清水混凝土和普通清水混凝土两个等级。对清水混凝土模板也下了定义，并按使用的材料不同，分为钢木结构大模板体系和全钢大模板体系。这个规程的制订，对推广应用新型模板很有利。但是，规程中没有将竹胶合板模板和钢框胶合板模板的内容放进去，因此，我已建议将这两部分内容一定要放进去。10 年来，我国木胶合板的产量猛增，1993 年为 212.45 万 m³，2002 年为 1135 万 m³，2003 年猛增到 2102 万 m³，将近增长十倍，总产量居世界第一，同时导致木材需求量也急剧上升。我国政府为保护森林，禁止乱砍乱伐，进口木材量剧增，联合国环境保护组织已发表声明，中国大量进口木材，已对全球森林造成严重威胁，必须采取果断措施。我们开发钢框胶合板模板，就是要提高木材利用率，节约木材。

4. 加大企业科技开发和创新能力

20 世纪 80 年代以来，我国模板行业在模板、脚手架技术开发、加工制作、生产设备等方面都取得较大的进步，一些科研单位、大专院校和模板企业在研究和开发新型模板、脚手架技术方面做了不少工作，取得了一定成果。但是，这些新型模架技术成果大部分都是科研单位和大专院校的科研人员完成的，绝大部分模板企业缺乏科技创新的能力。

20 世纪 90 年代末，我国科研单位进行改革，许多科研单位转为企业，国家不再拨科研经费，科研单位和大专院校的科技人员也无力进行模架技术的开发，模板公司普遍缺乏技术开发能力和水平。近五年来，我国模板、脚手架的技术进步不大，在建设部的科技成果推广项目中，几乎没有模板、脚手架的科技项目，模架产品和施工技术的变化不大。

国外有许多模板公司已发展为跨国模板公司，主要靠公司的科技创新不断开发新产品，满足施工工程的需要。模板行业的发展潜力非常大，要开发的产品和技术非常多，我们必须加大模板企业的科技创新能力，企业才能发展。今后模架的技术开发和科技创新主要靠模板企业来完成，现在有一些模板企业已有了模板技术创新的意识，积极开发新型模架技术。这次座谈会就是在这些企业的倡导下召开的，希望通过这次会议能取得积极的成果。

5. 提高科技开发起点和企业技术档次

我国在新型模架技术开发中做了不少工作，取得了一定成果，但是开发新技术的速度慢、起点低。如 20 世纪 90 年代初开发的钢框竹胶合板模板的规格为 55 型，主要考虑能与组合钢模板通用，模板尺寸小，刚度差，使用寿命短，不能满足施工工程需要。后来开发了 63 型、70 型、75 型模板，这些模板都不适合加工规格尺寸大的大模板。钢框型材和面板的质量问题一直没有解决，国外的扁钢型材的材质为低合金钢，板厚 6mm，我国的扁钢型材的材质为 Q235，板厚为 3mm，钢框刚度差，生产厂的设备落后，加工精度较差。

面板的质量问题也是开发钢框胶合板模板的难题，竹胶板厂普遍生产工艺落后，设备简陋，技术力量薄弱，产品质量均属中低档水平，板面厚薄不均，厚度公差很难控制。木胶合板厂的产品质量档次也低，大部分木胶合板模板为素面板，使用次数只有 4 ~ 5 次，覆膜胶合模板使用次数也只有 20 次左右，不能满足钢框胶合模板的质量要求。这次会议对面板和钢框型材的质量要求要讨论一下，哪些厂能生产出符合质量要求的产品。

模板的连接件和支撑件的应用问题也一直没有解决，原来在柱、梁、板施工中曾采用过柱箍、梁托架和钢支柱，后来施工单位都用钢管和扣件替代了。国外楼板模板施工使用的支柱均为钢支柱或铝合金支柱，装拆方便，施工速度快，施工空间大，材料用料省，施工用工少，比采用扣件钢管支架要先进和节省得多。但是我国施工企业多年来一直采用落后的扣件钢管支架，费工费料，又不安全。

目前，我国模板生产厂的数量很多，大部分厂的规模都不大，在加工设备、生产工艺、产品规格品种、产品质量、技术和管理水平上，基本都在同一档次上，技术特点和特色不明显，都在同一层次上竞争。大部分企业是照抄别人的产品，没有能力开发新产品，有些企业在模板行业中积累了一些资本，但不知道提高产品档次，不知道开发什么新产品，发展模架技术，而转产投资其他产品。因此，我们要大力扶植有一定规模的龙头企业，提倡建立有技术特色的模板企业，提高企业的档次，增强市场竞争能力。

6. 必须确保新型模架的产品质量

产品质量是新技术的生命，质量问题将直接影响到新技术的前途，这是多年来实践应用得到证明的。前面讲的几种新技术没有得到推广应用，除了技术问题外，主要是产品质量问题。如钢支柱，从技术上来讲并不复杂，我们许多厂家都能生产，有些厂还加工出口。从使用上来讲非常实用，国外许多模板公司都生产，并且规格品种越来越多，技术上也不断发展，使用功能越来越多，在楼板模板施工中普遍应用。由于我们生产厂家生产设备简陋，技术水平低，质量意识差，缺乏严格的质量监督措施和监控机构，对生产厂家没有进行产品质量检查和管理。加上建筑市场十分混乱，工程项目经理的短期行为，项目承包制度不完善，只求产品价格低，不顾产品质量差，造成生产厂家低价竞争，产品质量不断下降，采用的钢管壁厚越来越薄，从 3.50mm 降到 2.75mm，套管与插管的重叠长度越来越短，螺管的螺纹高度越来越小，甚至帽盖也取消了，镀锌螺管改成刷锌粉，以致在施工工程中安全事故时有发生，施工企业不敢再使用了，目前钢支柱已基本退出施工现场。

碗扣式钢管脚手架也是我们推广多年的新型脚手架，在国内许多建筑和桥梁工程中已大量应用。由于碗扣式钢管脚手架至今尚无国家标准和安全技术规范，使得生产、施工应用和监督管理等环节的安全技术管理缺乏依据。目前，大部分碗扣式钢管脚手架厂的生产设备简陋，生产工艺落后，采用的钢管材质不稳定，钢管壁厚从 3.5mm 减到 3.0mm，任意修改碗扣的尺寸，造成碗扣尺寸差异大，各厂家生产的碗架产品通用性差，插头不能在上下碗扣中就位，不能保证节点可靠传力，给碗扣式钢管脚手架使用带来很大的安全隐患。

因此，我们在开发钢框胶合板模板和其他新技术中，一定要吸取以上经验教训，加大设备和技术投入，加强产品质量管理，保证产品质量，不搞价格竞争，应搞技术和质量竞争，避免新技术在推广过程中半途而废的情况再度发生。

《在新型钢框胶合板模板研讨会上的讲话》2005 年 3 月

12 我国新型模板与脚手架应用现状及发展前景

一、概况

模板和脚手架是钢筋混凝土结构建筑施工中量大面广的重要施工工具。模板工程一般占钢筋混凝土结构工程费用的 20% ~30%，劳动量的 30% ~40%，工期的 50% 左右。因此，促进模板和脚手架工程的技术进步，是减少模板工程费用、节省劳动力、降低混凝土结构工程费用的重要途径。改革模板、脚手架技术一直是国内外普遍重视的一个研究课题。

20 世纪 70 年代初，我国建筑结构以砖混结构为主，约占各类结构的 80% 左右，建筑施工用模板以木模板为主。20 世纪 80 年代初，各种新结构体系不断出现，钢筋混凝土结构迅速增加，到了 20 世纪 80 年代中期，随着建设规模迅速扩大，预制混凝土量大量减少，现浇混凝土结构猛增，如全国钢筋混凝土结构约占 55%（其中现浇混凝土结构占 70% 左右），砖混结构约占 30% ~40%，因此，现浇混凝土模板的需要量也剧增。由于我国木材资源十分贫乏，难以满足基本建设的需要，在"以钢代木"方针的推动下，由冶金部建筑研究总院等单位联合研制成功了组合钢模板先进施工技术，改革了模板施工工艺，节省了大量木材，取得了重大经济效益。至 1997 年，全国建立钢模板厂 500 余家，形成年生产能力约 3250 万 m^2，全国钢模板拥用量达 4500 多万 m^2，推广使用面占 70% 左右。建立各类钢模板租赁站 3000 余家，年经营总额达 9.5 亿元以上，以钢代木，节约木材量约 2500 万 m^3，推广应用组合钢模板是我国模板工程的一次重大技术进步。

20 世纪 90 年代以来，我国建筑结构体系又有了很大发展，首先是高层建筑和超高层建筑大量兴建，如北京、上海、广州、深圳等地都兴建了大批超高层建筑。第二是大规模的基础设施建设，如长江三峡工程、黄河小浪底工程、二滩等水电站工程；秦山及大亚湾核电站工程；宝钢二期工程；齐鲁及扬子大型石化工程；以及京九铁路工程等。第三是城市交通和高速公路的飞速发展，需要建造大量桥梁、隧道和立交桥。这些现代化的大型建筑体系，工程质量要求高，施工技术复杂，施工工期要求紧，使我国建筑施工技术必须进行重大改革，同样，对模板、脚手架技术也提出了新要求，必须采用先进模板、脚手架体系，才能满足现代建筑工程施工的要求。20 世纪 90 年代以来，我国不断引进国外先进模板、脚手架体系，同时，也研制开发了各种新型模板、脚手架。

二、新型模板的开发和推广应用

自从 1994 年新型模板、脚手架应用技术被建设部选定为建筑业重点推广应用 10 项新技术之一以来，新型模板的研究开发和推广应用工作取得较大进展。现将被建设部选定的几项新型模板发展动向介绍如下。

1. 木胶合板模板

木胶合板模板是国外应用最广泛的模板型式之一，经酚醛覆膜表面处理的木胶合板模板，具有表面平整光滑、容易脱模、耐磨性强、防水性较好；模板强度及刚度较好、能多次周转使用；材质轻、适宜加工大面模板等特点，可适用于墙体、楼板等各种结构施工。

20 世纪 80 年代初，我国开始从国外引进胶合板模板，逐步在上海宝钢建设工程，深圳、广州、北京、南京等一些高层建筑工程中应用，取得较好的效果。1987 年，青岛华林胶合板有限公司引进芬兰劳特公司的生产设备和技术，生产了酚醛覆膜木胶合板模板。由于我国木材资源紧缺，酚醛覆膜木胶合板模板的成本较高，施工企业一时还难以接受，这就影响了其大量推广应用。

20 世纪 90 年代以来，国内一些人造板厂开发了素面木胶合板模板，由于表面未经覆膜处理，模板价格较低，在许多大城市的重点工程和示范工程中都已大量应用，使用效果也较好。但是，由于表面未经覆膜处理，模板使用寿命较短，一般只能使用 6～7 次，同时也不适宜用作钢框胶合板模板的面板。近几年，已有一些人造板厂利用国内生产条件，开发出高质量的酚醛覆膜木胶合板模板，这种模板不仅在表面平整度、厚薄均匀度和使用寿命等方面均优于竹胶合板模板，同时价格与竹胶合板模板相当，因此，覆膜木胶合板模合板及无框木胶合板模板体系也应是重点推广应用的一种模板。

2. 竹胶合板楼板

竹胶合板是充分利用我国丰富竹材资源，自行研制的一种新型模板材料。我国是世界上竹材资源最丰富的国家之一，竹材面积占世界的 1/4，竹材年产量占世界的 1/3。竹林产区分布较广，主要产地在华东、中南和西南地区，其中以福建、湖南、浙江、江西等省的竹材资源最丰富。竹材生长期短，一般 3 年左右即可成材，并且一次种植，可多次砍伐。

竹胶合板的物理力学性能也较好，它的强度、刚度和硬度都比木材高，而其收缩率、膨胀率和吸水率都低于木材。另外，竹胶合板不仅富有弹性，而且耐磨耐冲击，使用寿命长，能多次周转使用。

目前全国有竹胶合板生产厂家约 170 多家，其中能生产覆膜竹胶合板模板的厂家约 80 多家，年产能力约 750 万 m^2。据调查统计，1994 年竹胶合板模板的年产量为 215 万 m^2，1995 年为 300 万 m^2，1996 年为 420 万 m^2，1997 年为 530 万 m^2，1998 年仍保持增长势头，年增长率为 35% 左右，发展速度很快。

我国竹胶板模板的产品质量仍属中低档水平，与芬兰维沙模板相比差距较大，主要问题是厚薄不均，表面色差大，板面有凹陷或麻点，存在不同程度的开胶等缺陷。使用寿命也较短，一般周转使用 20 次左右，如果管理不严的话，使用次数还要少。近几年，竹胶合板模板被建设部列入新型模板推广应用后，推广应用量越来越大，生产厂家越来越多，产品质量也越来越差。造成产品质量下降的主要原因：一是激烈的市场竞争，使一些厂家为了抢占市场，采用偷工减料等手法，低价进行竞争，忽视产品质量；二是盲目扩大生产，少数厂家不顾市场容量，大量并厂或增加生产线，忽视产品质量的管理；三是只图眼前利益，没有较大的技术和设备投入，大部分厂的技术力量薄弱，质量检测手段也落后。

3. 钢框胶合板模板

钢框胶合板模板是指钢框与竹（木）胶合板组合的一种模板，这种模板采用模数制设计，横竖都可拼装，使用灵活，适用范围广，并有较完整的支撑体系，可适用于墙体、楼板、梁、柱等多种结构施工，是国外建筑工程中应用最广泛的模板型式之一。

我国钢框胶合板模板的研究和开发工作也搞了 10 年左右，从面板材料、模板设计、施工技术等方面都取得了较大进步。钢框竹胶合板模板在 1994～1996 年曾得到大量应用，但在 1997 年以后，使用量明显减少，不少生产厂纷纷转产。我们认为主要原因是：

（1）我国钢框竹胶合板模板的使用寿命与国外钢框胶合板模板的差距较大。国外木胶合板面板可以周转使用100次左右，而竹胶合板面板只能周转使用30次左右，国外钢框型材采用低合金钢，可以使用20年，我国钢框型材为普碳钢，只能使用3~5年。因而，目前我国钢框竹胶合板模板的使用寿命不能满足一个工程的周转使用要求。

（2）由于竹胶合板的厚度公差较大，热轧钢框型材的精度也难控制，两者配合公差很难达到要求，拼装后的钢框竹胶合板模板质量更难以保证。

（3）我国钢框竹胶合板模板的品种规格不全，各种连按件、附件也不配套，有些关键技术没有完全掌握，加工工艺和设备也较落后。

（4）在技术上尚有其他一些问题没有解决，在产品质量管理和施工使用管理上也存在不少问题。

4. 中型钢模板

中型钢模板也可称宽面钢模板，目前有55型和70型两种，由于55型钢竹模板的强度和刚度较小，使用寿命不长，价格比钢模板还贵，因此，一些钢模板厂结合工程需要，开发了55型宽面钢模板。这种模板具有模板面积较大、施工工效高、拼缝少、使用寿命长、价格也较低等特点。所以，在一些工程中应用后，很快得到施工企业的欢迎。这种模板可与组合钢模板配套使用，应用范围广，是钢模板技术的进一步发展。

70型钢模板是北新施工技术研究所结合钢框胶合板模板和组合钢模板的特点。研究开发的一种新产品。这种模板可适用于各种现浇混凝土结构工程。与组合钢模板相比具有刚度大、用钢省、工效高、使用寿命长等特点。

5. 塑料和玻璃钢模板

塑料模板具有表面光滑、易于脱模、重量轻、耐腐蚀性好、回收率高、加工制作简单等特点。另外，它允许设计有较大的自由度，可以根据设计要求，加工各种形状或花纹的异形模板。我国自1982年以来，先后在上海、江苏、天津等地的施工工程中，推广使用过塑料平面模板，由于它存在强度和刚度较低、耐热性和耐久性较差、价格较高等缺点，没能大量推广应用。目前，主要生产塑料模壳，用于双向密肋楼板工程。

近几年，唐山现代模板股份合作公司研制和开发以聚丙烯为基体，以玻璃纤维为增强材料的一种硬质增强塑料模板，经过三年多的研制工作，其物理力学性能指标基本上达到标准要求，这种模板的特点是板面平整光滑、厚薄均匀、使用寿命长、可周转使用100次以上，模板修复方便，报废模板可以回收，有利于环境保护，重量轻且施工方便。

玻璃钢模板是采用玻璃纤维布为基材，不饱和聚酯树脂为粘结剂，利用模具加工的一种模板。它具有重量轻、施工方便、易脱模、表面光滑、易成型、加工制作简单、强度高，可多次重复使用等特点。由于原材料价格较贵，目前主要生产玻璃钢模壳和小曲率圆柱模板。

三、各种模板施工方法的新发展

在组合钢模板大量推广应用的同时，其他各种模板施工技术也得到了很大发展，在不同地区开发和应用了不同模板施工方法。下面介绍几种目前国外工业发达国家应用量最多，施工技术较先进的模板施工方法，同时，也是建设部重点推广应用的先进支模方法。

1. 台模

台模也称飞模，它是由面板和支架两部分组成，可以整体安装、脱模和转运，利用起重设备在施工中层层向上转运使用。台模施工方法适用于各种结构体系的现浇混凝土楼板和梁的模板工程。

20 世纪 80 年代中期，我国台模施工方法得到较快的发展，出现了各种形式的台模，主要有以下几种：

（1）立柱式台模

这种台模是由传统的满堂支模的形式演变而来，其特点是结构简单、加工容易。台模的面板主要采用组合钢模板，支架的主次梁和立柱采用钢管。所以，一般施工企业利用自备的钢模板和钢管就可以制作。这种台模应用范围较广，可适用于各种结构体系的楼板施工。

（2）桁架式台模

这种台模的面板可以选用组合钢模板或胶合板，支架由桁架、檩条和可调底座组成。桁架可采用型钢或铝合金型材组装。其特点是可以整体脱模和转运，承载力强、装拆速度快、台模面积大，尤其适用于大开间、大进深、无柱帽的现浇无梁楼盖结构。

（3）悬架式台模

这种台模没有立柱，其特点是台模自重和上部荷载不是传递到下层楼面，而是将台模支承在混凝土柱或墙体的托架上，这样可以加速台模周转，缩短施工周期，台模的面板可采用组合钢模板或胶合板，支架由桁架、檩条、翻转翼板和剪刀撑等组成。这种台模尤其适用于框架结构和剪力墙结构体系。

（4）门架式台模

这种台模的支架是由门架、交叉斜撑、水平架和可调底座等组成。其特点是可以利用施工企业已有的门式脚手架进行组装，拼装简便，拆除后仍可用作脚手架，节省施工费用。这种台模也可适用于各种结构体系的楼板施工。

（5）构架式台模

这种台模的支架是由碗扣式钢管脚手架等各种承插式脚手架、主梁、檩条等组成，其特点和适用范围与门架式台模相同。

另外，还有些施工企业试用过整体式台模，即将台模和柱模系统组合成一个整体，台模及其上部荷载均由柱模系统承担，这种台模施工不受楼板和柱子的混凝土强度影响，可以加快模板周转，提高施工效率。

2. 滑升模板

滑升模板（简称滑模），是由模板结构系统和提升系统两部分组成，在液压控制装置的控制下，千斤顶带着模板和操作平台沿爬杆连续或间断自动向上爬升。主要用于筒塔、烟囱和高层建筑，也可以水平横向滑动，用于隧道、地沟等工程。

多年来，液压滑模施工工艺得到迅速推广应用和发展，应用范围越来越广，由原来的等截面结构发展到变截面结构；由简单框架结构发展到大型多层复杂框架结构；由整体结构发展到成排单层厂房柱；由工业建筑发展到民用高层建筑。液压千斤顶由滚珠式发展到楔块式、颚片式；由爬升式发展到升降式；由小吨位千斤顶发展到中吨位和大吨位千斤顶。精度控制由手动控制向激光和自动控制发展。滑模施工工艺的特点，给工程设计和工程施工都带来一些特殊要求，同时也存在一些问题。如滑模工艺虽然简化了模板的装拆工序，但工人需要有熟练的操作和控制经验，要有专业队伍进行施工，才会熟能生巧，滑模设施也才能得到充分利用。但我国有不少工程公司虽都置备了滑模设施，使滑模成为普遍推广的施工技术，却不能形成熟练的施工队伍，出现了许多工程质量事故。而且可以用滑模施工的工程必竟也不多，滑模设施得不到充分利用，导致闲置锈损，以至于报废。

3. 爬升模板

爬升模板是由大模板、爬升系统和爬升设备三部分组成，以钢筋混凝土墙体为支承点，利用爬升设备自下而上地逐层爬升施工，不需要落地脚手架。这种模板吸收了滑模和大模板两者的优点，所有墙体模板能像滑模一样，不依赖起吊设备而自行向上爬升，模板的支模形式又与大模板相似，能得到大面积支模的效果。爬升模板主要适用于桥墩、筒仓、烟囱和高层建筑等形状比较简单，高度较大，墙壁较厚的模板工程。

我国爬升模板起步较晚，从20世纪80年代初首先在烟囱、筒仓等工程中试用爬升模，取得较好的效果。20世纪80年代中期，上海一些建筑施工企业在高层建筑工程中相继采用爬升模板获得成功，并且很快推广到其他省市，应用范围越来越广，在施工技术上也不断创新。我国爬升模板发展趋势主要有以下几个方面。

（1）在爬升设备方面，从采用倒链葫芦的手动爬升发展到采用液压千斤顶或电动设备的自动爬升。

（2）在模板材料方面，从采用组合钢模板拼装成大模板，发展到采用按设计要求加工的大钢模板或钢框胶合板模板等。

（3）在爬升方法方面，从"架子爬架子"发展到"架子爬模板，模板爬架子"和"模板爬模板"。

（4）在爬升施工范围方面，从外墙爬升施工发展到内、外墙同时爬升施工。

4. 大模板

大模板由于模板面积大，所以称为大模板，模板上的混凝土侧压力由较强的支撑系统来承担，而且，模板上可带有脚手架，模板组装、拆除和搬运都较方便，工人操作简便。大模板施工主要适用于浇筑钢筋混凝土墙体。大模板按其结构型式的不同可分为以下几种；

（1）整体式大模板。模板高度等于建筑物的层高，长度等于房间的进深，一块大模板为房间一面墙大小。其特点是拆模后墙面平整光滑，没有接缝。但墙面尺寸不同时，就不能重复利用，模板利用率低。

（2）拼装式大模板。用组合钢模板根据所需模板尺寸和形状，在现场拼装成大模板。其特点是大模板可以重新组装，适应不同板面尺寸的要求，提高了模板的利用率。

（3）模数式大模板。模板根据一定模数进行设计，用骨架和面板组成各种不同尺寸的模板，在现场可按墙面尺寸大小组合成大模板。其特点是能适应不同建筑结构的要求，提高模板的利用率。

我国从20世纪70年代初开始研制全钢大模板，北京的一些建筑公司，在开发全钢大模板方面做了大量工作，仅20世纪70年代建成住宅建筑总面积达2000万m^2。随着各地高层建筑的大量建造，大模板施工方法越来越得到设计、施工和建设单位的欢迎。我国大模板施工的发展趋势主要有以下几个方面：

（1）大模板材料方面。国外的大模板材料，主要是由钢框与胶合板面板组合的。我国的大模板材料过去一直采用全钢结构，1994年以来，在许多工程中曾大量应用钢框竹（木）胶合板大模板，由于存在一些技术和管理问题没有解决，近几年全钢大模板又得到大量应用。随着钢框胶合板模板的技术和管理问题得到解决，这种模板将会得到很快发展。

（2）在模板结构方面。过去大多数采用整体式大模板，模板应用不灵活，周转使用率低。目前已发展到采用拼装式大模板和模数式大模板，模数制的钢框胶合板大模板将是今后的发展方向。

（3）在施工方法方面。过去主要采用"外挂内浇"施工方法。后来，发展到采用"外砌内浇"施工方法。近年来，又发展到采用"内、外墙全现浇"大模板施工方法，这种方法也将是今后的发展方向。

5. 筒模

筒模是由模板、角模和紧伸器等组成。主要适用于电梯井内模的支设，同时也可用于方形或矩形狭小建筑单间、建筑构筑物及筒仓等结构。由于筒模具有结构简单、装拆方便、施工速度快、劳动工效高、整体性能好、使用安全可靠等特点，随着高层建筑的大量兴建，电梯井筒模的推广应用发展很快，许多模板公司研制开发了各种形式的筒模。

四、我国新型脚手架的发展动向

我国长期以来普遍使用竹、木脚手架。20 世纪 60 年代以来，研究和开发了各种形式的钢脚手架。但是。其技术水平较低，使用功能单调，安全保证较差，施工工效低。随着高层建筑和大规模基础设施建设的发展，作为主体工程和外装饰工程必须的施工工具——模板支架和外脚手架正在不断进行改革，各种脚手架的施工技术也有新的发展。

下面介绍目前我国使用较多及正在开发和推广应用几种新型脚手架：

1. 扣件式钢管脚手架

这种脚手架由钢管和扣件组成。具有加工简便、搬运方便、通用性强等特点，已成为当前我国使用量最大、应用最普遍的一种脚手架，占脚手架使用总量的 70% 左右，在今后较长时间内，这种脚手架仍占主导地位。但是，这种脚手架的安全保证性较差，施工工效低，脚手架最大搭设高度规定为 33m，能满足高层建筑施工的发展需要。近年来，也有一些施工单位在高层建筑施工中，成功地采用扣件式钢管脚手架作外脚手架。

扣件式钢管脚手架在欧美、日本等国家的应用量已较少，并且使用的钢管和扣件与我国也不相同。如我国基本上采用玛钢扣件，钢管均为 $\phi 48mm \times 3.5mm$ 的普碳钢管，而欧美、日本等国的扣件均为钢板扣件，钢管为低合金钢管，有的脚手架钢管还采用波纹钢管。

2. 承插式脚手架

承插式脚手架是单管脚手架的一种形式，其构造与扣件式钢管脚手架基本相似，主要由主杆、横杆、斜杆、可调底座等组成，只是主杆与横杆、斜杆之间的连接不是用扣件，而是在主杆上焊接插座，横杆和斜杆上焊接插头，将插头插入插座，即可拼装成各种尺寸的脚手架。由于各国对插座和插头的结构设计不同，形成了各种形式的承插式脚手架。下面介绍我国已使用或正在开发应用的几种承插式脚手架。

（1）碗扣式钢管脚手架

这种脚手架的插座由上、下碗和限位销组成，在直径 48mm 的主杆上，每隔一定间距设置 1 组碗式插座，组装时将横杆两端的插头插入下碗，扣紧和旋转上碗，用限位销压紧上碗螺旋面，每个节点可同时连接 4 个横杆。

20 世纪 80 年代中期，我国在学习英国 SGB 公司有关资料的基础上，结合实际情况，在结构上作了改进，试制成功了这种脚手架。该脚手架与扣件式钢管脚手架相比，具有以下特点：①装拆灵活，操作方便，可完全避免螺栓作业，提高工效和减轻工人劳动强度；②结构合理，使用安全，附件不易丢失，管理和运输方便，使用寿命长；③构件设计模数制，使用功能多，应用范围广，可适用于脚手架、支承架、提升架和爬架等。

目前，这种脚手架在新型脚手架中，发展速度最快，推广应用量最多，在高层建筑和桥梁工程施工中，均已大量应用，取得良好经济效果。

（2）圆盘式脚手架

这种脚手架的插座为直径120mm、厚18mm的圆盘，圆盘上开设8个插孔，横杆和斜杆上的插头构造设计先进。组装时，将插头先卡紧圆盘，再将楔板插入插孔内，压紧楔板即可固定横杆。

德国呼纳贝克模板公司较早研制成功圆盘式脚手架，名称为Modex。1998年加拿大阿鲁马（Aluma）模板公司来我国技术交流，也介绍过这种产品，其名为Surelock。1997年我国也有生产厂试制过这种脚手架。由于还未正式生产，施工单位对它还不认识，因此，要推广应用还需有一个较长过程。

这种脚手架在构造上比碗扣式钢管脚手架更先进，其主要特点是：①连接横杆多，每个圆盘上有8个插孔，可以连接8个不同方向的横杆和斜杆；②连接性能好，每根横杆插头与立杆的插座可以独立锁紧，单独拆除；⑧承载能力大，每根立杆的承载力可达48kN；④适用性能强，可广泛用作各种脚手架、支架和大空间支撑。

（3）卡板式脚手架

这种脚手架的插座为100mm×100mm×8mm的方形钢板，四边各开设2个矩形孔，四角设有4个圆孔。横杆插头的构造设计新颖独特，加工精度高。组装时，将插头的2个小头插入插座的2个矩形孔内，打下插头的楔板，通过弹簧将内部的钢板压紧立杆钢管，锁定接头，其接头非常牢固。拆卸时，只要松开楔板、就能拿下横杆。

1996年朝日产业株式会社在中国建立无锡正大生建筑器材有限公司，生产这种脚手架，目前在中国一些建筑工程中也已应用，使用效果较好。

该脚手架的主要特点是：①结构合理，安全性好，每个接头可连按4个不同方向的横杆，在方钢板四角上有一个圆孔，可以连接水平杆，增加脚手架的整体刚度；②插头的自锁功能强，锁定牢固。装拆方便，将插头的楔板按下就可锁定，拔了楔板即可拆卸；③承载能力强，每根立杆允许承载力达80kN；④采用单位方塔架受力方式，可以组合成1.8m×1.8m、1.8m×0.9m、o.9m×0.9m三种塔架，受力合理，施工操作空间大。

（4）轮扣式脚手架

这种脚手架的插座为轮扣形的钢板，四边凸出部分开设矩形孔。横杆两端各焊接一只长形插头。组装时，将插头插入轮扣上相应的孔内，用铁锤敲击插头即可锁紧，每个轮扣上可同时插入4根横杆。拆卸只要敲击插头松开，就能拿下横杆。

该脚手架的主要特点是：①结构合理，使用方便，装拆速度快；②插头自锁功能强，锁定牢固；③承载力强，每根立杆允许承载力达40kN；④采用过渡杆，可以与碗扣式钢管脚手架共同使用。

由北京金兴泰建筑器材有限公司开发的轮扣式脚手架，近两年在北京、沈阳、山东等地重点建设工程中大量使用后，使用效果较好。

3. 门式脚手架

这种脚手架主要由立框、横框、交叉斜撑、脚手板、可调底座等组成。它具有装拆简单、承载性能好、使用安全可靠等特点。它不但能用作建筑施工的内外脚手架，又能用作模板支架和移动式脚手架，具有多种功能，所以又称多功能脚手架。

20世纪70年代以来，我国先后从日本、美国、英国等国家引进门式脚手架体系，在一些高层建筑工程施工中应用。到了 20 世纪 80 年代初，国内有一些厂家开始试制门式脚手架，产品在部分地区的工程施工中大量应用，取得较好效果。但是，由于大部分仿照国外产品，采用英制尺寸，产品规格不同，质量标准不一致，给施工单位使用和管理工作带来一定困难。同时，由于有些厂采用钢管的材质和规格不符合设计要求，门架的刚度小，重量大，运输和使用中易变形，加工精度差，使用寿命短，以致严重影响了这项新技术的推广。到了 20 世纪 90 年代，这种脚手架没有得到发展，在施工中应用反而越来越少，不少门式脚手架厂家关闭或转产，只有少数加工质量好的单位继续生产，一部分产品出口到国外，一部分在国内一些重点工程中应用，在装修工程中应用已越来越多。

4. 方塔式脚手架

这种脚手架主要由标准架、交叉斜撑、连接棒、可调底座、顶托等组成。该脚手架由德国首先开发应用，名称为 ID15，目前在西欧各国已被广泛应用。20 世纪 90 年代初，我国在大亚湾核电站和二滩水电站工程中，引进这种脚手架，并取得良好效果。无锡远东建筑器材公司结合国情，研究开发了方塔式脚手架，并获得国家专利。

该脚手架通过 10 多项桥梁和高架桥工程应用，充分显示出它的优越性。这种脚手架具有结构合理、使用安全可靠、适用范围广、承载能力大、使用寿命长等特点。与扣件式钢管脚手架相比，可节约脚手架钢材用量约 60%，节省一次性投资 30% 左右；提高装拆工效，缩短施工工期，减少用工量 50% 左右；承载能力大，每个单元塔架最大荷载可达 180kN。目前，这种脚手架主要用于桥梁工程，有关单位正在开发用于工业与民用建筑的梁板模板施工中。

5. 附着式升降脚手架

随着高层建筑的大量增加，在施工中采用挑、吊、挂脚手架等先进施工工艺的工程越来越多，以取代落地脚手架。20 世纪 80 年代以来，附着式升降脚手架悄然兴起，这种脚手架是在上述脚手架基础上，加以改进和发展的。由于它具有成本低、使用方便和适应性强等特点，建筑物越高，其经济效益越显著，因而，近年来在高层和超高层建筑施工中的应用发展迅速，已成为高层和超高层建筑施工脚手架的主要形式。

附着式升降脚手架也称爬架。主要由架体结构、提升设备、附着支撑结构和防倾、防坠装置等组成。这种脚手架吸收了吊脚手架和挂脚手架的优点，不但可以附墙升降，而且可以节省大量材料和人工。我国爬架施工技术起步较晚，近几年，在各地施工工程中，出现了各种形式的爬架。爬架是对传统落地式脚手架的一次重大改革，将是高层建筑施工中主要的外脚手架。

6. 早拆支撑体系

早拆支撑体系是现浇楼板模板施工的先进施工工艺，传统的现浇混凝土楼板模板施工中，现浇混凝土养护 10～14 天后，才能全部拆除模板和支撑，因此，一般现浇楼板施工中，需配备三层模板和三层支撑。而早拆支撑体系是当楼板混凝土浇筑 3～4 天，达到设计强度 50% 时，即可拆除模板和横梁，只保留支撑楼板的柱头和立柱，直到养护期结束时再拆除。早拆体系的优点是：

（1）提高装拆工效，缩短施工工期。由于早拆支撑体系结构合理，操作简便，装拆速度快，一般可提高施工工效 1～2 倍，施工工期每层至少可缩短一天。

（2）减少模板使用量，降低施工费用。早拆支撑体系只需配备一层模板和二层支撑，与常规支模配备三支三模相比，不仅可降低模板和支撑费用33%，而且可减少人工费40%

左右。

（3）施工文明安全，降低劳动强度。早拆支撑体系的结构简单，装拆模板既安全，又不易损坏，提高现场文明施工程度，并可延长模板使用寿命。另外，模板和支撑用量少，倒运量小，可降低工人劳动强度。

我国早拆支撑体系最早应用于20世纪80年代末，由北新施工技术研究所开发的北新模板体系，这种早拆体系的特点是装拆简单、工效高、速度快。缺点是由于箱形钢梁高度的限制，通用性差。

天津采用的早拆体系应用也较早，早拆柱头为螺杆式升降头，这种早拆体系的特点是通用性强，可适用于各种模板作面板、支架和横梁，都可利用现有的钢管，不需要重新投资，施工成本低。缺点是组装较慢、工效低。

五、存在的主要问题

1. 标准的制订和颁发严重滞后

新型模板、脚手架在各地许多工程中已大量应用，但是由于新型模板、脚手架标准制定和颁发工作严重滞后，在一定程度上影响了新型模板和脚手架的推广应用，并造成多品种、多规格的模板在市场上并存的混乱局面，给模板生产厂和施工企业的管理带来一系列问题。因此，应尽快制订、颁发和实施有关标准。目前已经制订和报批的模板标准有《钢框竹胶合板模板》、《钢框胶合板模板设计与施工规程》和《竹胶合板模板》三个行业标准，脚手架标准有《门式钢管脚手架》、《门式钢管脚手架安全技术规范》，以上标准中，有的标准已经批准，但仍未出版施行。

另外，以上标准还未配套，还需要组织制订其他相关标准，才能使新技术的推广应用工作顺利开展。

2. 低劣产品大批流入现场

由于大部分新型模板和脚手架厂家的技术力量薄弱，技术水平低，生产工艺落后，设备简陋，同时，由于产品标准还没有审批施行，厂家对产品的结构设计、质量要求不清楚，所以产品质量很难保证。

另外，由于许多施工企业对新型模板和脚手架的结构形式、体系设计、技术要求和质量标准等不了解，往往只顾产品价格便宜，使大量低劣产品流入市场，在施工企业中产生很坏的影响，给新技术的推广应用造成极大的被动。

3. 项目经理的短期行为

工程项目承包是建筑业的管理体制改革之一，但是由于这项改革不完善，造成项目负责人的短期行为，片面追求经济效益，限制了新技术术的推广应用。不少项目负责人对推广新技术、新工艺不热情，也不愿意投资应用新技术，许多施工工程中，采用木模板、竹脚手架等落后施工工艺越来越多。因此应总结经验教训，完善项目承包制度，调动项目负责人推广应用新技术的积极性，为新技术的推广应用提供一个良好的外部环境。

4. 新型模板和脚手架体系不完善

新型模板的科研成果是一项综合配套技术，研究的内容多，涉及的范围广，新型模板的研究和开发工作比钢模板更困难，需要解决的问题更多。

近几年，一些科研单位和模板公司在开发新型模板技术方面作了不少工作，但是开发新技术的速度慢、起点低。钢竹模板生产厂大部分只生产模板，不生产配套的支承件和连接系统，在设计上还没有形成完整的模板体系，有的厂生产的钢竹模板结构设计也不合理。

竹胶合板模板开发工作尚处于初级阶段，生产工艺以手工操作为主，生产设备简陋，生产效率不高，产品质量不易控制。钢框型材的生产和结构设计也不成熟，钢框结构形式还未定型，生产批量小，生产厂均为小型轧钢厂，产品质量也不稳定，使用寿命较短。

大部分碗扣式钢管脚手架厂，没有生产完整的碗架体系，设备简陋，生产工艺落后，产品质量不易保证。

5. 缺乏统一的领导和管理

由于旧习惯势力的影响，一项新技术的推广应用，总会遇到各种困难，需要各级领导的大力支持，采取各项具体推广措施，制订一系列技术经济政策，才能使新技术得到推广应用。

新型模板和脚手架是在市场经济的情况下进行推广工作，遇到的困难和障碍更多了，许多在计划经济下能解决的问题都无法实现。建设部成立了推广应用 10 项新技术领导小组后，有些省也成立了新技术推广应用协调领导小组。但是领导小组要在人、财、物方面给予支持很困难，只能在政策上给予支持。另外，有些工作需要其他部门的密切配合，如组织标准的编制和实施，对生产厂进行产品质量监督，组织技术攻关，进行施工监理，制订相关技术配套政策等，都需要有其他部门的配合，才能完成这些工作。

六、当前应抓好的几件工作

1. 提高对新型模板和脚手架的认识

（1）认识推广应用新型模板的必要性。国外经济发达国家的模板技术已向钢框木胶合板模板方向发展，并发展为各具特色的模板体系，达到模板面积大、刚度强、支持系统简化、装拆工效高、劳动强度低的目的。因此，推广新型模板是模板技术发展的需要。又由于清水混凝土施工工艺是建筑工程的发展方向，要达到清水混凝土施工要求，如模板的面板性能、表面质量、加工精度等，都要符合清水混凝土表面质量的要求。因此，推广新型模板也是施工技术发展的需要。

（2）对新型模板进行综合经济效益分析。新型模板价格虽高于钢模板，但新型模板的支撑系统可以简化，可节省大量钢楞和连接件，板面平整光滑，可节省大量抹灰材料和人工，施工方法先进，可节省装拆用工和加快工程进度等。所以在采用和评价新型模板时，不能只看模板本身的价格，而要从整个模板体系、模板功能和使用效果来认识。

（3）多种模板在施工中并存。由于我国组合钢模板的拥有量很大，且具有许多优点，因此在相当长的时间内，钢模板在施工中仍占主导地位。新型模板的推广应用不可能完全替代钢模板，只能部分替代和补充，今后我国将在施工中形成多种模板并存的局面。

2. 提高新型模板和脚手架的产品质量

当前，由于一些设备好、技术强、质量高的钢模板厂的利益没有得到保护，造成企业停产或转产，而许多设备简陋、产品质量差、价格低的小型钢模板厂的产品大量流入施工现场，不但阻碍了我国模板工程的技术进步，给施工混凝土质量也将带来严重的后果。如果这种状况在推广新型模板和脚手架过程中重演，对技术低、质量差的厂家放任自流，则新型模板和脚手架技术必将半途而废。因此，为了保护优质产品，制止低劣产品的倾销，应做好以下工作：

（1）尽快组织有关人员进行产品质量监督和质量认证。对产品质量差、技术水平低、不具备生产条件的厂家应及时曝光和警告，必要时勒令停产整顿。对生产工艺合理、产品质量好、技术力量强的厂家，应颁发质量认证书，确定为定点生产厂，并向用户推荐其产品。

（2）尽快颁发和实施有关标准。对已经报批的几个行业标准应尽快审批施行，以免审批时间过长使有些条例过时。对需要配套的标准也应尽快组织编制和颁发。制定标准工作很关键，组织标准实施工作更重要，如果没有得到认真实施，则相当于标准没有制订一样。

（3）防止劣质产品流入施工现场。施工企业在采用新型模板和脚手架时，应进行产品质量和生产厂情况的市场调查，对购进的产品质量不仅采购人员要把关，还必须由施工单位的技术和质检部门决策，并进行质检验收把关，以防止劣质产品流入施工现场。

3. 制订推广工作相关的配套政策

推广工作是一项系统工程，不仅有技术问题，还有经济、管理、体制等问题，有时这些问题比技术问题更重要，因此，为了更有效地推广应用新型模板和脚手架，建议制定以下配套政策：

（1）修改预算定额。如在结构设计时，对混凝土表面有高质量要求的工程，在概预算上应给予调整。对采用新型模板达到清水混凝土标准的工程，应将省去的抹灰预算定额贴补给模板工程。

（2）建立模板工程质量监理制度。在施工设计时，对采用的模板和脚手架应提出质量等级要求，质量监理部门有权对施工中采用的模板和脚手架进行质量监督，对不符合质量等级要求的模板和脚手架有权责成施工企业停止使用。

（3）限制使用范围。当前在工程项目承包制的情况下，为降低工程成本，许多高层建筑还采用竹脚手架、木模板等落后的施工工艺，使工程质量和安全度得不到保证。近期在施工中完全淘汰使用竹脚手架和木模板还不太可能，但可以采用限制使用范围的办法。

4. 改革模板管理体制

随着新型模板和脚手架的推广应用，必须改革模板管理体制，才能适应推广工作的需要。

（1）发展专业模板公司。专业模板公司应是具有科研、设计、生产、经营等综合功能的技术密集型企业，以适应模板工程较高技术特点的需要。专业模板公司在经营规模具备一定条件时，应逐步向集团化方向发展，变分散经营为集团经营方式。

（2）进行资质审查和认证。目前国内已新建了许多模板公司，其中北京模板公司最多，但是有不少模板公司为皮包公司，技术力量薄弱，设计研究能力差，无生产厂，没有实力进行工程承包。为保证模板工程的质量，有关部门应对这些专业模板公司进行资质审查和认证，具备一定技术和生产条件的公司，才能取得工程承包的资质认证书。

（3）大力开展租赁业务。鉴于新型模板、脚手架的系统配套，一次性投资较大，一般中小企业无能力购置，因此，有条件的地区，应建立新型模板、脚手架租赁公司，开展租赁业务，以减轻施工企业负担，加速模板周转，更好地发挥这项新技术的社会效益。

在 2005 年新型模板、脚手架应用技术研讨会上的讲话

13 我国模板和模板行业的发展趋势

一、我国模板的发展趋势

改革开放以来，我国国民经济一直保持高速的发展，2002 年我国的 GDP 达到 102398 亿元，年增长 8%、全社会固定资产投资达到 43202 亿元，年增长 16.1%，全社会建筑业实现增加值达到 7047 亿元，同比增长 8%。在今后五年内，建筑市场的形势将保持良好的发展趋势，建筑市场仍然十分巨大，如北京 2008 年奥运会有 50 项重大工程，总投资达 1228.5 亿元；上海市全面开发 38 公里黄浦江两岸，总投资达几千亿元；重庆新区开发、年投资2000 亿元；广州市区西移，深圳改造海空港，总投资也达上千亿元；西部开发的重大工程，如青藏铁路、西气东输、西电东送、大批高速公路等，建设总投资达几千亿元；房地产每年开复工面积达 5000 万 m²，其中住宅面积 3000 万 m²，"十五"期间，住宅竣工面积已达 57亿 m²，另外，还有三峡二期工程，南水北调工程等。巨大的建筑市场，给我国模板行业也提供了巨大的商机，给模板生产、租赁和施工企业提供了发展的机遇，同时，也将促进了我国模板行业的发展。

当前，我国以组合钢模板为主的格局已打破，已逐步转变为多种模板并存的局面，组合钢模板的应用量正在逐步下降，有不少钢模板厂面临转产或倒闭的困境，钢模板租赁企业也同样面临严峻的挑战。同时，新型模板、脚手架的发展速度非常快、在全国各地已逐步推广应用，新型模板的年产量已远远超过组合钢模板的产量。

1. 竹胶合板模板是 20 世纪 90 年代初开发的一种新型模板，由于我国是竹材资源大国，竹林面积达 5000 多万亩，占世界竹材资源的四分之一，竹子是一次造林、长期利用的资源，生长期短，繁殖速度快，是一种理想的建筑模板材料，"以竹代木"也是今后森林资源利用的必然趋势。因此，竹胶合板模板具有良好的发展前景，目前，全国已建立竹胶合板厂 300余家，建成生产线 400 多条，年生产竹胶合板模板可达 120 万 m³（折合 8000 万 m²）。

2. 全钢大模板早在 20 世纪 70 年代在北京已开始应用，但真正大量推广应用是在 1996年以后。由于建筑施工要求达到清水混凝土工程要求，组合钢模板的面积小、拼缝多，难以达到清水混凝土工程的要求。1994 年开发了钢框竹胶板模板，经过许多工程实践应用，由于竹胶合板的产品质量问题，钢框竹胶合板模板未能得到继续推广应用。但是施工工程需要清水混凝土工程的模板，全钢大模板能达到清水混凝土工程的要求。这样，这种模板在北京地区开始大量推广应用。目前，北京地区已建立全钢大模板生产厂 100 多家，年产量达 150多万 m²，在北京周边地区，西北在西安等地，也已在逐步推广应用。

3. 木胶合板模板在 20 世纪 80 年代初已在我国一些重点工程中应用，由于我国木材资源十分短缺，"以钢代木"是国家节约木材的一项重要措施，同时，当时木胶合板模板的价格也较高，施工单位还难以接受，因此，木胶合板模板没有得到推广应用。

20 世纪 90 年代初，随着我国经济建设的迅猛发展，胶合板的需求量也猛增，至 1993年国内木胶合板生产厂达 400 多家，木胶合板年产量达 212.45 万 m³，仍然不能满足国内的需求，进口胶合板达到最高峰时为 222.9 万 m³。到 1997 年胶合板年产量迅速增加到 758.45 万 m³，进口胶合板开始逐年减少到 148.9 万 m³。这时，木胶合板模板开始大量进入国内建筑市场，并且还有一些厂家生产的覆膜胶合板模板，还大量出口到中东和欧洲等国家。至 2002 年木胶合板年产量又达到新高峰为 1135 万 m³，居世界第二，胶合板生产厂达到 7000 多家。

木胶合板模板的产量约占木胶合板总产量的 10% 左右，即可达到 110 万 m³（折合 7700 万 m²），如此庞大数量的木胶合板产量，需要相应数量的木材资源。我国木材资源贫乏，国家严令保护森林资源、禁止乱砍乱伐森林，节木代用的政策也是一项长期的国策。那么，木胶合板厂的木材资源是如何解决的呢？据我们调查，我国经过多年的植树造林，人工林面积已达到 4140 万公顷，居世界首位。目前，我国林业已逐步由以采伐天然林为主，向以采伐人工林为主转变，我国速生林杨树的人工种植面积已达 667 万公顷，可年产杨树木材 1 亿 m³，已成为我国胶合板生产用材的主要资源。

另外，大量进口原木和锯材，1997 年进口原木 447.1 万 m³，到 2002 年猛增到 2433.3 万 m³，这也是解决我国胶合板生产用材的资源之一，尤其是胶合板表层板都是以进口木材为主，以提高胶合板的产品质量。

4. 桥梁模板是 20 世纪 90 年代中期发展起来的，随着我国高速公路和立交桥工程的兴建，西部大开发工程中，大规模基础设施建设工程的施工，各种桥梁模板得到大量推广应用。目前，已建立专门生产桥梁模板的厂家有 50~60 家，许多组合钢模板生产厂也大量生产桥梁模板，有些厂甚至转为以生产桥梁模板为主，年产量约达 160 多万 m²，这种模板是异形模板，周转次数少，应用量正在不断增加。

二、模板租赁行业的发展趋势

当前，我国模板租赁行业存在的主要问题如下：

1. 租赁器材陈旧落后，组合钢模板和脚手架钢管是主要的租赁器材，这些模架已是落后技术，应用量正在逐年减少，尤其是在沿海城市和重点工程中，钢模板的应用量已很少，租赁企业的经济效益已受到很大影响。另外，现有大量租赁器材已使用多年，损坏也很严重，修复质量达不到使用要求，还有一些租赁企业专门购置低价、劣质产品，或收购废旧模架，严重影响了建筑施工工程的质量。

2. 租赁器材的品种规格少。一般租赁企业只有钢模板和钢管，加上扣件、U 形卡等一些附件，品种规格太少，不能满足不同工程的需要。

3. 租赁企业的规模小、数量多。全国模板租赁企业估计有 5000 家左右，企业数量过多，但是大部分企业的规模都很小，企业之间竞争激烈，租赁市场十分混乱。大部分企业都不是会员单位，行业管理职能得不到发挥。

4. 租赁业务范围较窄，大部分租赁企业只能搞模架的租赁业务，管理人员的技术水平和管理水平较低，其他相应业务无法开展，影响企业的经济效益。

三、模板租赁行业存在的主要问题

今后模板租赁企业应采取哪些相应措施，下面我谈几点粗浅的建议。

1. 采用新型模架、不断更新租赁器材

20 世纪 90 年代以来，我国也在不断开发各种新型模板和脚手架，但是与国外模板公司的先进模板、脚手架相比，差距甚远。目前，国外先进的模板体系主要是两大类，一类是无框木梁木模板体系，用工字型木梁做檩条，面板为胶合板模板或实木模板。这种模板价格较低，使用灵活，可以拼装成各种形状的模板结构，尤其是形状比较复杂的结构。第二类是带框胶合板模板体系，其中小型钢框胶合板模板的边框和肋为扁钢，轻型钢框胶合板模板的边框和肋为冷弯型钢，重型钢框胶合板模板的边框和肋为空腹钢框，用作楼板模板的边框和肋为铝合金框。

国外先进的脚手架体系也主要分两大类，一类是框式脚手架，其中包括门式、方塔式、三角框式等，第二类是承插式脚手架，其中包括碗扣式、圆盘式、卡板式、插孔式等。扣件式钢管脚手架已经很少使用，主要是这种脚手架安全系数较差。另外，钢支柱和铝合金支柱的种类也很多，使用很方便，还可以用作快拆体系。

我国新型模板脚手架的开发和推广应用工作，已有十多年时间，目前能作为租赁器材的模架有宽面钢模板、碗扣式、门式、方塔式脚手架以及钢支柱等，全钢大模板在有条件的企业也可以开展，正在开发的木工字梁也很有发展前景。今后租赁企业要不断扩充租赁器材的品种规格，不断调整租赁器材的存量比例，如目前钢模板的出租率越来越低，但脚手架钢管的出租情况良好，企业可以逐步减少钢模板库存量，扩大钢管的库存量，逐步增添新型模架。

2. 提高技术水平，扩大业务范围

国外规模较大的模板公司都是模板、脚手架生产，销售和租赁业务全面开展，提供多种服务。如德国呼纳贝克模板公司的产品已远销到欧洲、亚洲、非洲等许多国家，同时还建立了50多个租赁公司，分布在欧洲和其他国家。派利模板公司总部有两个工厂，一个是模板、脚手架生产厂，另一个是模板、脚手架维修厂，因为该公司的租赁业务很大，其租赁器材的资产达5亿马克，所以需要有一个很大的维修厂。可见，模板公司进行模架生产加工的同时，又开展模架租赁业务，能够提高企业的经济效益。如北京奥宇、联东、康港等全钢大模板厂，都是生产、租赁业务都开展，使企业产量、产值不断增加，经济效益也不断提高。同样，租赁企业如果从单纯租赁业务，逐步开发生产模架，也可以提高企业经济效益。如宁波建安总公司设备租赁公司，不仅开展出租钢模板、钢管、塔吊、搅拌机等业务，还能生产和维修钢模板、宽面钢模板、钢支架等。又如淄博钢模板租赁公司开发生产了碗扣式脚手架，在当地推广应用，取得较好的效果。北京城建二公司租赁公司不但租赁小钢模、大钢模，还可以生产大钢模、异形模、桥梁模、碗扣式钢管脚手架等，成为能开展多种服务的企业。因此模板公司和模板租赁公司都应该提高技术水平，扩大业务范围，能为施工企业提供模架生产、租赁以及模板工程承包等多种服务，这是今后的发展方向。

3. 扩大企业规模，提倡集团化经营方式

工业发达国家的模板公司的数量都不多，但是生产规模都较大，生产技术先进，并且都形成企业集团，实行集团化经营。如德国模板公司在国际上有较大影响，但全国只有20多个模板公司，不少模板公司都已发展为跨国模板公司，其中呼纳贝克模板公司是一个有74年历史的老企业，该公司在世界范围内有60多个生产基地，在50多个国家有代表处，还有一批姐妹公司和50多个租赁公司。该公司又是德国蒂森集团公司的成员，1995年产品销售额达6.7亿马克，1997年模板储量价值达8亿马克。还有派利模板公司是一个只有34年历史的企业，该公司员工数量达3500人，在50个国家有分公司、租赁公司和代表处，1990年销售额为1.48亿欧元，2001年销售额上升到近5亿欧元。又如芬兰是世界著名的木材加工国家，纸张和木业产品是芬兰的主要出口产品，占芬兰出口总额的 86%，芬兰现有木材加工企业 130 多家，其中生产胶合板的企业只有 23 家。肖曼木业公司是规模较大的一家，该公司是一个有 120 年历史的老企业，拥有 14 个胶合板厂、年产量达 117.5 万 m^3，年产值达 5 亿欧元。肖曼公司也是芬欧汇川集团的成员，肖曼公司生产的维萨模板已远销到 38 个国家，在我国许多重点工程中都大量采用过维萨模板。

国外模板公司的经验很值得我们借鉴，首先是集团化经营，尽管这些企业都是私营企业，但都形成了企业集团，实现集团化经营，有的一个公司可以参加几个集团。采用集团化经营方式，可以提高企业的竞争力。其次是规模化生产，这些公司都是由几个和几十个生产基地组成，生产规模大，有利于企业专业化生产，提高生产效益率，降低产品成本。

我国模板生产企业和租赁企业的数量之多可居世界第一，但企业规模都不大，模板公司年产值超过 1 亿元和租赁公司租赁器材总资产超过 1 亿元的企业并不多，企业集团化经营方式还没有形成。当前模板租赁行业可以总结一些租赁企业的先进经验，开展联组、代租等多种方式，逐步向规模化、集团化方向发展。如冶建模板开发总公司在全国各地有 60 多个站点，原来在北京地区的站点较多，租赁器材库存量也多。近年来北京地区组合钢模板应用量越来越少，总公司及时将器材调拨到其他租赁形势较好的站点，保证了公司的经济效益；又如西安物资租赁总公司改制以后，采用撤并部门，将一部分租赁分公司撤销、合并，扩大一部分公司的规模，逐步发展为大型配套中心，提高总公司的市场竞争能力。

目前，我国建筑企业仍然是劳动密集型企业，企业模式和技术水平趋同，在同一平台上竞争，过度竞争的现象较严重。要解决过度竞争现象，协会把企业组织起来，实行行业自律，适度开展垄断竞争，同时要扩大企业规模，一些规模较大企业进行联合，才能有实力适度垄断。适度垄断可以保护企业利益，增强大企业实力，促进企业开发和推动技术进步。

《在中国模板协会租赁委员会年会上的讲话》2004 年

14 模板、脚手架技术的现状及发展对策

一、模板技术的现状及发展趋势

当前，我国以组合钢模板为主的格局已经打破，已逐步转变为多种模板并存的格局，组合钢模板的应用量正在下降，新型模板的发展速度很快。目前，竹胶合板模板、木胶合板模板与钢模板已成三足鼎立之势。

1. 组合钢模板

我国组合钢模板从 20 世纪 80 年代初开发，推广应用面曾达到 75% 以上，"以钢代木"，促进模板施工技术进步，取得重大经济效益。20 世纪 90 年代以来，随着高层建筑和大型公共设施建筑的大量兴建，许多工程要求做成清水混凝土，对模板提出了新的要求。由于组合钢模板存在板面尺寸小、拼缝多、板面易生锈，清理工作量大等缺陷，其应用受到很大限制。另外，由于市场竞争激烈，许多钢模板厂生产设备陈旧简陋，技术和设备投入不足。还有不少厂采用改制钢板加工，产品质量越来越差，很难适应清水混凝土工程施工的需要。随着竹、木胶合板的大量应用，组合钢模板的应用量大幅度下滑，致使许多钢模板厂和租赁企业面临停产或转产的危机。目前，全国钢模板的年产量已从 1998 年的 1060 万 m^2，下降到 2006 年的 750 万 m^2，使用量从 47% 下降到 15%。

有些城市提出不准使用组合钢模板，用散装散拆的竹（木）胶合板来代替钢模板，既违背了"以钢代木"节约木材的国策，又使模板的施工技术倒退一步。但是，要让组合钢模板短期内不被淘汰，必须改进加工设备，完善生产工艺；完善模板体系，提高钢模板使用效果；加强产品质量管理，确保钢模板产品质量。

2. 竹胶合板模板

竹胶合板模板是 20 世纪 80 年代末开发的一种新型模板，20 世纪 90 年代末，竹胶合板模板在全国各地得到大量推广应用，1998 年全国竹胶合板模板的年产量为 72 万 m^3，到 2006 年上升到 165 万 m^3，使用量从 21% 上升到 23%。

但是，目前竹胶板厂普遍存在生产工艺以手工操作为主、生产设备简陋、技术力量薄弱、质量检测手段落后、产品质量较难控制等缺陷，主要问题是板面厚薄不均，厚度公差较大，存在不同程度的开胶等缺陷，使用寿命也较短，一般周转使用 10~20 次。竹材资源浪费较大，竹材利用率为 60%~70%，产品质量均属中低档水平，不能满足钢框胶合板模板的质量要求，也很难达到大批量出口的要求。因此，必须采取积极措施，改进生产设备，提高产品质量和精度；采用性能好的胶粘剂，提高竹胶板的使用寿命；改革生产工艺，提高竹材资源利用率。

3. 木胶合板模板

木胶合板模板是国外应用最广泛的模板形式之一，20 世纪 90 年代以来，随着我国经济建设迅猛发展，胶合板的需求量猛增，胶合板生产厂大批建立，1993 年国内木胶合板厂仅 400 多家，木胶合板年产量仅为 212.45 万 m^3，到 2005 年木胶合板年产量猛增到 2514.97 万

m^3，10 年间将近增长十多倍，总产量居世界第一，胶合板厂达到 7000 多家。全国木胶合板模板 1998 年的年产量为 70 多万 m^3，至 2006 年增到 880 多万 m^3，使用量从 6% 猛增到 35%。另外，木胶合板模板还大量出口到中东、欧洲和亚洲等许多国家。

目前，木胶合板模板存在主要问题是大部分产品质量低，以生产脲醛胶素面胶合板为主，一般只能使用 3~5 次，木材资源浪费严重；企业布局不合理，在一些地区特别集中、企业数量过多、规模不大、设备简陋、技术力量弱；企业竞争激烈，产品价格低、档次低。因此，应尽快采取有效措施，加强产品质量监督和管理，作为模板用的胶合板必须采用防水的酚醛胶，使用次数应能达到 20 次以上。提高木材利用率，节约木材资源。

4. 全钢大模板

早在 20 世纪 70 年代初，北京开始应用全钢大模板。但是北京大量推广应用大模板是在 1996 年以后，一方面由于北京市高层住宅建筑发展迅猛，住宅建筑成片大规模建设，为发展大模板施工技术提供了商机。另一方面，由于建筑施工混凝土表面质量要求高，组合钢模板面积小、拼缝多，难以达到施工工程的要求。1994 年开发的钢框竹胶板模板，由于竹胶板的产品质量问题，钢竹模板使用寿命短，不能满足工程的使用要求。全钢大模板具有板面平整、拼缝少、使用次数多、能适应不同板面尺寸的要求等特点，因此，这种模板在北京地区得到迅猛发展。

目前，北京地区已建立全钢大模板生产厂 150 多家，1998 年产量为 170 万 m^2，至 2006 年上升到 480 万 m^2，全钢大模板使用量从 1650 万 m^2，上升到 3700 多万 m^2，在北京周边地区、西北的西安、西南的重庆等地，也已在逐步推广应用。2004 年中国模板协会组织编制了《全钢大模板应用技术规程》地方标准，对规范全钢大模板的生产和应用，促进大模板的健康发展起了一定的作用。

5. 桥隧模板

这种模板是 20 世纪 90 年代中期发展起来的，随着我国高速公路、立交桥、大型跨江桥梁、铁路桥梁及各种隧道等工程的兴建，各种桥隧模板得到大量开发应用。目前，已建立专门生产桥隧模板的厂家有 100 多家，许多组合钢模板生产厂也大量生产桥梁模板和隧道模板，有些厂甚至转为生产桥隧模板为主。1998 年全国桥隧模板的年产量为 240 万 m^2，2006 年已升到 750 万 m^2，桥隧模板使用量从 1200 万 m^2 上升到 3900 万 m^2。桥隧模板的施工技术也得到很大发展，但是这种模板是异形模板，还没有质量标准可执行，周转次数少、制作技术较高。

6. 塑料模板

塑料模板具有表面光滑、易于脱模、重量轻、耐腐蚀性好、可以回收利用、有利于环境保护等特点。另外，它允许设计有较大的自由度，可以根据设计要求，加工各种形状或花纹的异形模板。我国自 1982 年以来，在一些工程中推广应用过塑料平面模板和塑料模壳。由于它存在强度和刚度较低、耐热性和耐久性较差、价格较高等原因，没能大量推广应用。

目前，塑料模板在欧美等国正在得到不断开发和应用，品种规格也很多。我国有不少企业也正在开发各种塑料模板，如硬质增强塑料模板、木塑复合模板、GMT 塑料模板、楼板塑料模板和塑料大模板体系等。

另外，还有筒模、台模、滑模、爬模、悬臂模等模板施工技术也有了较大的发展。

二、脚手架技术的现状及发展趋势

我国在 20 世纪 60 年代初开始应用扣件式钢管脚手架，由于这种脚手架具有装拆灵活、搬运方便、通用性强、价格便宜等特点，所以在我国应用十分广泛，其使用量占60%以上，是当前使用量最多的一种脚手架。但是这种脚手架的最大弱点是安全性较差、施工工效低、材料消耗量大。目前，全国脚手架钢管约有1000万吨以上，其中劣质的、超期使用的和不合格的钢管占80%以上，扣件总量约有10~12亿个，其中90%左右为不合格品，如此量大面广的不合格钢管和扣件，已成为建筑施工的安全隐患。据不完全统计，自2001年至2007年，已发生扣件式钢管脚手架倒塌事故70多起，其中死亡200余人，受伤400余人。

20世纪80年代初，我国先后从国外引进门式钢管脚手架、碗扣式钢管脚手架等多种型式脚手架。门式钢管脚手架在国内许多工程中也曾大量应用过，取得了较好的效果，由于门式钢管脚手架的产品质量问题，这种脚手架没有得到大量推广应用。现在国内又建了一批门式脚手架生产厂，其产品大部分是按外商来图加工。碗扣式钢管脚手架是新型脚手架中推广应用最多的一种脚手架，但使用面还不广，只有部分地区和部分工程中大量应用。

20世纪90年代以来，国内一些企业引进国外先进技术，开发了多种新型脚手架、如插销式脚手架、CRAB模块脚手架、圆盘式脚手架、方塔式脚手架，以及各种类型的爬架。目前，国内有专业脚手架生产企业百余家，主要在无锡、广州、青岛等地。从技术上来讲，我国脚手架企业已具备加工生产各种新型脚手架的能力。但是国内市场还没有形成，施工企业对新型脚手架的认识还不足。采用新技术的能力还不够，国内脚手架企业主要任务是对外加工。

随着我国大量现代化大型建筑体系的出现，扣件式钢管脚手架已不能适应建筑施工发展的需要，大力开发和推广应用新型脚手架是当务之急。实践证明，采用新型脚手架不仅施工安全可靠，装拆速度快，而且脚手架用钢量可减少33%，装拆工效提高2倍以上，施工成本可明显下降，施工现场文明、整洁。

三、发展我国模板行业的对策

1. 加强科技创新、开发新型模板

我国模板生产企业是20世纪80年代初开始建立的，但是大部分20世纪80年代建立的模板企业已停产或转产，20世纪90年代建立了一批新的模板企业，生产规模不大、发展也不快，主要是科技和设备投入不足，缺乏研制和开发新产品的能力。许多钢模板厂20多年来只生产组合钢模板一种模板产品，并且品种规格还不齐全，更没有新的模板产品开发。随着国内建筑结构体系的发展，各种形式现代化的大型建筑体系的大量建造，需要开发和应用各种新型模板、脚手架才能满足施工工程的要求。我们感到模板企业必须加大技术和设备投入，提高研制开发新产品的能力，才能适应建筑市场变化的需求，我国模板行业才能得到发展。

加强科技创新，开发新型模板是施工技术和模板技术发展的需要。由于新型模板技术是一项综合配套技术，研究的内容多，涉的范围广，如果某个环节没有过关或处理不好，将影响新技术的推广应用。当前应积极做好以下工作：

（1）加强模板材料的应用研究，积极开发轻质高强、环保无污染、可再生及可回收利用、重复使用次数多的模板材料，如低合金钢框型材、铝合金框型材、高强塑料模板和木塑模板，高档木（竹）胶合板模板等。

（2）根据各种建筑结构的要求，开发各种不同种类的模板体系，如爬模体系、滑模体系、筒模体系、倒模体系、隧道模体系、桥梁模体系等。

（3）目前国内水平模板施工工艺非常落后，材料用量大、装拆工效低、施工速度慢、安全性能差，应积极推广木工字梁、几字梁或型钢梁为横梁，竹（木）胶合板或钢框胶合板模板为面板，钢支柱或承插式支撑为支柱的支模体系。

2. 推广新型脚手架，确保施工安全

多年来，建筑施工用扣件式钢管脚手架每年发生多起倒塌事故，给国家和人民生命财产造成巨大损失。2003 年原建设部、国家质检总局、国家工商局联合发布了"关于开展建筑施工用钢管、扣件专项整治的通知"，要求通过此次专项整治，使生产、销售、租赁和使用钢管、扣件的状况得到明显扭转。由于全国脚手架钢管和扣件的数量非常大，使用面又很广，不合格的钢管和扣件的比例又很高，要在短期内完成整治工作是不可能的。事实上，脚手架倒塌事故仍在连年发生。

日本在 20 世纪 50 年代以扣件式钢管脚手架为主导脚手架，由于不断发生伤亡事故，脚手架安全问题引起政府有关部门的高度重视，对脚手架的安全使用做出了规定，大力推广门式脚手架，使脚手架的安全事故基本得到控制，其中经历了 20 多年的发展过程。我国从 20 世纪 60 年代开始应用扣件式钢管脚手架，至今已经历了 40 多年，仍然以这种脚手架为主导脚手架，安全事故仍不断发生。

大力推广应用新型脚手架是解决脚手架施工安全的根本措施。有关部门应制订政策鼓励施工企业采用新型脚手架，尤其是高大空间的脚手架应尽量采用新型脚手架，保证施工安全，避免使用扣件式钢管脚手架，尽快淘汰竹（木）脚手架。对扣件式钢管脚手架和碗扣式钢管脚手架的产品质量及使用安全问题，应大力开展整治工作，引导施工企业采用安全可靠的新型脚手架。插销式脚手架是国际主流脚手架，这种脚手架结构合理、技术先进、完全可靠，当前在国内一些重大工程已得到大量应用。

3. 加强监督管理，提高产品质量

20 多年来，我国模板行业在研究和开发新型模板、脚手架技术和施工技术方面取得了较大进步。但是，有不少在国外仍然大量应用的模板、脚手架技术，在我国只开发而没有得到大量推广应用，如钢板扣件、钢支柱、门式脚手架、钢框胶合板模板等。并不是这些技术不先进或不适合我国国情，而是我们工作中存在一些问题，其中有技术问题，更主要是产品质量问题。

造成产品质量下降的原因，除了生产厂的生产设备落后、生产工艺和技术水平低、管理人员的质量意识差等原因外，更重要的是质量管理体制和制度不健全，缺乏严格的质量监督措施和监控机构，没有对生产厂家进行必要的质量检查和质量管理，以致造成低劣产品大批流入施工现场。加上建筑市场十分混乱，生产厂家又低价竞争，使产品质量不断下降，严重影响新技术的推广应用。如果这种状况得不到改善，还会有某些新技术半途而废。

当前，我国模板行业中，大部分扣件式钢管脚手架都不合格，已成为建筑施工安全的严重隐患，大部分木胶合板模板为素面脲醛胶的胶合板，使用次数只有 3 ~ 5 次，已成为木材资源浪费最严重的产品。因此，有关政府部门必须采取有效措施，加强监督管理，提高产品质量，建议应做好以下工作：

（1）责成有关部门对脚手架厂和胶合板厂进行产品质量监督管理，颁发产品合格证或质量认证书，以堵住不合格产品的生产源头。

（2）严格监督施工和租赁企业必须选购有"产品合格证书"厂家的产品，租赁的模架必须有质量保证书和检测证书，以堵住不合格产品的流通渠道。

（3）建立模架工程质量监理制度，由质量监理部门负责对施工中采用的模架进行质量监督，对没有"产品合格证"和检测证书，不符合质量要求和施工安全的模架，有权责成施工企业停止使用。

（4）作为建筑用胶合板模板的使用次数应能达到 20 次以上，以提高木材利用率，节约木材资源。政府有关部门应采取措施严格限制生产和使用素面脲醛胶的胶合板模板。

4. 制定配套政策，改革管理体制

新技术推广工作是一项系统工程，不仅有技术问题，还有经济、管理、体制等问题，有时这些问题比技术问题更重要。目前，我国在科技创新、新技术推广中，在体制和机制方面都存在不少问题，如项目承包制度不完善，项目负责人短期行为，限制了新技术的推广应用。质量监督和监控机构不健全，建筑市场混乱等。因此，为了更有效地推广新技术，建议做好以下工作。

（1）完善项目承包制度。改革管理体制，调动项目负责人推广应用新技术的积极性，为新技术的推广应用提供一个良好的外部环境。

（2）发展专业模板公司。发展专业模板公司有利于采用新技术，提高模架利用率，培养熟练技术队伍，降低施工成本，促进技术进步等，有关部门应支持建立滑模专业公司，爬模、爬架专业公司，桥隧模专业公司及各类模板专业公司。

（3）进行资质审查和认证。目前国内模板公司之间的总体实力和技术水平相差很大，有不少模板公司技术力量薄弱，设计研究能力差，无生产车间，没有实力承担大型工程任务。为保证模板工程质量，有关部门应对这些模板公司进行资质审查和认证。

（4）大力开展租赁业务。推广应用新型模板、脚手架是对租赁企业的考验，有一批租赁企业没有能力适应市场需要，将面临被淘汰的危机。同时，也为租赁企业提供了难得的机遇。新型模板、脚手架的品种和规格很多，技术水平较高，一次性投资较大，一般中小施工企业无能力购置，大型施工企业的项目负责人一般也不愿购置。因此，有条件的租赁企业应尽快适应市场需要，开展新型模板、脚手架租赁业务，并逐步发展为专业模板公司，不但能减轻施工企业负担，加速模架周转、促进新技术的推广，而且对租赁企业将有很好的发展前景。

《在中国模板协会租赁委员会年会上的讲话》2008 年

15 促进模板技术进步，发挥行业自律作用

中国模板协会刚开完成立二十周年年会，会议开得很好，总结了我国模板行业二十年来取得的巨大成就和应用经验，也为今后我国模板行业的发展和前景提出了导向意见。这次会议组织的发言和专题报告内容很丰富，水平也很高，与会代表反映深受启发，受益不浅。协会明年将要与会员单位共同商讨的问题是：我国组合钢模板的发展前途和我国新型模板的发展趋势。要组织有关人员召开各种形式的座谈会或研讨会，将提出"中国模板及工程应用导向意见"。希望广大会员单位积极支持和关心这项工作。这次会议我想讲三点建议。

1. 促进模板技术进步

我国模板工程在技术装备、生产规模、产品质量、工人素质、组织管理、生产效率等方面与国外发达国家的差距很大，大多数模板生产厂、租赁企业和施工单位都在同一层次上竞争，各企业的技术水平和装备水平档次差距不大，技术特点和特色不明显。

近几年，我们组织考察了欧洲不少国家的模板公司，有不少模板公司已发展为跨国模板公司，其中主要经验是：

（1）技术不断创新、设备不断更新

这些模板公司能如此快速发展，主要是不断开发新产品，提高产品技术性能，满足施工的需要。据德国 NOE 模板公司、英国 SGB 模板公司介绍，基本上每两年可研制一种新产品。德国 PERI 公司有一个庞大的科研机构和队伍，对模架产品不断改进、不断开发，目前公司已拥有 50 多个产品体系。由于生产设备先进，形成自动化生产线，生产工人很少，职 PERI 公司有职工 3500 多人，工人只有 200 多人。德国 MEVA 公司有职工 300 余人，工人仅 20 人。先进的生产设备可确保产品加工质量和加工速度。

我国模板生产企业是 20 世纪 80 年代初建立的，现在许多 20 世纪 80 年代初建立的模板企业已停产或转产。20 世纪 90 年代建立了一批新的模板企业，生产规模都不大，发展也不快，主要是科技和设备投入不足，没有力量不断研制和开发新产品。如组合钢模板从 20 世纪 80 年代初开发和大量推广应用，至今已有 25 年历史，许多钢模板厂多年一直只生产这一种产品，并且品种规格还不齐全，更没有新的模板产品开发，生产设备也陈旧简陋，使钢模板产品质量越来越差，不能满足施工的要求，致使目前许多钢模板厂面临停产或转产的危机。

（2）规模化生产、集团化经营

欧洲各国的模板公司的数量并不多，但生产规模较大，生产设备和技术先进。如德国是世界上模板技术最先进的国家之一，模板公司的数量不超过百家，但在国际上有较大影响的模板公司有近 20 家，最大的模板公司年销售额达 5 亿欧元以上，中型模板公司达 6000 ~ 7000 万欧元。芬兰是世界上胶合板生产最先进的国家，但只是有 23 个胶合板厂，其中肖曼公司有 14 个胶合板厂，胶合板年产量达 117.5 万 m^3 平均每个厂的年产量为 8.4 万 m^3。

欧洲几个跨国模板公司都在世界各国建立了生产基地和办事处，如奥地利 DOKA 公司在德国、捷克、瑞士、芬兰等国都有生产基地，在 43 个国家有办事处。德国 PERI 公司在

50 个国家有分公司或代表处，70% 的业务都扩展到国外。芬兰肖曼公司在芬兰、德国、俄罗斯等国家有 14 个胶合板厂，维萨建筑模板已远销到 38 个国家。

我国模板生产厂的数量之多可居世界之首，但生产规模不大。目前各类模板公司和钢模板厂将近千家，最大的模板企业年产值 2.5 亿元人民币，中型模板企业年产值 3000～4000 万元。木胶合板厂多达 7000 多家，但年产能力达 1 万 m^3 以上的企业只有 200 多家，年产能力 10 万 m^3 以上的企业 10 家左右，平均企业年产量仅 0.15 万 m^3，其中生产木胶合板模板的厂家 700 多家。竹胶合板厂有 300 多家，生产能力 1 万 m^3 以上的企业不超过 10 家，大部分企业生产能力均在 5000m^3 以下。生产厂家过多，生产能力过剩，市场竞争激烈，不利于企业改进生产工艺，提高产品质量，生产规模小，生产工艺和设备落后，制约了企业技术进步。

因此，今后协会要大力扶植技术水平高、产品质量好、生产规模较大和经济效益好的企业为模板行业的龙头企业，要提倡建立有技术特色的模板企业，如桥梁模板公司、隧道模板公司，爬模公司、滑模公司以及各类脚手架公司等。

我国竹胶合板模板的生产也已有 17 年的历史，但是竹胶合板厂的生产规模都不大，设备简陋，产品档次低，品种规格少。目前建筑施工对清水混凝土工程的要求越来越高，建设部 10 项新技术之一"新型模板脚手架应用技术"的内容作了修订，重点提出了清水混凝土模板的要求。因此，竹胶合板厂应加大技术开发力度，开发高档次的产品，满足清水混凝土工程的要求。

2. 加强产品质量监督

产品质量关系到企业的生死存亡，也关系到新技术的前途。当前，由于建筑市场十分混乱，生产厂家相互低价竞争，使产品质量不断下降，严重影响新技术的推广应用。如钢板扣件、钢支柱、门式脚手架、钢框竹胶合板模板等，这些技术在国外发达国家仍然大量应用，并且还不断有新的发展。但在我国只"开花"不"结果"，推广应用了几年就一个又一个萎缩了。

以上几种新产品没能大量推广应用，并不是这些技术不先进或不适合我国国情，而是我们工作中存在一些问题，其中有技术问题，主要是产品质量问题，如钢支柱的主要问题是采用钢管越来越薄、越来越短、加工精度差、使用寿命短。门式脚手架的主要问题是采用钢管的材质和规格不符合要求，门架刚度小，运输和使用中易变形，使用寿命短。钢框型材的质量都没有过关，品种规格不齐全，附件不配套。目前，竹胶合板的质量仍不能达到钢框胶合板模板的要求。

造成产品质量下降的原因，除了生产厂的生产设备落后、生产工艺的技术水平低、管理人员的质量意识差等原因外，更重要的是质量管理制度不健全，缺乏严格的质量监督措施和监控机构，没有对生产厂家进行必要的质量检查和质量管理，以致造成低劣产品大批流入施工现场。加上建筑市场十分混乱，生产厂家又低价竞争，使产品质量不断下降，严重影响新技术的推广应用。竹胶合板模板生产也出现这种状况，生产厂相互压价，低价竞争，产品质量下降，如果这种状况再不引起足够的重视，则竹胶合板模板的前途也会与以上讲的几个新技术一样半途而废。

去年，温家宝总理对建筑施工企业使用劣质钢管、扣件造成多起施工安全事故作了批示，建设部、国家质检总局、国家工商局联合发布"关于开展建筑施工用钢管、扣件专项整治的通知"，要求通过此次专项整治，使生产、销售、租赁和使用的劣质钢管、扣件的状况得到明显扭转。由于缺乏严格的质量监督措施和质量监控机构，要在短期内完成如此量大面广的整治工作是不可能的，建筑脚手架的安全问题至今仍然没有解决，脚手架安全事故仍不断发生。同样，对竹胶板厂的质量监督和管理工作也不是短期内能完成的。

3. 发挥行业自律作用

根据国家有关部门的文件，政府部门要赋予协会制定并执行行规行约，规范行业行为的权力和职能，协会有权进行行业内部价格协调，对于行业内的价格争议，组织同行业议价，对行业内协定的产品价格进行指导、监督和协调。

2000年5月协会与中南地区竹胶合板协会联合召开了"全国竹胶合板厂座谈会"，应会员单位的要求，会议通过了"中国模板协会竹胶板厂会员企业自律公约"，选出了自律公约监督领导小组，但没有具体实施。

2004年3月协会召开了"北京地区全钢大模板生产企业座谈会"，由于当时钢材价格猛涨，全钢大模板价格上不去，许多厂被迫停产，为保护行业利益，会议通过成立了"全钢大模板价格协调小组"，每季度召开一次会议，制定行业指导价。实施了两个季度，效果也不理想，有些企业为了私利仍然低价进行竞争。

北京市混凝土协会从维护行业的整体利益出发，通过民主协商，统一全行业意志，制定了《行业自律公约》，不仅有效地制止了企业竞相压价、垫款供货引发的恶性竞争，还解决了拖欠货款的问题，切实维护了会员企业的共同利益，受到建设部领导的重视，为协会工作作出了示范。制定了"行业公约"，对不遵守公约的厂家还必须有相应的惩罚措施，如罚款、降资质、协会发布公示等。北京市混凝土协会主要采用发布公示的方式，对不遵守公约的厂家为无诚信企业，使企业的声誉大受影响。

协会在发挥行业自律、价格协调作用的同时，还要发挥监督管理作用，加强对生产厂产品的质量监督管理，分批对生产厂进行行检工作，对产品质量好、技术力量强、生产工艺合理的厂家，颁发质量认证书或合格证，对产品质量差、技术水平低、不具备生产条件的厂家及时曝光，必要时勒令停产整顿。

总之，随着政府职能的转变，行业协会的地位和作用将越来越突出，协会将成为行业管理的主体，行业组织应当充分发挥企业与政府间的桥梁作用，充分发挥在行业自律、行业协调推进行业发展、维护行业合法权益、维护市场公平竞争等方面的作用。让我们共同努力为我国模板行业的发展做出更大的贡献。

《在中国模板协会竹胶合板专业委员会年会上的讲话》2004年11月

16 当前我国模板行业面临的主要问题

20 多年来，我国模板、脚手架的技术进步和在建筑施工中起的重要作用是有目共睹的，取得的经济效益和社会效益也是非常可观的。模板行业从无到有得到较大发展，模板行业为国家经济建设做出了巨大贡献。目前，全国建立组合钢模板生产厂 700 多家，形成年生产能力 3500 万 m^2；建立竹胶合板厂 400 多家，形成年生产能力 200 万 m^3；建立木胶合板模板厂 600 多家，形成年生产能力 220 多万 m^3；建立全钢大模板厂 100 多家，形成年生产能力 300 多万 m^2；建立桥梁模板厂 80 多家，形成年生产能力 200 多万 m^2；建立钢模板租赁企业 1 万多家，建筑器材拥有量达 850 万吨，总价值约 250 亿元，年经营收入约 100 亿元。

20 多年来，我国国民经济一直保持高速发展，建筑市场也十分巨大，给我国模板行业提供了巨大商机，促进了我国模板行业的发展。我国模板行业为保护森林资源和满足大规模经济建设的需要做出了较大贡献。但是，随着国家经济建设的发展，我国模板行业与发达国家相比，无论在技术水平、产品质量、生产规模、生产设备、技术人才及行业管理等方面都存在较大的差距。

一、我国模板行业面临的主要问题

1. 组合钢模板应用量下降，钢模板厂面临困境

20 世纪 90 年代以来，随着我国建筑结构体系的发展，新型模板的研究开发和推广应用取得了较大进展，我国以组合钢模板为主的格局已打破，已逐步转变为多种模板并存的局面，组合钢模板在东部经济发展较快的省市、大中城市的应用量正在逐步下降，不少钢模板厂面临转产或倒闭的困境。只在中西部经济发展较慢的地区、中小城镇还在大量应用。

日本组合钢模板已使用了 50 年，在钢框胶合板模板等模板体系大量应用的情况下，仍在大量应用。我国组合钢模板应用了 25 年，而其他新型模板体系还没有得到开发或大量推广应用的情况下，将组合钢模板淘汰出局，用木（竹）胶合板大量替代钢模板，显然违背了我国"以钢代木"、节约木材的国策。

我国组合钢模板的施工使用面已从 75% 下降到 40% 左右，造成组合钢模板应用量下降的主要原因，一方面是由于组合钢模板的板面尺寸较小、拼缝多，较难满足清水混凝土施工工程的要求，另一方面是由于缺乏严格的质量管理和钢模板的优越性没有充分发挥。

日本组合钢模板生产工艺已形成自动化生产线，产品质量得到保证，因此，在一些清水混凝土工程中仍能大量应用。我国绝大多数钢模板厂的生产设备仍很简陋，生产工艺落后，产品质量很难达到标准要求。随着钢模板市场竞争激烈，不少厂家采用改制钢板加工，严重影响了钢模板使用寿命，钢模板厂不肯投资进行技术改造，采用先进设备，因为要增加产品成本。租赁企业不愿购买质量好的钢模板，因为出租后返回的是劣质钢模板。如此恶性循环，钢模板质量越来越差，满足不了施工要求，难怪有些城市提出不准使用组合钢模板。

另外，我国钢模板标准设计中，模板体系的规格达 125 种，一般钢模板厂只生产 40 种左右，实际使用只有 30 种左右，占 25%，配件的规格有 28 种，一般厂家只生产 3 ~ 4 种，

施工使用约 10 种，约占 35%。大多数钢模板厂多年来只生产通用模板，不生产专用模板和配套附件，更没有新产品开发。很多施工企业"因地制宜"地利用单位现有材料，替代专用模板和附件，使钢模板体系的使用效果没能充分发挥出来。

2. 多种材料模板在施工中应用，产品档次低，材料浪费大

随着新型建筑材料的不断出现，在一些工程施工中，相继开发应用了各种新型模板，如塑料模板、玻璃钢圆柱模板、中密度纤维板模板、砂塑板模板、木塑板模板、木胶合板模板和竹胶合板模板等，都不同程度地得到开发和应用。目前，竹胶合板模板和木胶合板模板发展较快。竹胶合板模板是 20 世纪 80 年代末开发的一种新型模板，由于我国是竹材资源大国，竹材资源占世界的 1/4，竹子又是能长期利用的资源，生长期短，繁殖速度快，是理想的建筑模板材料，"以竹代木"也是今后森林资源利用的必然趋势。因此，竹胶合板模板具有良好的发展前景。目前，全国已建立竹胶合板厂 400 余家，建成生产线 500 多条，年生产竹胶合板模板可达 120 万 m^3（折合 8000 万 m^2）。但是，目前竹胶合板厂普遍存在生产工艺以手工操作为主，生产设备简陋，技术力量薄弱，质量检测手段落后，产品质量较难控制的缺陷，主要问题是板面厚薄不均，厚度公差较大，产品质量均属中、低档水平，不能满足钢框胶合板模板的质量要求，也很难达到大批量出口的要求。

木胶合板模板在 20 世纪 80 年代初已在一些重点工程中应用，由于我国木材资源十分紧缺，"以钢代木"是国家节约木材的一项重要措施，同时，当时木胶合板模板的价格也较高，施工单位难以接受，因此，木胶合板模板没有得到推广应用。20 世纪 90 年代以来，随着国民经济建设的迅猛发展，胶合板的需求量也猛增，胶合板生产厂大批建立，到 1997 年胶合板年产量已达到 758.45 万 m^3，胶合板厂达到 5000 多家，这时木胶合板模板开始大量进入国内建筑市场，并且还有一些厂家的覆膜胶合板模板，出口到中东和欧洲等国家。到 2003 年木胶合板年产量达到新高峰为 2102 万 m^3，居世界第一，胶合板生产厂达到 7000 多家。其中木胶合板模板的产量约占胶合板总产量的 10% 左右，即可达到 220 万 m^3（折合 1.3 亿 m^2），如此庞大数量的木胶合板产量，需要相应数量的木材资源，如何解决木胶合板厂的木材资源是一个大问题。另外，大部分木胶合板厂的生产设备简陋、生产工艺落后、产品质量档次低，生产的木胶合板模板大部分为素面板，使用次数只有 4~5 次，木材利用率仅是国外的 1/10，木材资源浪费十分严重，尤其是我国木材资源又十分贫乏，国家严令保护森林资源，节木代用的政策是一项长期的国策。积极发展木材工业，大面积种植培育人工林，可促进木材资源的良性发展。作为建筑用胶合板模板的使用次数应能达到 20~30 次，以提高木材利用率，节约木材。

3. 新型模架技术开发速度慢、推广应用困难

新型模板的科研成果是一项综合配套技术，研究的内容多，涉及的范围广，新型模板的研究和开发工作比钢模板更困难，需要解决的问题更多。

20 世纪 90 年代以来，一些科研单位和模板公司在开发新型模板、脚手架技术方面做了不少工作，取得了一定成效。但是开发新技术的速度慢，起点低，有不少新技术、新产品推广应用了几年就停产了，如钢板扣件、钢支柱、门式脚手架和钢框胶合板模板等都是推广应用了几年就逐个退出市场，而这些模板、脚手架技术在发达国家仍在大量应用，并不断有所发展。

我们在新型模架技术的开发中，开发新技术的起点低、速度慢。如 20 世纪 90 年代初开发的钢框竹胶合板模板的规格为 55 型，主要考虑能与组合钢模板通用，模板尺寸小、刚度差、使用寿命短，不能满足施工工程的要求。又如碗扣式钢管脚手架在欧洲已是淘汰多年的技术，在我国还是推广多年的新型脚手架。但是目前推广应用面还不广，有些技术还没有学到手（如活动碗扣、伸缩横杆等），使用功能没有充分发挥出来。又由于大部分厂家生产设备简陋，生产工艺落后，又采用不合格的钢管，产品质量越来越差。据了解，目前，90%以上的碗扣式钢管脚手架都不合格，给脚手架使用安全带来很大安全隐患。

当前，除少数国家重点工程外，绝大部分施工工程中采用的模板、脚手架都很落后，与发达国家相比差距太大。国外采用的模板以钢框胶合板模板为主，脚手架以各种类型承插式脚手架为主。我国大量采用的组合钢模板、散装散拆的竹（木）胶合板、扣件式钢管脚手架都是落后技术，尤其是扣件式钢管脚手架的安全性很差，在发达国家早已淘汰。现在有些施工企业只顾眼前利益，由于我国人工费用低，施工企业宁肯多用人工，多消耗材料，不肯科技投入，采用新型模架技术。因此，模板公司和模板生产企业普遍反映推广应用新型模架技术十分困难。

另外，知识产权也得不到保护，使不少企业不愿投资进行新产品开发。有些企业花了大量人力、物力研制开发了一种新产品，一旦有了市场，很快就会有仿造的产品出来，并且价格很低，开发新产品的企业利益得不到保护，这也严重影响了企业新技术开发的积极性。

4. 脚手架安全隐患严重，材料消耗量非常大

2003年，原建设部、国家质检总局、国家工商总局联合发布了《关于开展建筑施工用钢管、扣件专项整治的通知》，要求通过此次专项整治，使生产、销售、租赁和使用劣质超期钢管、扣件的状况得到明显扭转。目前，全国脚手架钢管约有800万吨，其中劣质的、超期使用的和不合格的钢管占90%以上，扣件总量约有10~12亿个，其中90%以上为不合格品，如此量大面广的不合格钢管和扣件，已成为建筑施工的安全隐患，要在短期内完成整治工作是不可能的。

据初步统计，自2001至2005年9月，已发生脚手架倒塌事故22起，其中死亡42人，受伤100余人。2003年是扣件式钢管脚手架专项整治之年，当年仍然发生脚手架倒塌事故4起，2004年又发生9起，2005年又有3起。其中9月份北京西单西西工程综合楼工地发生了脚手架倒塌，造成8人死亡，21人受伤的恶性事故。该工程脚手架倒塌事故的原因是多方面的，有产品质量问题，采用的钢管和扣件都不合格，有些钢管已开裂；有施工应用问题，施工企业没有进行脚手架设计和刚度验算，没有进行施工方案专家论证审查，脚手架搭设中间距过大和缺少斜撑拉结，施工现场管理也较乱。

造成脚手架倒塌事故不断发生的原因，与建筑和租赁市场十分混乱有很大关系。由于对生产企业缺乏严格的质量监督措施和质量监控机构，许多施工和租赁企业只图价格便宜，忽视产品质量，使大量劣质低价产品流入施工现场。另外，施工项目负责人对安全措施不重视，主要是处罚力度不够，起不到警示和教育的作用。

建筑业是原材料消耗的重点行业，建筑业钢材消耗量约占全国钢材消耗量的50%，建筑施工用钢模板、钢脚手架等用钢量达到1580多万吨，年钢材消耗量达到200多万吨。我国脚手架钢管均为普碳钢，其钢管壁厚规定为3.5mm，每延米重量为3.84kg，使用寿命为5~8年。国外脚手架钢管普遍为低合金钢，钢管壁厚为2.5mm左右，每延米重量为2.82kg，使用寿命为8~10年。目前我国钢管脚手架拥有量约800万吨，若改用低合金钢管脚手架，则可节省钢材约220万吨。另外，低合金钢管脚手架的耐腐蚀性好，使用寿命长，其经济效益和社会效益都十分可观。

二、当前应抓好的几件工作

1. 加强模板材料的应用研究

目前，竹胶合板模板、木胶合板模板的发展速度都很快，与钢模板已形成三足鼎立之势，但是散装、散拆竹（木）胶合板模板的施工技术落后，费工费料，材料浪费严重，不是新型模板技术。竹模板的厚度公差和厚薄均匀度一直都没有解决，周转使用次数也很低；木模板大部分采用脲醛胶的素面板，使用寿命更短。因此，应积极开发强度高、使用寿命长的竹（木）模板，研究应用轻质高强、环保无污染，可再生利用的模板材料，如塑料模板、木塑模板等，积极开发和推广应用钢框胶合板模板。

2. 大力推广应用新型脚手架

大力推广应用新型脚手架是解决施工安全的根本措施。实践证明，采用新型脚手架不仅施工安全可靠，装拆速度快，而且脚手架用钢量可减少30%～50%，装拆工效提高2倍以上，综合成本可明显下降，施工现场文明、整洁。日本20世纪50年代采用扣件式钢管脚手架伤亡事故也不断发生，20世纪60年代大力推广门式脚手架，使脚手架安全事故基本得到控制。我国应借鉴日本等国的经验，有关部门应制订政策鼓励施工企业采用新型脚手架，尤其是高大空间的脚手架应尽量采用新型脚手架，保证施工安全，避免使用扣件式钢管脚手架。

3. 进一步完善体制和机制

目前由于项目承包制不完善，造成项目负责人的短期行为，片面追求经济效益，限制了新技术的推广应用。许多施工工程中采用竹（木）模板、扣件式钢管脚手架等落后施工工艺，许多施工企业的模板施工倒退到传统的模板施工工艺。另外，由于对生产企业缺乏产品质量监督和管理，对施工企业采用低劣产品缺乏监督控制，以致大量低劣模架流入施工现场。因此，应进一步完善项目承包制度，加强产品质量管理和监督。

另外，钢模板和脚手架钢管虽然已制订了报废标准，但是由于没有报废的机制，大量应报废的钢模板和脚手架钢管仍继续使用，严重影响了施工工程质量。制度不健全，监督不得力，不仅阻碍新技术的推广应用，而且是腐败现象滋生蔓延的重要原因。

《在中国模板协会竹胶合板专业委员会年会上的讲话》2005年11月

二　国内模板和脚手架

17 国家标准《组合钢模板技术规范》GB/T 50214—2013 修订介绍

1. 修订概况

我国组合钢模板从 20 世纪 80 年代初开发，推广应用面曾达到 75% 以上，不仅是以钢代木的重大措施，同时对改革施工工艺，促进技术进步，提高工程质量，降低工程费用等都有较大作用，取得重大经济效益和社会效益，在许多重大工程中得到大量应用，已成为施工工人必不可少的施工工具。

当前我国建筑工程施工中，组合钢模板体系是最完整的模板体系，具有重量轻、装拆灵活、通用性强；周转次数多、摊销费用低等特点，能适用于梁、板、墙、柱等各种结构。今后在模板工程中，多种模板同时并存是模板施工的发展方向。"以钢代木"是我国一项长期的技术经济政策，推广应用钢模板不仅是节约木材，也是混凝土工程施工的需要。因此，组合钢模板不可能在短期内被淘汰，仍有较大的发展空间。

《组合钢模板技术规范》贯彻执行近 30 年来，在建筑施工中推广应用钢模板取得了显著效果。钢模板标准化促进了钢模板生产的专业化，形成机械化流水生产线，使劳动效率成倍增长，产品质量明显提高；促进了模板施工技术进步，提高了模板施工技术水平，加快了施工进度；促进了钢模板租赁业务发展，促使全国各地钢模板产品都能相互通用，为开展钢模板租赁业务创造了有利条件。采用标准钢模板的最大社会效益是以钢代木，节约大量木材，缓解了木材供需矛盾，确保了国家重点建设工程。钢模板标准化，不仅促进了模板工程的技术进步，而且为国家创造出了巨大的经济效益。

第一版《组合钢模板技术规范》GBJ 214—82 是由国家基本建设委员会批准，自 1982 年 7 月 1 日起试行。第二版《组合钢模板技术规范》GBJ 214—89 是由原建设部批准，自 1990 年 1 月 1 日起施行。第三版《组合钢模板技术规范》GB 50214—2001 也是由原建设部批准，自 2001 年 10 月 1 日起施行。

随着我国建筑结构体系的飞速发展，对模板和脚手架技术也要求不断更新。但是，由于组合钢模板板面尺寸小，拼缝多，较难适用于大面积清水混凝土施工。钢模板在生产过程、施工和租赁管理中，都存在很多问题，使得原《组合钢模板技术规范》GB 50214—2001 已不能适应当前建筑施工发展的需要。这次修订的《组合钢模板技术规范》是根据住房和城乡建设部建标〔2010〕43 号文件的要求编制的，主编单位重新组织规范修订小组，自 2010 年 12 月初开始修订工作，2011 年 10 月 31 日通过了住房和城乡建设部审查，2013 年 8 月 8 日被住房和城乡建设部批准为国家标准，编号为 GB/T 50214—2013，自 2014 年 3 月 1 日起施行。

2. 存在主要问题和修订重点

（1）关于组合钢模板板面尺寸小、拼缝多的问题

在 20 世纪 90 年代中，有一些模板企业在组合钢模板的基础上，已开发了宽度为 600～350mm 的中型钢模板，也称宽面钢模板，在《组合钢模板技术规范》GB 50214—2001 中已作了补充，但模板面积还较小，不能满足大面积清水混凝土施工的要求。

目前，在国外许多国家采用重型全钢大模板的较少，大都采用轻型大钢模，如美国 EFCO 系统钢模板公司、智利 Unispan 模板公司、韩国金刚工业株式会社等模板公司，都开发和采用了轻型钢模板体系。由于这种模板具有板面尺寸较大、重量较轻、施工工效高、混凝土表面平整等特点，受到施工单位的欢迎。

最近，我国有些模板企业在宽面钢模板的基础上，开发了轻型钢大模板体系，经过许多施工工程的实践应用，取得了很好的效果，在本规范修订中将作重点增补。

（2）关于钢模板和钢管的钢材材质问题

规范中规定钢板和钢管的材质为 Q235，但不少生产厂采用的钢材材质不符合规范的要求，甚至有的厂家还采用改制钢材，钢材材质很差，不能满足施工要求。规范规定钢模板钢板的厚度为 2.5mm，不得采用 2.3mm 的钢板。对 $b \geq 400$mm 的宽面钢模板的钢板厚度应采用 2.75mm 或 3.0mm。有不少钢模板厂采用的钢板厚度名誉上为 2.5mm，实际只有 2.2 ~ 2.3mm，钢模板的刚度和强度无法保证，严重影响了钢模板的制作质量和使用效果。规范规定脚手架钢管的壁厚为 3.5mm，但实际上只有 3.20 ~ 2.75mm。

由于低合金钢管在物理力学性能上均明显优于普碳钢管，发达国家的脚手架钢管材质普遍采用 Q345，目前国内不少脚手架企业也已采用 Q345 的钢管。因此修订规范中对钢模板和钢管的材质应作相应补充，对钢板和钢管的壁厚要严格控制，杜绝用改制钢材加工钢模板。

（3）关于钢模板制作质量问题

钢模板生产过程中存在的主要问题是原材料控制不严，生产设备陈旧，生产工艺落后，产品质量很难达到标准要求。多数厂家无意投资进行技术改造，采用先进设备，技术力量薄弱，缺乏科技创新能力，多年来只能单一生产钢模板产品，并且品种和规格还都不齐全，没有新的模板产品开发。因此，在规范修订中要加入对钢模板厂提高技术水平、加强产品质量管理、改进生产设备和生产工艺等内容。

（4）关于钢模板、脚手架维修和报废的问题

目前，模板租赁公司的钢模板和脚手架大部分都很破旧，使用年限超过五年，由于没有钢模板和脚手架的报废机制，有的使用已超过十年，严重影响混凝土施工质量。因此，要加强对钢模板和脚手架的质量管理，在规范修订中要加入钢模板、脚手架的维修和报废规定。

（5）关于钢模板、脚手架施工应用问题

施工过程中存在的主要问题是管理工作跟不上，钢模板使用次数偏低，损坏率偏高，零配件丢失严重。目前，许多施工单位的钢模板施工技术已较成熟，取得了不少经验，完成了许多重大施工工程。但是，也有许多施工企业在钢模板施工中，用钢板替代扣件，用钢筋替代对拉螺栓，用木方替代钢楞和柱箍。租赁企业也都没有对拉螺栓、柱箍、钢楞、碟型和 3 型扣件等配件出租。钢模板体系没有得到充分利用，使用效果很差，施工工效低，施工质量也难保证。另外，钢模板的防锈脱模剂普遍使用废机油，使用效果较差。在规范修订中也要提出这个问题。

（6）关于施工安全问题

当前，在浇筑混凝土施工中，扣件式钢管脚手架作模板支架不断发生倒塌事故，造成人民生命财产的重大损失，已成为建筑施工的安全隐患。发达国家已明确规定不能用扣件式钢管脚手架作模板支架，因此，新规范要积极推广应用新型脚手架作模板支架，以保证模板施工安全。另外，对模板施工中的高空作业安全和防火安全，也要作进一步的补充。

3. 修订内容

（1）修订了相关章节。

修订组根据规范修订工作的要求，进行了广泛深入地调查研究，征求了生产、施工和租

赁单位的意见,对原规范修订了相关章节的条款,并增加了部分新内容。修订规范共分6章,增加了"术语"一章和引用标准名录,将原规范的"基本规定"和"组合钢模板的制作及检验"两章合并为"模板设计与制作"。主要技术内容包括:总则,术语,模板设计与制作,模板工程的施工设计,模板工程的施工及验收,运输、维修与保管。其中小节由16节改为15节,条文由102条增加到113条,修改18条,还有10个附录和各章节的条文说明也作了相应修改。主要修订内容如下。

1)增加了钢模板及配件的规格品种

平面模板的规格从宽度为100~300mm,长度为450~1500mm的组合小钢模;宽度为350~600mm,长度为450~1800mm的组合宽面钢模板,增加了宽度为750~1200mm,长度为450~2100mm的组合轻型大钢模,支承件规格中,增加了插接式和盘销式支架,删除了早拆柱头、四管支柱和方塔式支架。

2)修改了钢模板及配件的制作质量标准

如钢模板制作质量标准中,修改了沿板长度的孔中心距允许偏差;沿板长度的孔中心与板端间距允许偏差;沿板宽度孔中心与边肋凸棱面的间距允许偏差;凸棱的宽度允许偏差;增加了模板板面两对角线之差允许偏差。

钢模板产品组装质量标准中,修改了相邻模板面的高低差。钢模板及配件修复的主要质量标准中,增加了钢模板、U形卡、扣件和钢支柱的相关标准。

3)调整了钢模板和钢管的钢材规格

修订条文中,强调严禁采用改制再生钢材加工钢模板。支架采用低合金钢管规格Φ48mm×2.50mm,修改为Φ48mm×2.70mm。

4)增补和修改了施工及验收、安装及拆除、安全及检查、维修及管理等有关条文。

(2)在条款中,增补了22条,修改了18条。

	项目	增补和修改条款
1	总则	修改了第1.0.3条
2	术语	增补了第2.0.1条~第2.0.8条
3	模板设计与制作	
3.1	设计	修改了第3.1.2条和第3.1.5条
3.2	材料	修改了第3.2.2条
3.3	制作	增补了第3.3.4条和第3.3.5条,修改了第3.3.7和第3.3.9条
3.4	检验	修改了第3.4.2条
4	模板工程的施工设计	
4.1	一般规定	增补了第4.1.3条,修改了第4.1.1条和第4.1.2条
4.3	配板设计	修改了第4.3.5条
4.4	支承系统的设计	增补了第4.4.1条
5	模板工程的施工及验收	
5.1	施工准备	增补了第5.1.3条和第5.1.9条,修改了第5.1.1条、第5.1.7条和第5.1.8条
5.2	安装及拆除	修改了第5.2.1条和第5.2.6条
5.3	安全要求	修改了第5.3.1条、第5.3.3条和第5.3.12条
5.4	检查验收	增补了第5.4.1条
6	运输、维修与保管	修改了第6.2.3条

（3）在相关表中作了如下修改。

项目	修改内容
表 1 钢模板规格	增加了宽度为 1200～750mm、长度为 2100mm 的平面模板
表 3 支承件规格	增加了插接式和盘销式支架，删除了早拆柱头、四管支柱和方塔式支架
表 4 组合钢模板的钢材品种和规格	增加了插接式和盘销式支架，删除了四管支柱
表 6 钢模板制作质量标准	沿板长度的孔中心距允许偏差 ±0.60mm，改为 ±0.30mm
	沿板长度的孔中心与板端间距允许偏差 ±0.30mm，改为 ±0.60mm
	沿板宽度孔中心与边肋凸棱面的间距允许偏差 ±0.30mm，改为 ±0.60mm
	凸棱的宽度 4.00mm，改为 6.00mm；允许偏差 + 2.00mm、− 1.00mm，改为 ±1.00mm
	增加模板板面两对角线之差允许偏差 ≤0.50‰
表 7 钢模板产品组装质量标准	相邻模板面的高低差 ≤2.00mm，改为 ≤1.50mm
表 8 配件制作主项质量标准	删除了门式支架和碗扣式支架的质量标准，可参照现行相关标准执行
表 10 钢模板及配件的容许挠度	删除了支承系统累计 ≤4.00mm
表 11 钢模板施工组装质量标准	组装模板板面平整度 ≤2.00mm，改为 ≤3.00mm
表 12 钢模板及配件修复的主要质量标准	增加了钢模板、U 形卡、扣件和钢支柱的相关标准

4. 本规范应用效果

我国在组合钢模板应用之前，还没有一家模板生产厂和一家模板租赁站。随着组合钢模板的推广应用和《组合钢模板技术规范》的贯彻执行，组合钢模板在全国的推广使用面曾达到 75% 以上，钢模板租赁企业曾达到 13000 家左右，在建筑施工中，钢模板标准化取得的效果非常显著。

（1）促进钢模板生产的专业化，钢模板厂的生产形成机械化流水生产线，采用专业生产设备和模具，使劳动效率成倍增长，产品质量明显提高。

（2）促进模板施工技术进步，有利于建立钢模板施工专业队，提高模板施工技术水平，改善劳动操作条件；提高劳动工效，加快施工进度。

（3）促进钢模板租赁业务发展，钢模板标准化，促使全国各地钢模板产品都能相互通用，为开展钢模板租赁业务创造了有利条件。组合钢模板是我国开展租赁业务最大的产品，年租赁总收入达 150 亿元以上。

（4）有利于提高社会效益，采用组合钢模板的最大社会效益是以钢代木，节约大量木材，缓解了木材供需矛盾，确保国家重点建设工程。钢模板标准化，不仅促进了模板工程的技术进步，而且为国家创造出巨大的经济效益。

载于《施工技术》2014 年第 5 期

18 组合钢模板的现状及存在主要问题

1. 我国组合钢模板的现状

我国组合钢模板从 20 世纪 80 年代初开发，推广应用面曾达到 75% 以上，不仅是以钢代木的重大措施，同时对改革施工工艺、促进技术进步、提高工程质量、降低工程费用等都有较大作用，取得了重大经济效益和社会效益，在许多重大工程中得到大量应用，已成为施工工人必不可少的施工工具。目前，全国钢模板拥有量达到 1.4 亿 m² 以上，钢模板和配件的资金占有量已达 220 多亿元，钢模板租赁企业约有 13000 家，年租赁总收入达 150 亿元以上，这是一笔巨大财产。另外，我国地域辽阔，钢模板技术在各地发展不平衡，许多地区钢模板应用仍很普遍。

今后在模板工程中，多种模板同时并存是模板施工的发展方向。"以钢代木"是我国一项长期的技术经济政策，推广应用钢模板不仅是节约木材，实现"以钢代木"的一项重要措施，也是混凝土施工工艺的重大改革。因此，组合钢模板不可能在短期内被淘汰，仍有较大的发展空间。但是，要改变组合钢模板目前的局面，还必须在完善模板体系、提高钢模板产品质量、加强企业监督和管理等方面做大量工作。

目前，日本在土木工程施工中，组合钢模板应用仍较普遍。在新加坡、马来西亚、泰国、越南等东南亚各国，多年来从我国大量进口钢模板并得到推广应用。可见钢模板在这些国家仍具有一定的优越性和实用性。

2. 存在主要问题及建议

2010 年住房和城乡建设部给中冶建筑研究总院发文，要求再次修订《组合钢模板技术规范》GB 50214—2001，在当前组合钢模板应用量不断减少的情况下，修订的《组合钢模板技术规范》对组合钢模板的发展和应用必须有一定的指导作用。修订组根据当前存在的问题，提出了不少修改意见。

（1）组合钢模板板面尺寸小、拼缝多的问题

当前我国建筑工程施工中，组合钢模板体系是最完整模板体系，钢模板的规格有 196 种，连接件的规格有 17 种，支承件的规格有 35 种，具有重量轻、装拆灵活、通用性强；周转次数多、摊销费用低等特点，能适用于梁、板、墙、柱等各种结构。而在各地施工工程中大量采用的竹胶合板模板和木胶合板模板，都只是一种单板，主要用于楼板和平台结构，采用散装、散拆的落后施工技术，费工费料，这是施工技术倒退。全钢大模板也只是一种墙体模板，没有完整的模板体系。

但是，组合钢模板的主要弱点是板面尺寸小，拼缝多，较难适用于大面积清水混凝土施工。1997 年以来，有一些模板企业在组合钢模板的基础上，开发了宽度为 600~350mm、长度为 1800~450mm 的中型钢模板，也称组合宽面钢模板，由于这种模板具有模板面积较大、施工工效高、拼缝较少、混凝土表面平整等特点，得到施工单位的欢迎。在《组合钢模板技术规范》GB 50214—2001 中已作了补充，但模板面积还较小，不能满足大面积清水混凝土施工的要求。

目前，在国外许多国家采用重型全钢大模板较少，大都采用轻型大钢模，如美国 EFCO 系统钢模板公司、智利 Unispan 模板公司、韩国金刚工业株式会社等模板公司，都开发和采用了轻型钢模板体系。由于这种模板具有板面尺寸较大、重量较轻、施工工效高、混凝土表面平整等特点，受到施工单位的欢迎。

也有人讲由于组合钢模板面积小，拼缝多，不能适应清水混凝土工程的要求，因此要被淘汰。经过多次到国外考察，我们认为面积小、拼缝多并不是淘汰的理由。美国 SYMONS 公司的 63 型钢框胶合板模板体系，长度为 2400～900mm，宽度为 750～50mm，这套模板正在韩国大量应用。美国 EFCO 公司的标准钢模板体系，长度为 2400～300mm，宽度为 600～150mm，这套模板在我国台湾地区也大量应用。该类模板规格尺寸与组合钢模板（包括宽幅模板）相近，这两种模板的面积也都不大。所以，如果我们能确保钢模板的质量，完善钢模板的配套附件，提高钢模板的施工技术，就不应该是今天的局面。

最近，我国有些模板企业在宽面钢模板的基础上，开发了轻型大钢模体系，经过许多施工工程的实践应用，取得很好的效果。在本规范修订中重点增补了宽度为 1200～750mm，长度为 2100～450mm 的组合轻型大钢模。

（2）钢模板制作质量问题

钢模板生产过程中存在的主要问题是原材料控制不严，随着钢模板市场竞争激烈，不少厂家采用劣质钢板或改制钢板加工，严重影响了钢模板产品质量和使用寿命，规范中规定钢板和钢管的材质为 Q235，但不少生产厂采用的钢材材质不符合规范的要求。钢材材质很差，不能满足施工要求。规范规定，钢模板钢板的厚度为 2.5mm，不得采用 2.3mm 的钢板。对 $b \geq 400$mm 的宽面钢模板的钢板厚度应采用 2.75mm 或 3.0mm。有不少钢模板厂采用的钢板厚度名誉上为 2.5mm，实际只有 2.2～2.3mm，钢模板的刚度和强度无法保证，严重影响了钢模板的制作质量和使用效果。因此修订规范中对钢模板的材质应作相应补充，对钢板的壁厚要严格控制，杜绝改制钢材加工钢模板。

另外，不少厂家生产设备陈旧，生产工艺落后，产品质量很难达到标准要求。不少厂家无意投资进行技术改造，采用先进设备，技术力量薄弱，缺乏科技创新能力，多年来只能单一生产钢模板产品，并且品种和规格还都不齐全，没有新的模板产品开发。因此，在规范修订中要加入对钢模板厂提高技术水平、加强产品质量管理、改进生产设备和生产工艺等内容。

在当前组合钢模板应用量大量下滑的形势下，有一些钢模板厂坚持技术改造，采用先进设备，提高产品质量，钢模板的销售情况非常好。如石家庄市太行钢模板有限公司多年来在设备改造、技术创新等方面做了大量工作，先后开发和采用了钢模板连轧机、一次冲孔机、自动焊接设备等，提高了生产效率，减少了工人，减轻了劳动强度，确保了产品质量。

随着钢模板市场竞争激烈，不少厂家采用劣质钢板或改制钢板加工，严重影响钢模板产品质量和使用寿命；不少厂家设备陈旧，模具磨损严重，又不愿投资进行技术改造，采用先进设备，产品质量越来越差。因此，我们建议有关主管部门，尽快建立模板产品质量认证和脚手架安全认可制度，授权协会负责模板、脚手架产品的监督和检查工作，对质量不合格的厂家应限期整顿，保证产品质量不断提高，以防大量低劣产品流入施工现场。

（3）钢模板租赁市场混乱的问题

目前，模板租赁公司的钢模板和脚手架大部分都很破旧，使用年限超过 5 年，由于没有钢模板和脚手架的报废机制，有的已超过 10 年，严重影响混凝土施工质量。因此，要加强对钢模板和脚手架的质量管理，在规范修订中要加入钢模板、脚手架的维修和报废规定。

当前钢模板租赁市场十分混乱，各种类型的大小租赁站遍及全国各地，许多租赁站专门购置低价劣质产品，还有些租赁站专门收购废旧模架，因为出租后返回的也是低质或废旧钢模板和脚手架。这些低劣产品不仅严重影响施工混凝土的质量，而且对安全都存在严重隐患。另外，租赁站的旧模架比例正在逐年增加，有很大部分钢模板和脚手架已使用 10 年以上，损坏相当严重。钢模板和脚手架钢管虽然已制定了报废标准，但是由于没有报废机制，大量应报废的钢模板和脚手架钢管仍继续使用，严重影响施工工程质量。因此，迫切需要有关部门对租赁市场进行整顿，取缔一部分非法经营、规模过小、模架大部分为废旧品的租赁站。建议对规较大的正规租赁站，应定期进行抽检，按评定标准进行等级评定，实行优质优价的办法，尽快实施模架报废制度，确保租赁器材的质量。

（4）钢模板、脚手架施工应用问题

施工过程中存在的主要问题是管理工作跟不上，钢模板使用次数偏低，损坏率偏高，零配件丢失严重。目前，许多施工单位的钢模板施工技术已较成熟，取得了不少经验，完成了许多重大施工工程。但是，也有许多施工企业在钢模板施工中，用钢板替代扣件，用钢筋替代对拉螺栓，用木方替代钢楞和柱箍。租赁企业也都没有对拉螺栓、柱箍、钢楞、碟型和 3 型扣件等配件出租。钢模板体系没有得到充分利用，使用效果很差，施工工效低，施工质量也难保证。另外，钢模板的防锈脱模剂普遍使用废机油，使用效果较差。在规范修订中也要提出这个问题。

目前，由于项目承包制度不完善，造成项目负责人的短期行为，许多施工工程中采用木（竹）胶合板木板、扣件式钢管脚手架等产品，模板施工倒退到传统的施工工艺。另外，由于对生产企业缺乏产品质量监督和管理，对施工企业采用低劣产品缺乏监督控制，以致大量低劣模架流入施工现场。因此，建议施工企业对购进的模板、脚手架产品质量，不仅采购人员要把关，还必须由技术和质检部门验收把关。在施工设计时，对采用的模板应提出质量等级要求，监理部门有权对施工中使用的模板、脚手架进行质量监督，对质量不符合要求的，有权责成施工企业停止使用。

综上所述，组合钢模板与散装散拆的木（竹）胶合板模板相比，在施工技术上，由于有完善的模板体系，施工技术水平要高；在经济效益上，使用寿命长，周转次数多，施工摊销费用低；在装拆工效上，装拆灵活，使用方便，适宜人工操作，也可拼装成大模板吊装施工。组合钢模板仍然是适合我国国情的模板之一。造成目前钢模板使用量大幅下滑的局面，主要是钢模板生产厂和租赁站过多，为了抢占市场，相互恶性竞争，偷工减料，以次充好，产品质量下降，施工企业不愿使用，大批钢模板生产厂和租赁站倒闭，退出建筑市场都在情理之中。因此，如果钢模板厂能坚持设备改造，保证产品质量，提高技术水平，开发轻型钢模板；租赁站能坚持购置质量合格的产品，执行模架报废制度，提高维修模架的质量，则这些钢模板生产厂和租赁站不但能继续生存，而且还有较大的发展空间。

写于 2010 年 8 月

19 积极推进组合钢模板的技术创新和应用

1979 年我国组合钢模板研制成功以来，在全国迅速得到大量推广应用，取得重大经济效益。但是，也经历了几次发展和下滑过程。20 世纪 80 年代中，随着工农业生产的不断扩大，木材和钢材的供需矛盾都很突出，有人对是否继续贯彻执行"以钢代木"，推广应用组合钢模板产生了怀疑，提出了"以钢代木"在经济上是否合理；应该一开始就对三大缺口材料退避三舍，而寻找其他出路，一部分钢模板厂也对钢模板的前景失去了信心。

20 世纪 90 年代初，随着新型模板不断开发和大量应用，组合钢模板与新型模板相比，在技术水平、装拆工效等方面存在一定差距。因此，不断有人提出第三代模板要替代钢模板，也有人提出要淘汰钢模板，有些施工单位提出今后不再购置钢模板，不少钢模板厂和租赁站对钢模板的前景也产生了怀疑。

21 世纪以来，随着建筑工业化的发展和模板工程技术水平的不断提高，模板规格正向系列化和体系化发展，模板材料向多样化和轻型化发展，模板使用向多功能和大面积发展。由于组合钢模板的面积较小和产品质量问题，以及木（竹）胶合板模板的大量应用，并且价格比较低，导致钢模板使用量大量减少，甚至有些城市发文提出不准使用钢模板，用散装散拆的木（竹）胶合板模板来替代钢模板，致使三分之二的钢模板厂倒闭或转产。因此，组合钢模板是否会在短期内被淘汰，还是仍有发展空间，是钢模板厂和租赁企业最关心的问题。

1. 组合钢模板仍具有较大发展空间

日本从 1954 年开始大量应用组合钢模板，至今已有 50 多年的历史，在木胶合板模板和钢框胶合板模板大量应用的情况下，由于组合钢模板的产品质量高，体系完善，能适应高质量混凝土施工的要求，所以在土木工程施工中应用较普遍。在新加坡、马来西亚、泰国、越南等东南亚各国，多年来从我国大量进口钢模板并得到推广应用。可见钢模板在这些国家仍具有一定的优越性和实用性。

我国钢模板推广应用也已有 30 年的历史，模板使用面曾达到 75% 以上，在许多重大工程中得到大量应用，已成为施工工人必不可少的施工工具。目前，全国钢模板拥有量达到 1.4 亿 m² 以上，钢模板和配件的资金占有量已达 220 多亿元，钢模板租赁企业约有 13000 家，年租赁总收入达 150 亿元以上，这是一笔巨大财产。另外，我国地域辽阔，钢模板技术在各地发展不平衡，许多地区钢模板应用仍很普遍。

今后在模板工程中，多种模板同时并存是模板施工的发展方向。"以钢代木"是我国一项长期的技术经济政策，推广应用钢模板不仅是节约木材，实现"以钢代木"的一项重要措施，也是混凝土施工工艺的重大改革。因此，组合钢模板不可能在短期内被淘汰，仍有较大的发展空间。但是，要改变组合钢模板目前的局面，还必须在完善模板体系、提高钢模板产品质量、加强企业监督和管理等方面做大量工作。

2. 完善模板体系，提高钢模板使用效果

日本钢模板体系完善，规格品种齐全，附件和模板支架的规格品种多样，使用非常方便。除组合钢模板外，按不同工程要求设计的专用钢模板，如曲面模板、道路模板、桥梁模板、隧道模板、水坝模板、竖井模板、烟囱模板等，都已达到标准化设计。

我国组合钢模板标准设计中，模板体系的规格达 125 种，大多数钢模板厂只生产 40 种左右，实际施工使用的只有 30 种左右，占 25%。配件的规格有 28 种，一般厂家只生产 3 ~ 4 种，如三节对拉螺栓、型钢柱箍、碟型和 3 型扣件等配件，很难找到生产厂家。大多数施工企业在钢模板施工中，用钢板替代扣件，用钢筋替代对拉螺栓，用木方替代楞条和柱箍。租赁企业都没有对拉螺栓、柱箍、碟型和 3 型扣件等配件出租。钢模板体系没有得到充分利用，钢模板使用效果很差，施工工效低，施工质量也难保证。

组合钢模板具有重量轻、装拆灵活、通用性强等特点，能适用于梁、板、墙、柱等各种结构。另外，周转次数多，摊销费用低，在推广应用 30 年中为国家节约了大量木材，是一种综合生态效益较好的模板。这种模板的主要弱点是板面尺寸小、拼缝多，较难适用于大面积清水混凝土施工。1997 年以来，在组合钢模板的基础上，开发了宽度为 600 ~ 350mm 的中型钢模板，也称宽面钢模板，由于这种模板具有模板面积较大、施工工效高、拼缝较少、混凝土表面平整等特点，受到施工单位的欢迎。

最近，石家庄市太行钢模板有限公司在宽面钢模板的基础上，又自主开发了 55 型组合轻型钢大模，其模板长度规格有 2100 ~ 600mm 七种，宽度有 1200 ~ 400mm 七种，肋高为 55mm。这种模板的特点是：

（1）模板重量轻，一块 1200mm × 600mm 的模板重量仅 31.7kg，便于人工操作；

（2）使用范围广，可与组合钢模板通用，不仅可用于各类墙体，还可用于板、梁、柱和圆形的混凝土结构工程；

（3）装拆灵活，由于模板和配件轻巧，装拆作业方便，施工效率高。

55 型组合轻型钢大模

（4）由于完善了模板体系，扩大了钢模板的使用面积，提高了钢模板的使用效果。

目前这种钢模板在施工中已得到推广应用，使用效果很好。

3. 改进加工设备，提高钢模板产品质量

先进的生产工艺和生产设备是产品质量的保证。日本钢模板生产线已经达到完全机械化、自动化的程度，如日本松户工场 1982 年采用钢模板连轧机成型，切断机自动定尺切断和冲孔机双面冲孔压鼓等设备；1984 年采用机械手自动焊接设备；1994 年采用自动喷漆设备，经过 12 年的改进和完善，才逐步达到自动化程度相当高的钢模板生产线。

目前，我国大部分钢模板厂的生产设备仍很简陋，生产工艺落后，产品质量很难达到标准要求。多数厂家的生产设备只有折边机、压轧成型机，以及几台压机和冲床，钢模板专用设备大部分是仿制或委托加工，加工精度差。也有一些厂家采用专业生产厂制造的设备。多数钢模板厂的生产工艺和生产设备还都是 20 世纪 80 年代的水平，20 世纪 90 年代以来，钢模板生产技术进展不大，多数钢模板厂的生产条件还达不到 20 世纪 80 年代的先进水平。如钢模板连轧机、CO_2 气体保护焊机、静电喷漆、电泳涂漆、一次冲孔机等先进生产设备，都是 20 世纪 80 年代已开始应用，但是现在多数厂家无意投资进行技术改造，采用先进设备。另外，多数钢模板厂技术力量薄弱，缺乏科技创新能力，多年来只能单一生产钢模板产品，并且品种和规格还都不齐全，没有新的模板产品开发。

在当前组合钢模板应用量大幅下滑的形势下，有一些钢模板厂坚持技术改造，采用先进设备，提高产品质量，钢模板的销售情况非常好。如石家庄市太行钢模板有限公司多年来在设备改造、技术创新等方面做了大量工作，先后开发和采用了钢模板连轧机、一次冲孔机、自动焊接设备等，提高了生产效率，减少了工人，减轻了劳动强度，确保了产品质量。在年初钢模板销售供不应求，钢模板年销售量达1.5万吨以上，产品还出口到新加坡、马来西亚等国家。

钢模板连轧机

自动焊接设备

4. 加强质量监管，规范钢模板管理市场

日本钢模板产品质量高，除了生产厂的生产设备和生产工艺先进之外，更关键的是有严格的质量管理体制和有权威的质量监控机构。如日本劳动省授权假设工业会负责实施模板和脚手架产品质量认证、安全认可、质量检测和定期抽检等工作。对产品合格的企业发给产品质量合格认证书，产品上可以打印协会的产品认证标记，有认证标记的产品质量可靠，让用户放心，一般施工企业都自觉购买有认证标记的产品，这样生产企业不敢降低产品质量和价格进行市场竞争。

我国钢模板质量得不到控制的原因较多，除了生产厂的生产设备落后、生产工艺和技术水平低、管理人员的质量意识差，采用的钢材材质混乱等原因外，更重要的原因是质量管理体制不健全，没有严格的质量监督措施和监控机构。因此，我们感到有必要向政府有关部门呼吁，采取有效的质量管理措施。

（1）对模板生产企业应实行产品质量认证制度

随着钢模板市场竞争激烈，不少厂家采用劣质钢板或改制钢板加工，严重影响了钢模板产品质量和使用寿命；不少厂家设备陈旧，模具磨损严重，又不愿投资进行技术改造，采用先进设备，产品质量越来越差。因此，我们建议有关主管部门，尽快建立模板产品质量认证和脚手架安全认可制度，授权协会负责模板、脚手架产品的监督和检查工作，对质量不合格的厂家应限期整顿，保证产品质量不断提高，以防大量低劣产品流入施工现场。

（2）对施工企业采用的模板和脚手架应实行施工监理制度

目前，由于项目承包制度不完善，造成项目负责人的短期行为，许多施工工程中采用木（竹）胶合板木板、扣件式钢管脚手架等产品，模板施工倒退到传统的施工工艺。另外，由于对生产企业缺乏产品质量监督和管理，对施工企业采用低劣产品缺乏监理控制，以致大量低劣模架流入施工现场。因此，建议施工企业对购进的模板、脚手架产品质量，不仅采购人员要把关，还必须由技术和质检部门验收把关。在施工设计时，对采用的模板应提出质量等级要求，监理部门有权对施工中使用的模板、脚手架进行质量监督，对质量不符合要求的，有权责成施工企业停止使用。

（3）对租赁企业的模板、脚手架应进行抽检和整顿

当前钢模板租赁市场十分混乱，各种类型的大小租赁站遍及全国各地，许多租赁站专门购置低价劣质产品，还有些租赁站专门收购废旧模架，因为出租后返回的也是低质或废旧钢模板和脚手架。这些低劣产品不仅严重影响施工混凝土的质量，而且对安全都存在严重隐患。另外，租赁站的旧模架比例正在逐年增加，有很大部分钢模板和脚手架已使用10年以上，损坏相当严重。钢模板和脚手架钢管虽然已制定了报废标准，但是由于没有报废机制，大量应报废的钢模板和脚手架钢管仍继续使用，严重影响施工工程质量。因此，迫切需要有关部门对租赁市场进行整顿，取缔一部分非法经营、规模过小，模架大部分为废旧品的租赁站。建议对规模较大的正规租赁站，应定期进行抽检，按评定标准进行等级评定，实行优质优价的办法，尽快实施模架报废制度，确保租赁器材的质量。

综上所述，组合钢模板与散装散拆的木（竹）胶合板模板相比，在施工技术上，由于有完善的模板体系，施工技术水平要高；在经济效益上，使用寿命长，周转次数多，施工摊销费用低；在装拆工效上，装拆灵活，使用方便，适宜人工操作，也可拼装成大模板吊装施工。组合钢模板仍然是适合我国国情的模板之一，造成目前钢模板使用量大幅下滑的局面，主要是钢模板生产厂和租赁站过多，为了抢占市场，相互恶性竞争，偷工减料，以次充好，产品质量下降，施工企业不愿使用，大批钢模板生产厂和租赁站倒闭，退出建筑市场都在情理之中。因此，如果钢模板厂能坚持设备改造，保证产品质量，提高技术水平，开发轻型钢模板；租赁站能坚持购置质量合格的产品，执行模架报废制度，提高维修模架的质量，则这些钢模板生产厂和租赁站不但能继续生存，并且还有较大的发展空间。

载于《建筑技术》2011年第8期

20 我国木胶合板模板的发展前景

近几年，在沿海许多城市的建筑施工工程中，大量采用木胶合板模板，其中大部分是素面木胶合板。由于我国木材资源十分贫乏，国家又下令保护生态资源，严禁乱砍滥伐森林，大力开展木材节约代用。因此，我国当前是否要推广应用木胶合板模板，存在着很大的意见分歧。笔者认为木胶合板模板具有较好的发展前景，采用木胶合板模板应该是发展方向。

一、木胶合板模板的发展概况

20 世纪 80 年代初，随着我国基本建设规模迅速扩大，各种新结构体系的不断出现，钢筋混凝土结构迅速增加，建筑模板的需要量也剧增。由于我国木材资源十分短缺，难以满足基本建设的需要，在"以钢代木"方针的推动下，我国研制成功了组合钢模板先进施工技术，改革了模板施工工艺，节省了大量木材，取得了重大经济效益。至 2000 年，全国已形成钢模板年生产能力达 3250 多万 m^2，钢模板拥有量达 6000 多万 m^2，年节约代用木材 600 多万 m^3。

与此同时，20 世纪 80 年代初，我国也开始从国外引进木胶合板模板，在上海宝钢建设工程及深圳、广州、北京等一些建筑工程中应用，取得了较好的效果。1987 年，青岛华林胶合板有限公司引进芬兰劳特公司的生产设备和技术，生产了覆膜木胶合板模板，青岛瑞达模板公司利用这种胶合板为面板，开发了钢框胶合板模板。这种新型模板在国内许多建设工程中得到应用，也受到有关领导部门的重视，当时曾大力宣传这种第三代模板，认为不久将全面替代组合钢模板。由于我国木材资源十分短缺，当时木胶合板模板的成本较高，施工企业还难以接受，结果没有得到推广应用。

20 世纪 90 年代以来，我国建筑结构体系又有了很大发展，高层建筑和超高层建筑大量兴建，大规模的基础设施建设工程以及城市交通、高速公路的飞速发展，这些现代化的大型建筑体系，对模板技术提出了新的要求。组合钢模板由于面积小、拼缝多，已不能满足清水混凝土施工的要求。为此，我国不断引进国外先进模板体系，同时，也研制开发了各种面板材料的新型模板。

20 世纪 90 年代初、在充分利用我国丰富竹材资源的条件下，自行研制成功了竹胶合板模板，经过许多单位的共同努力，不断改进，使竹胶合板的结构更合理，胶合性能更好，表面覆膜处理后平整光滑，价格也不断下降，使竹胶合板模板的推广应用发展很快。但是，竹胶合板模板还存在着厚薄不均、表面平整度差等较难解决的问题。

随着国内建设市场的不断扩大，人造板企业也迅速发展，木胶合板的产量猛增。在这种情况下，一些人造板厂开发了素面木胶合板模板。由于这种模板价格较低，甚至已低于竹胶合板模板，使用也较方便，施工企业容易接受，很快在沿海一些城市的建筑工程中大量应用。近几年，有一些规模较大的胶合板厂利用国内生产条件，开发出覆膜木胶合板模板，这种模板不仅在表面平整度、厚薄均匀度和使用寿命等方面均优于竹胶合板模板，而且价格与覆膜竹胶合板模板相当，很快在许多重点工程中大量应用。

二、木胶合板模板的发展前景

1. 早在20世纪30年代，欧美等国家已开始开发和应用木胶合板模板。多年来，世界各国都很重视发展建筑用木结构材和木模板等，其理由是认为木材不仅在资源上是一种可再生的物质，而且在能源上是一种节能型材料。随着对木胶合板模板的胶合性能和表面覆膜处理等技术的不断进步，这种模板已成为国外许多国家应用最广泛、使用量最多的模板型式。

这种模板具有表面平整光滑，容易脱模；耐磨性强，防水性好；模板强度和刚度较好，使用寿命较长；材质轻，适宜加工大面模板等特点，能满足清水混凝土施工的要求。由于厚薄均匀度较好，适于加工钢框胶合板模板体系，使模板的使用寿命和施工技术得到更大的提高。

2. 我国是森林资源贫乏、木材供应十分短缺的国家之一，全国森林面积为1.589亿hm²，世界排位第120位，人均森林面积为0.132hm²，相当于世界平均水平的1/4，森林覆盖率为16.55%。比世界平均水平低10.45个百分点。

但是，我国经过多年的植树造林，人工林面积已达到5300万hm²，居世界首位。目前，我国林业正处在由木材生产为主向以生态建设为主的历史性阶段，逐步由以采伐天然林为主向以采伐人工林为主转变。我国速生林杨树的人工种植面积达667万hm²，分布也很广，可年产杨树木材1亿m³，已成为我国胶合板生产用材的主要资源。

3. 20世纪90年代初，随着我国经济建设的迅猛发展，胶合板的需求量也猛增，1993年国内胶合板生产厂家仅400多家，木胶合板年产量仅212.45万m³。因此，从国外大量进口胶合板，1993年进口量达到最高峰为222.9万m³，进口木胶合板的数量超过国内的木胶合板年产总量，出口木胶合板的数量很少。

随着我国胶合板工业的迅速发展，国内木胶合板生产厂家大批建立，1997年木胶合板的年产量增加到758.45万m³，进口木胶合板的数量减至148.9万m³，国内产量已大大超过进口数量，并且出口木胶合板的数量也增加到43.8万m³。近几年，随着木胶合板模板在建筑工程中的大量推广应用，木胶合板的产量又达到新高峰，至2005年，国内木胶合板年产量约达1848万m³，居世界第一，胶合板生产厂家达到7000多家，木胶合板进口量降到58.4万m³，而木胶合板的出口量猛增到554.3万m³，出口量已远远大于进口量。

我国木胶合板模板的产量约占25%左右，即可达到470多万m³，其中出口胶合板模板220多万m³，国内使用约250万m³。如此庞大数量的木胶合板模板不可能不用，只有正确引导企业合理利用，并开拓国内外市场，才能使这个新产品得到健康发展。

4. 国外胶合板企业一直很关注中国庞大的建筑市场，如芬兰肖曼木业有限公司早在1995年已在上海设立办事处，该公司的维萨模板在中国已有较大的知名度，产品在我国二滩、小浪底、三峡等水电站工程；秦山、岭澳核电站工程；上海浦东、恒隆等大厦；北京国家大剧院、联想研发基地，以及黄河滨州大桥、镇江润扬大桥等工程中都已大量应用。

随着中国加入世贸组织，一些外商十分重视中国市场，相继派代表团来华进行市场调查，如美国辛普森公司、奥地利飞凡模板公司、加拿大胶合板协会等，都来华与协会进行过交流。另外，面对中国庞大的胶合板模板市场，芬兰太尔集团、芬兰劳特公司和芬兰斯道拉恩索公司等外国企业，先后在中国建立生产厂和代表处，为中国胶合板企业提供先进的贴面纸、粘结胶和人造板设备等，对提高我国胶合板模板产品质量起了较大的作用。

三、木胶合板模板生产中存在的主要问题

1998 年以来，木胶合板模板在国内一些建筑工程中开始大量推广应用，短短几年时间，其生产和推广应用量已与竹胶合板模板相当，发展速度十分迅速，但是也存在一些问题，必须引起足够的重视。

1. 产品质量和档次较低，木材资源浪费严重

当前国内木胶合板生产厂家很多，但是能生产合格的木胶合板模板的厂家并不多，特别是生产覆膜木胶合板模板的厂家更少。如山东临沂地区，据调查有胶合板生产企业 3000 多家，其中能生产覆膜木胶合板模板的企业只有 10 多家，大部分厂家生产素面脲醛胶的胶合板模板，质量差，档次低，价格便宜，使用次数少，一般只能用 3 ~ 5 次。

与国外木胶合板模板相比差距很大，如芬兰肖曼公司生产的维萨模板，一般可周转使用 30 ~ 50 次，如果采用 400g/m² 覆膜纸，则可使用 100 次以上，美国辛普森公司的胶合板模板，规定单面高密度覆面板模板可使用 25 ~ 50 次，系统成型作业可使用上百次；双面高密度覆面模板可使用 30 ~ 50 次，系统成型作业可使用两百次。我国木材资源极为贫乏，但木材利用率仅是国外的 1/10，木材资源浪费太严重了。

近年来，随着木胶合板模板的市场占有率越来越大，生产厂家越来越多，市场竞争也越来越激烈.。一些厂家为了抢占市场，忽视产品质量，低价进行竞争，有些厂家的生产设备和技术条件还没完备，就急于投产，造成产品质量下降。

2. 生产工艺和设备落后，技术与管理水平低

国外发达国家的胶合板生产厂，基本上都已采用机械化、自动化的先进生产流水线，生产技术和设备的技术含量高，能保证产品质量，并且十分注重科技和设备投入，不断研究和开发新产品，提高产品质量。如芬兰肖曼公司专门设立了一个欧洲最大的胶合板科技开发中心，为公司不断提供新产品和新技术。

我国大部分胶合板厂的生产设备简陋，机械化程度低，大部分是手工操作，产品质量较难控制；技术力量薄弱，也不注意吸引人才，正规木材加工专业毕业的人才很少，缺乏新技术开发的能力。管理人员的质量意识也较差，质量管理制度不健全，缺乏严格的质量监督措施，质量检测手段也较落后，产品质量很难提高。

3. 胶合板厂家过多，生产规模太小

国外发达国家的胶合板企业数量不多，但大部分已形成规模化生产。如芬兰只有 23 个胶合板厂，其中肖曼公司有 14 个胶合板厂，胶合板年产能力达 110 万 m³，其中胶合板模板年产量为 15 万 m³，平均年产量为 6.92 万 m³。加拿大只有 12 个胶合板厂，胶合板年总产量达 200 多万 m³，其中胶合板模板年产量为 20 万 m³，平均每个企业的年产量为 16.67 万 m³。印度尼西亚有 113 个胶合板厂，平均年产量为 6 万 m³。

我国木胶合板生产厂家多达 7000 余家，但是年产能力达 1 万 m³ 的企业只有 200 多家，年产能力 10 万 m³ 以上的企业只有 10 多家，平均每个企业的年产量仅 0.70 万 m³。其中如有 10% 的厂家能生产木胶合板模板，则也有 700 多家，生产厂家过多，生产能力过剩，市场竞争激烈，不利于企业改进生产工艺，提高产品质量。生产厂规模小，生产工艺和设备落后，制约了技术进步。经济实力和技术力量薄弱，形不成规模生产，不利于参与市场竞争，更无力走向国际市场。因此、必须走规模化生产、集团化经营的发展道路。

四、几点建议

1. 加强对企业的管理和培育，加速人工林基地的建设

我国木胶合板企业布局不合理，在一些地区特别集中，这是盲目建厂和重复建厂所致。企业发展总量很多，但具有一定规模和竞争力的企业不多。因此，应加强对木胶合板企业的管理，凡是生产设备和技术条件不具备，不能生产高质量木胶合板模板的厂家，不能发放生产许可证，并限制施工企业使用。地区领导部门应重点抓好当地的龙头企业，扩大生产规模，抓大放小，逐步实现专业化生产。

另外，木材资源是胶合板企业生存和发展的基础。随着我国天然林保护工程的实施，木材供应量有很大限制。发展人工速生林是解决自然资源短缺的途径之一，当地领导部门和企业应积极做好人工速生林基地的建设工作，以保证企业的原料供应和企业的发展。

2. 积极开发和生产覆膜胶合板模板

美国和芬兰在森林资源利用方面都居世界先进水平，从1970年起，其森林净生长量已经超过了森林采伐量，木材生产已经进入良性循环。但是，他们仍然十分重视节约木材。如在胶合板生产方面，以生产覆膜胶合板为主，提升产品价值，增加技术含量，提高木材利用率。

我国森林资源十分缺乏，但是木材资源浪费严重，胶合板厂家大部分生产素面胶合板，使用次数少，木材利用率低。建议提高企业工业化程度，开发和生产高质量的覆膜板，则使用次数可达到30~50次，大大提高了木材利用率。因而，在推广应用胶合板模板的同时，应十分重视促进技术进步，提高木材综合利用率，节约木材资源，走工业化合理利用的道路。

3. 大力研制和推广应用新型模板体系

目前，国外先进的模板体系主要是两大类，一类是无框木梁木模板体系，另一类是带框胶合板模板体系。这种模板体系能达到装拆方便，使用灵活，施工速度快，施工用工省，周转使用次数多，可达100多次，从而可以大大节约木材，提高木材利用率。

我国胶合板模板的施工仍停留在散装散拆的落后施工工艺上，不仅施工速度慢、用工多，而且胶合板模板使用次数少、损耗量大、木材利用率低。因此，建议模板公司大力研制无框木梁木模板体系和钢框胶合板模板体系，施工企业也应积极推广应用新型模板体系，促进施工技术进步，达到节约施工成本和提高木材利用率的目的。

载于《人造板通讯》2004年第2期

21 我国木胶合板模板的发展及存在问题

多年来，世界各国都很重视发展建筑用木结构材和木模板等，其理由是认为木材不仅在资源上是一种可再生的物质，而且在能源上是一种节能型材料。随着对木胶合板模板的胶合性能和表面覆膜处理等技术的不断进步，这种模板已成为国外许多国家应用最广泛、使用量最多的模板型式。

近年来，我国许多城市的建筑施工中，也已大量采用木胶合板模板，发展速度十分惊人，在建筑施工中的应用量已超过组合钢模板和竹胶合板模板。由于我国木材资源十分贫乏，木材节约代用是必须坚持的国策，木胶合板模板的大量应用也造成木材资源浪费严重。因此，我国对推广应用还是限制使用木胶合板模板，存在着很大的意见分歧。本人讲几点不成熟的意见，供参考。

一、多种模板并存是模板施工的发展方向

随着建筑工业化的发展和模板工程技术水平的不断提高，模板规格正向系列化和体系化发展，模板材料向多样化和轻型化发展，模板使用向多功能和大面积发展。今后在模板工程中，多种模板同时并存，应该是模板施工的发展方向，这一点应是模板行业内基本一致的共识。当前，我国以组合钢模板为主的格局已经打破，木胶合板模板和竹胶合板模板的发展速度很快，与钢模板已成三足鼎立之势。全钢大模板、钢框胶合板模板、铝合金模板、桥梁模板、隧道模板、塑料模板、木塑复合模板等多种模板也应是发展方向。有专家认为"采用木胶合板模板不应是发展方向，而应走多种模板体系共存的发展之路"。既然木胶合板模板是多种模板体系中的一种，并且是应用量最多的一种，为什么采用木胶合板模板不应是发展方向呢？

二、木胶合板模板为何能高速发展

随着我国天然林面积日益减少，20多年前，曾有专家预测木胶合板生产将是无米之炊，在制定"十五"和"十一五"规划时，木胶合板曾被列为限制发展的产品。也有专家预测"长期大规模使用木胶合板模板必将产生严重后果，这样下去必然会出现毁灭性的砍伐，造成毁林现象，破坏生态平衡，后患无穷"。然而实际情况是我国木胶合板产量持续高速增长，如1997年木胶合板的年产量为758.45万 m^3，到了2007年发展到3561.56万 m^3，10年内增长了4.7倍。而木胶合板模板的年产量，10年内增长了13倍。我国木胶合板和木胶合板模板的产量均已居世界第一位，我国森林资源并没有遭到毁灭性的破坏，相反从1998年第五次全国森林资源清查，至2003年第六次清查，全国森林面积从1.589亿 hm^2 增长到1.75亿 hm^2，森林覆盖率从16.55%增加到18.21%。其原因是：

（1）我国经过多年的植树造林，人工林面积从4140万 hm^2 增加到5326万 hm^2，居世界首位。目前，我国林业已处在由木材生产为主向以生态建设为主的历史性阶段，逐步由以采伐天然林为主向以采伐人工林为主转变。近年来，我国森林面积每年以200万 hm^2 的速度增

加，人工林木生长量大于消耗量。

（2）2002 年我国启动速生丰产林工程，杨树人工林的发展带动了民营胶合板企业的发展。杨树产业的发展、旋切技术的进步和市场的驱动，把我国从木胶合板原料面临衰竭的困境，发展成为杨木资源富裕的胶合板制造大国。目前，我国速生林杨树的人工种植面积达 667 万 hm^2，分布也很广，可年产杨树木材近 1 亿 m^3。我国木胶合板原料用量中杨木占 70%，已成为我国胶合板生产用材的主要资源，见表1。

表1　我国木胶合板原料结构比例

树种	杨木	桉木	松木	进口杂木	其他
比例（%）	70	8	7	10	5

（3）随着木材资源的变化，我国木胶合板产地分布也发生了根本变化，昔日木胶合板主产区东北，如今产量不足全国的 5%，整个西北、西南地区木胶合板产量不到全国的 4%，而 75% 的木胶合板产量集中在长江和黄河下游地区。我国现在实施重点地区速生丰产林基地建设工程，到 2015 年，将建成 1333 万 hm^2 的速生丰产林基地，每年可提供木材 2 亿 m^3。

（4）欧洲、美国和日本等国政府均鼓励多用木材，木材需求的扩大，可以激发人们植树造林的积极性，刺激森林资源增长。一些林业发达国家通过大面积种植人工林，保证了木材的供应，有效地保护了天然林。据报道，世界 35% 的原木产量来自人工林。如美国人工林木材产量占全国木材用量的 55%，新西兰人工林的用量占 95%。我国山东、河北、江苏等省都是天然林缺乏的省份，由于建筑市场的需求，他们积极发展木材工业，激发了人工造林、护林、用林的积极性。如江苏省 20 世纪 80 年代的森林覆盖率为 2%，现在已上升到 10% 以上。这几个省已成为我国木胶合板和木胶合板模板的主要生产基地，产品还出口到欧美、日本、韩国、非洲等国家和地区。

三、应重视存在的主要问题

1998 年以来，木胶合板模板在国内一些建筑工程中开始大量推广应用，短短几年时间，发展速度十分迅速，极大地推动了胶合板企业的发展和胶合板产量的增长。同时，出现的问题也越来越多，以致有的专家提出“严禁使用木胶合板模板”，对待木胶合板模板的对策“不是发展，而是治理；不是鼓励，而是限制”。为什么会提出这样的意见呢？是木胶合板模板的性能差，使用不方便，影响工程质量？不是，这种模板具有表面平整光滑，容易脱模；耐磨性强，防水性好；模板强度和刚度较好，使用寿命较长；材质轻，适宜加工大面模板等特点，能满足清水混凝土施工的要求，是理想的模板材料。是模板的价格高，施工企业难以接受？不是，这种模板是各种模板中价格最低的，也是施工企业应用最多的模板。因此，并不是木模板本身的问题，那么主要问题是什么呢？

1. 产品质量和档次较低，木材资源浪费严重

当前国内木胶合板生产厂家很多，但是能生产合格的木胶合板的厂家并不多，能生产覆膜木胶合板模板的厂家更少。据 2004 年有关检验部门检测结果，有 40% 的木胶合板不合格，不合格木胶合板模板的产品更多。如山东临沂地区，据调查现有胶合板生产企业 2000 多家，其中能生产覆膜木胶合板模板的企业只有 50~60 家，大部分厂家生产素面脲醛胶的胶合板模板，质量差，档次低，价格便宜，使用次数少，一般只能用 3~5 次。

与国外木胶合板模板相比差距很大，如芬兰肖曼公司生产的维萨模板，一般可周转使用

30~50 次，如果采用 400g/m² 覆膜纸，则可使用 100 次以上。美国辛普森公司的胶合板模板，规定单面高密度覆面板模板可使用 25~50 次，系统成型作业可使用上百次；双面高密度覆面模板可使用 30~50 次，系统成型作业可使用两百次。我国木材资源极为贫乏，但木材利用率仅是国外的 1/10，木材资源浪费太严重了。

近年来，随着木胶合板模板的市场占有率越来越大，生产厂家越来越多，市场竞争也越来越激烈，一些厂家为了抢占市场，忽视产品质量，低价进行竞争，有些厂家的生产设备和技术条件还不完备，就急于投产，造成产品质量下降。

2. 生产工艺和设备落后，技术与管理水平低

国外发达国家的胶合板生产厂，基本上都已采用机械化、自动化的先进生产流水线，生产技术和设备的技术含量高，能保证产品质量，并且十分注重科技和设备投入，不断研究和开发新产品，提高产品质量。如芬兰肖曼公司专门设立一个欧洲最大的胶合板科技开发中心，为公司不断提供新产品和新技术。

我国大部分胶合板厂的生产设备简陋，机械化程度低，基本是手工操作，产品质量较难控制；技术力量薄弱，也不注意吸引人才，正规木材加工专业毕业的人才很少，缺乏新技术开发的能力。管理人员的质量意识也较差，质量管理制度不健全，缺乏严格的质量监督措施，质量检测手段也较落后，产品质量很难提高。

3. 胶合板厂家过多，生产规模太小

国外发达国家的胶合板企业数量不多，但大部分已形成规模化生产。如芬兰只有 23 个胶合板厂，其中肖曼公司有 14 个胶合板厂，胶合板年产能力达 110 万 m³，其中胶合板模板年产量为 15 万 m³，平均每个企业年产量为 6.92 万 m³。加拿大只有 12 个胶合板厂，胶合板年总产量达 200 多万 m³，其中胶合板模板年产量为 20 万 m³，平均每个企业的年产量为 16.67 万 m³。印度尼西亚有 113 个胶合板厂，平均每个企业年产量为 6 万 m³。

我国木胶合板生产厂家曾多达 7000 余家，近两年，由于受国际金融危机的影响，木胶合板生产企业发生大面积关、停、并、转，一批企业素质差、产品质量不达标、管理水平低，抵御不了市场风险的企业，被市场淘汰。2009 年仍然是胶合板市场和生产企业的整合年，还将有一批生产企业关停。目前，胶合板生产企业还有 4500 余家，厂家仍然过多，主要胶合板生产基地企业数量见表 2。

表 2　主要胶合板生产基地企业数量

地区	邢台	左各庄	临沂	嘉善	邳州	漳州	菏泽	南宁
企业数	250	1300	2200	150	250	300	100	100

但是绝大部分企业规模小，设备简陋，管理粗放，技术水平低，胶合板年产能力达 1 万 m³ 的企业只有 200 多家，年产能力 10 万 m³ 以上的企业只有 10 多家，企业平均规模仅为世界平均水平的 33%。其中能生产木胶合板模板的厂家还有 600 多家。生产厂家过多，生产能力过剩，市场竞争激烈，不利于企业改进生产工艺，提高产品质量。生产厂规模小，生产工艺和设备落后，制约了技术进步。经济实力和技术力量薄弱，形不成规模生产，不利于参与市场竞争，更无力走向国际市场。因此、必须走规模化生产、集团化经营的发展道路。

四、积极引导胶合板模板健康发展

我国目前已经成为世界第一大胶合板生产国和消费国，第二大木材消耗国，其发展势头已经牵动和影响了整个国际木材市场行情。我国又是木材资源贫乏的国家，森林覆盖率仅为世界平均水平的 61.52%，居世界第 130 位。人均森林面积 0.132hm^2，不到世界平均水平的 1/4，居世界第 134 位。人均森林蓄积量 9.421m^3，不到世界平均水平的 1/6，居世界第 122 位。因此，要解决胶合板木材资源不足的问题，必须走开源节流的道路。

1. 保护天然林，发展人工林基地

木材资源是胶合板企业生存和发展的基础。随着我国天然林保护工程的实施，木材供应量遇到很大限制。发展人工速生林是解决自然资源短缺的途径之一，当地领导部门和企业应积极做好人工速生林基地的建设工作，保证企业的原料供应和企业发展。

2. 制定有效措施，开展节木代用

国家发改委等部门曾出台了《关于加快推进木材节约和代用工作的意见》等一系列文件，提倡、鼓励生产木材代用材料及其制品，在建筑模板施工中，研究开发和推广使用钢模板、竹胶合板模板、塑料模板、木塑复合模板及其他新型非木质模板。由木材节约发展中心制定的《中国木材节约和代用技术政策大纲》中提出，"建立和实施木材采伐资源补偿制度和木材节约和代用产品认证制度及奖励制"，"研究制定促进木材节约和代用的税收政策，实行全国木材节约和代用示范项目减免企业所得税"。"各地区、各有关部门要对木材节约和代用新技术、新材料、新工艺、新产品的研究开发和推广应用提供支持，加快科技成果转化"等措施。

3. 加强科技创新，提高木材利用率

林产工业发达国家木材综合利用率一般达到 80% 以上，而我国仅为 60%。木材综合利用率较低，主要产品停留在初级加工水平上，造成了森林资源的巨大浪费。

我国许多胶合板企业在组坯胶合板生产过程中，将大量破碎的单板都铺装到胶合板内，企业的板材利用率是提高了，成本是降低了，但是，产品的质量也差了，使用寿命也短了。高质量的木胶合板模板可以使用 20~30 次，这种用破碎单板铺装的木胶合板模板，在建筑施工中只能使用 1~3 次，实际上木材利用率是大大降低了。目前，木胶合板模板的年产量约达 1000 万 m^3，如果提高产品质量，使用次数提高到 10 次以上，则木材利用率可以大大提高，每年可节省木材 500~600 万 m^3。

4. 规范建筑市场，提高产品质量

当前，胶合板企业过多，一些产品质量低劣的企业，采取偷工减料、牺牲产品质量、给予回扣等手段参与市场竞争，造成木材资源大量消耗浪费，严重损害了木胶合板模板的声誉，成为木材资源浪费最严重的产品。因此，应加强对木胶合板企业的管理，加强对产品质量的监督和检查。对木模板生产和销售提出有效的制约措施，如凡是生产设备和技术条件不具备，不能生产合格质量木胶合板模板的厂家，不能发放生产许可证，并限制施工企业使用。规范建筑市场，以促进模板市场健康有序发展。

5. 推广新型模板体系，促进施工技术进步

我国胶合板模板的施工仍停留在散装、散拆的落后施工工艺上，不仅施工速度慢、用工多，而且胶合板模板使用次数少、损耗量大、木材利用率低。因此，建议模板公司大力研制无框木梁木模板体系和钢框胶合板模板体系，施工企业也应积极推广应用新型模板体系，促进施工技术进步，达到节约施工成本和提高木材利用率的目的。

载于《人造板通讯》2010 年第 5 期

22　我国塑料模板的发展与前景

近几年，塑料模板在国外工业发达国家发展很快，塑料模板的品种规格也越来越多，我国塑料模板也已经历了20多年的发展过程，目前在建筑工程和桥梁工程中也已得到大量应用，取得了很好的效果。塑料模板是一种节能型和绿色环保型的产品，推广应用塑料模板是"以塑代木"、节约资源的重要措施。塑料模板具有广阔的发展前景，采用塑料模板应该是发展方向。

一、塑料模板的发展概况

1. 玻璃纤维增强塑料模板

1982年宝钢工程指挥部和上海耀华玻璃厂联合研制成"定型组合式增强塑料模板"，于1983年通过鉴定。这种模板选用聚丙烯为基材，玻璃纤维增强的复合材料，采用注塑模压成型，模板结构和规格尺寸与组合钢模板基本相同，通过上海宝钢10多项建筑工程应用，取得较好效果，受到施工人员的好评（图1）。

图1　开玻璃纤维增强塑料模板

1984年常州市建筑科学研究所与东方红塑料厂联合研制成组合式塑料模板，于同年7月通过鉴定。1985年无锡市塑料五厂也研制了组合式塑料模板，于同年4月通过鉴定。这两家厂研制的塑料模板都是以聚丙烯为基材，玻璃纤维增强的复合材料，采用注塑模压成型工艺。

2. 砂塑和木塑板模板

1988年昆明工学院研制了以废砂、炉渣、矿渣、石英砂等为主要原材料，以废塑料为粘结剂的复合材料，主要用作地砖、装饰板、包装箱板和排水管等，昆明建筑安装公司曾用来试制钢框塑料板模板，在几个工程中得到应用。另外，湖南邵东县复合材料厂生产一种木塑板，以木屑、茶籽壳为主要原材料，废塑料为粘结剂，江西建筑机械厂曾用来试制钢框木塑板模板。

上述几种塑料模板由于模板的承载力和刚度较低，耐热性较差，板面易产生蠕变，不能满足施工的要求。另外，当时聚丙烯材料的价格也较高，因而没能得到大量推广应用。

3. 强塑PP模板

1995年唐山现代模板股份合作公司在清华大学、中科院化学所、河北理工大学、唐山塑料研究所等单位的技术支持下，研制成功了改性增强聚丙烯复合材料（简称强塑PP），是以聚丙烯树脂为基材，添加防老化、阻燃等助剂，采用SiO_2纳米材料改性、玻璃纤维增强的结构性板材，一般是两层玻璃纤维布复合聚丙烯，其中有机材料占60%，无机材料占40%。该公司参照国外先进技术，研制成功强塑PP造粒机、拉片机和3000t热塑层压机等专用设备。将十几种用于增强的化工原料经造粒机加工后，均匀分散在PP树脂中，再经拉片机加工成薄板，将板片和玻璃纤维布分层铺设后，放入层压机中，加温至200℃，热压成型。用层压法制作的板材密实度、平整度、刚度和强度都优于其他工法。

由于强塑 PP 板的物理力学性能已能达到混凝土模板的施工要求，用于做素板施工可以周转 50 次以上，用于钢框塑料板模板可以周转 150 次左右，模板价格也已接近胶合板模板，因而在许多建筑和桥梁工程中大量应用（图 2）。2005 年这种塑料模板生产技术转让给唐山瑞晨建筑材料有限公司，其产品也在许多施工工程中大量应用。

4. 竹材增强木塑模板

2004 年湖北石首鑫隆塑业有限公司研制成功了竹材增强木塑模板，这种模板是以聚丙烯树脂为基材，添加木屑和阻燃剂，以竹筋为增强的结构性板材，采用层压机热压成型。这种模板的特点是采用竹筋增强，材料的强度和刚度较好，能达到有关标准的要求；树脂内添加了木屑，减少了树脂的用量，减轻了产品的重量，降低了产品的成本。素板使用次数可达30 ~ 50 次，用于钢框塑料模板可以使用 100 次左右。这种模板在许多桥梁工程中得到大量应用，效果很好，（图 3）。

图 2　强塑 PP 模板

图 3　竹材增强木塑模板

5. 塑料模壳

20 世纪 80 年代初，在北京图书馆等一些密肋楼板建筑的模板工程中，吸取了国外的经验，采用塑料模壳进行密肋楼板的施工，取得较好效果。这种模壳以改性聚丙烯塑料为基材，采用模压注塑成型。其优点是生产效率高、重量轻、韧性较好。缺点是模具费用高，刚度、强度和耐冲击性能较差，损坏率高，周转使用次数少，因而没有大量推广应用，逐渐被玻璃钢模壳替代。

二、塑料模板的发展前景

塑料与钢材、木材、水泥统称为四大建筑材料，塑料制品是一种节能型材料。在我国建筑业中塑料制品已大量应用，如塑料门窗的年产量已达到 4500 万 m^2，占全国建筑门窗总量的 80% 以上；塑料管道的年产量达到 50 万 t 以上，占全国各类管道的 50% 以上。但是建筑塑料模板的产量很低，还没有得到普遍推广应用，各种塑料模板正处于不断开发和发展的阶段。

1. 塑料模板与其他材料模板相比，具有很多显著的优点

（1）板面平整光滑。可达到清水混凝土模板的要求，脱模快速容易；板面平整度误差可以控制到 0.3mm 以内，厚薄均匀度好，厚度公差可以控制在 ±0.3mm 之内。用作钢框组合的模板比竹胶合板模板更适合。

（2）耐水性好。在水中长期浸泡不分层，材料吸水膨胀率小于 0.06%，板材尺寸稳定。耐酸、耐碱、耐候性也好，温度在 −60℃ ~130℃ 都能正常使用，耐久性强，使用 6 年的衰老度仅为 15%，能正常使用 8 年以上。在沿海地区、地下工程、矿井、海堤坝等工程中应用比钢模板更适宜。

（3）可塑性强。允许设计者有较大的自由度，能根据设计要求，通过不同模具形式，生产出各种不同形状和不同规格的模板，模板表面可以形成装饰图案，使模板工程与装饰工程相结合，这是其他材料模板都不易做到的。

（4）加工制作简单。制作工序和生产设备都较单一，板材用热压机即可快速模压成型。施工应用简便，塑料板材可以钻、钉、锯、刨，具有与木模板一样的加工性能，现场拼接很方便。

（5）可以回收反复使用。塑料模板施工使用报废后，可以全部回收，经处理后可以再生塑料模板或其他产品。对生产厂可以降低生产成本，对施工企业无需支付处理报废竹（木）模板的费用，还可以得到塑料模板 10% 的残值。施工应用整个过程中无环境污染，是一种绿色施工的生态模板。

2. 随着我国塑料工业的发展和塑料复合材料的性能改进，各种新型塑料模板也正在不断开发和诞生

（1）木塑复合刨花板模板

这种模板是将木质材料与塑料混合、铺装，再热压复合成新型复合材料。其所用木质材料主要采用木材加工剩余物，枝桠材及人工林小径材。塑料原料为废弃的塑料膜、塑料袋等。塑料品种可以是聚乙烯、聚丙烯、聚氯乙烯、聚苯乙烯，也可以是不同塑料的混合物，这对充分利用废弃塑料具有十分重要的意义。目前，塑料废弃物形成的"白色污染"已成为困扰人类生存环境与人类自身发展的问题之一。在"白色污染"中，农用地膜、一次性废弃餐具及一次性塑料袋占有相当大的比例，据统计我国年农用膜生产量已超过 100 万 t。对于塑料膜、袋废弃物基本没有良好的回收利用途径。新型木塑复合刨花板模板的开发和应用将是解决废弃塑料膜、袋回收利用的新途径，并具有很好的社会效益。

木塑复合刨花板模板是采用木材加工剩余物、枝桠材和废塑料为原料，因而模板的生产成本很低。其物理力学性能也较好，据有关研究所的测试资料，静曲强度为 97.1MPa，静曲弹性模量为 9809MPa，胶合强度为 3.26MPa，都高于木胶合板模板和竹胶合板模板，完全达到有关标准的要求。另外，这种模板使用报废后，也可以全部回收利用，不但可以降低产品成本，也有利于环境保护。目前，这种模板还没有正式批量生产，但是具有很好的市场开发前景和社会环境效益。

（2）GMT 建筑模板

GMT 是玻璃纤维连续毡增强热塑性复合材料（Glass Fiber Mat Reinforced Thermoplastics）的英文缩写，它是用可塑性的聚丙烯及其合金为基材，中间加进玻璃纤维和云母组合增强而成的板型复合材料，它是目前国际上最先进的复合材料之一。它具有钢材、玻璃钢等材料的共同优点，如重量轻、强度高、耐疲劳、耐冲击、有韧性、防腐性好、耐磨性和耐水性好等。

GMT 在国际上是 20 世纪 80 年代才开发，20 世纪 90 年代广泛应用的"以塑代钢"新型复合材料，目前国际上年产量 15 万 t 左右，主要生产地在美国、德国、韩国和日本等国家，主要用于中高档汽车结构材料和零配件、建筑模板、包装箱和集装箱的底板与侧板、家用电器、化工装备、体育场馆的座椅和运动器材、军工产品等。韩国和日本的 GMT 建筑模板已大量用于建筑工程中。

我国在"九五"期间将"汽车用 GMT 复合材料的研究应用"列为国家"863"的重大科技攻关项目,现已通过验收。最近,江苏双良复合材料有限公司在复旦大学和华东理工大学的技术支持下,采用国家"863"计划 GMT 项目的科研成果,设计和开发生产了 GMT 建筑模板,通过试制和试验已获得成功。现已建成国内第一条连续化 GMT 片材生产线,一期生产能力达到 5000t∕年,2007 年 GMT 建筑模板将正式投产用于建筑工程中。

（3）工程塑料大模板

2002 年北京天冠伟业工程塑料模板公司经过几十次的工艺配方试验,模具加工,生产设备改造,模板试制和试验,大模板工程试用等一系列工作,克服了许多困难,经历了三年多时间的努力,研制成功了工程塑料大模板系列产品。这种模板是在 GFPP 塑料中,添加十几种辅助材料,经混合搅拌后,用专用造粒机制成混合料粒,再由挤出机加工成板材、异形材、管材等部件,在车间内加工组装焊接成工程塑料大模板。

工程塑料大模板的面板为 PP 增强塑料板,板厚为 10～12mm;模板边框为专用 PP 增强塑料异形材,截面为不等边角形状;模板竖肋、横肋为专用双腹工字形 PP 增强塑料异形材。模板支撑为专用 PP 增强塑料圆形管材。经组装焊接可以加工成各种规格、形状的模板系列。如组拼式墙体大模板（图 4）、顶板专用大模板（图 5）、门窗口模板（图 6）、柱模板（图 7）,以及阴角模、阳角模、梁模、楼梯模、阳台模等。

图 4　组拼式墙体大模板

图 5　顶板专用大模板

图 6　门窗口模板

图 7　柱模板

工程塑料大模板与全钢大模板相比具有很显著的优点。

①塑料大模板的自身重量轻,每平米约重 28.5kg,全钢大模板每平米约重 125kg,是塑料模板的 4.4 倍。因而塑料模板组拼灵活、轻便,不用起重设备就可以装拆施工。另外还可以节省大量模板运输费和装卸人工费、减轻工人劳动强度。大钢模必须用起重设备才能操作,劳动强度也大。

②塑料模板表面光滑,易于脱模,耐腐蚀性好,使用中不用刷脱模剂及进行防腐处理,混凝土浇筑后,超过规定拆模时间,仍能脱模自如。大钢模表面必须进行防腐处理,每使用一次都必须清理板面,刷脱模剂。

③塑料大模板单位面积的重量比全钢大模板轻4.4倍，单位面积的价格比全钢大模板低。另外塑料大模板的运输费、装卸人工费、起重设备占用费等都低于大钢模，因而塑料大模板具有很好的使用经济效果。

总之，塑料大模板在生产、工程应用、环保、回收利用等方面都有很多优势，开发和推广应用塑料大模板是模板行业的重大技术进步。目前，该公司由于缺乏资金投入的原因，这种模板还未能批量投入市场。

三、塑料模板生产和应用中存在主要问题及对策

目前，我国在建筑施工中大量应用的塑料模板，主要存在以下三个问题。

（1）模板的强度和刚度还较小

强塑PP模板和竹材增强木塑模板的静曲强度和静曲弹性模量与其他模板相比见表1。

表1　塑料模板与木（竹）胶合板模板性能比较表

名　称	密度（g/cm³）	静曲强度（MPa）	弹性模量（MPa）	备注
木胶合板模板		24.0（顺纹）	5000（顺纹）	国标
竹胶合板模板	0.85	80.0（顺纹）	6500（顺纹）	行标
强塑PP模板	1.25	49	2000	唐山瑞晨
木塑模板	1.20	35	4200	鑫隆塑业
GMT模板	1.27	220	9100	韩华

由表1可见，国内应用的塑料模板，在强度和刚度方面比竹（木）模板还低，比韩国的GMT模板低很多。目前塑料模板主要以平板型式用作顶板和楼板模板，承载量较低，只要适当控制次梁的间距就能满足施工要求。但是要用作墙柱模板，必须加工成钢框塑料模板。因此，还要调整塑料模板的配方，改进生产工艺，提高塑料模板的性能，同时也要开发GMT模板。

（2）热胀冷缩系数大

塑料板材的热胀冷缩系数比钢铁、木材大，因此，塑料模板受气温影响较大。如夏季高温期，昼夜温差达40℃，据资料介绍，在高温时3m长的板伸缩量可达3～4mm。如果在晚上施工铺板，到中午时模板中间部位将发生起拱；如果在中午施工铺板，到晚上模板收缩使相邻板之间产生3～4mm的缝隙。

要解决膨胀大的问题，可以通过调整材料配方，改进加工工艺来缩小膨胀系数。另外，在施工中可以选择一个平均温度的时间来铺板，或在板与板之间加封海绵条，可以做到消除模板缝隙，保证浇筑混凝土不漏浆，又可解决高温时起拱的问题。

（3）电焊渣易烫坏板面

目前，塑料模板主要用作楼板模板，在铺设钢筋时，由于钢筋连接时电焊的焊渣温度很高，落在塑料模板上易烫坏板面，影响成型混凝土的表面质量。因此，可以在聚丙烯中适当加阻燃剂，提高塑料模板的阻燃性。另外可以在电焊作业时采取防护措施，如给电焊工发一块石棉布，对平面模板可以平铺在焊点下，对竖立模板可以将一块小木板靠在焊点旁，就可以解决电焊烫坏塑料模板的问题。

载于《施工技术》2007年第11期

23 我国塑料模板的发展概况及存在主要问题

塑料与钢材、木材、水泥统称为四大建筑材料，全球每年建筑工业消耗的塑料大约在1000万吨以上，占全球塑料总产量的25%，在应用塑料中居首位。在我国建筑业中塑料制品已大量应用，如塑料门窗的年产量占全国建筑门窗总量的80%以上；塑料管道的年产量占全国各类管道的50%以上。但是建筑塑料模板的产量很低，还没有得到普遍推广应用，各种塑料模板正处于不断开发和发展的阶段。

建筑塑料制品的生产和应用能耗都远低于其他材料，如PVC的生产能耗仅为钢材的1/5，铝材的1/8；PVC管材用于给水比钢管节能62%～75%，用于排水比铸铁管节能55%～68%；塑料门窗可节约采暖和空调能耗30%～50%。塑料模板是一种节能型和绿色环保的产品，因此，推广应用塑料模板是节约资源、节约能耗、"以塑代木"、"以塑代钢"的重要措施。推广应用塑料模板具有广阔的发展前景，采用塑料模板应该是发展方向。

我国塑料模板也已经历了三十年的发展过程，塑料模板的品种规格也越来越多，目前在建筑工程和桥梁工程中也已得到大量应用，取得了很好的效果。但是建筑塑料模板的技术性能和产品质量还不完善，产量仍较低，还没有得到普遍推广应用，各种塑料模板正处于不断开发和发展的阶段。

一、我国塑料模板最早应用于 20 世纪 80 年代

我国最早的塑料模板是于1982年，由宝钢工程指挥部和上海跃华玻璃厂联合研制成的"定型组合式增强塑料模板"，并于1983年通过鉴定。这种模板选用聚丙烯为基材，玻璃纤维增强的复合材料，采用注塑模压成型，模板结构和规格尺寸与组合钢模板基本相同，在上海宝钢的民用建筑和围堤等10多项建筑工程中得到应用，取得较好效果，见图1。

图1 玻璃纤维增强塑料模板

1984年常州市建筑科学研究所与东方红塑料厂联合研制成组合式塑料模板，1985年无锡市塑料五厂也研制了组合式塑料模板。这两家厂研制的塑料模板都是以聚丙烯为基材，玻璃纤维增强的复合材料，采用注塑模压成型，模板结构和规格尺寸也与组合钢模板基本相同。

1988年昆明工学院研制了以废砂、炉渣、矿渣、石英砂等为主要原材料，以废塑料为粘结剂的复合材料，主要用作地砖、装饰板、包装箱板和排水管等，昆明建筑安装公司曾用

来试制钢框塑料板模板，曾在几个建筑工程中试点应用，使用效果不理想。另外，湖南邵东县复合材料厂生产一种木塑板，以木屑、茶籽壳为主要原材料，废塑料为粘结剂，江西建筑机械厂曾用来试制钢框木塑板模板，效果也不好。

上述几种塑料模板由于模板的承载力和刚度较低，耐热性较差，板面易产生蠕变，不能满足施工的要求。另外，当时聚丙烯材料的价格较高，因而没能得到大量推广应用。

二、20世纪90年代塑料模板进展不大

到了20世纪90年代，由于竹胶合板模板和木胶合板模板的大量推广应用，以及聚丙烯材料的价格还较高等原因，开发建筑塑料模板的单位较少，因而塑料模板发展的速度较慢。当时搞得规模较大、技术上有所创新、产品质量较好并在多个建筑工程得到大量应用的企业，首推唐山现代模板股份合作公司。1995年该公司在清华大学、中科院化学所、河北理工大学、唐山塑料研究所等单位的技术支持下，研制成功了采用改性增强聚丙烯复合材料制作的模板（简称强塑PP模板），这种模板是以聚丙烯树脂为基材，添加防老化、阻燃等助剂，采用SiO_2纳米材料改性，玻璃纤维增强的结构性板材。一般是两层玻璃纤维布复合聚丙烯薄板，其中有机材料占60%，无机材料占40%。将十几种用于增强的化工原料经造粒机加工后，均匀分散在PP树脂中，再经拉片机加工成薄板，将板片和玻璃纤维布分层铺设后，放入层压机中，加温至200℃，热压成型。用层压法制作的板材密实度、平整度、刚度和强度都优于其他工法。

由于强塑PP模板的物理力学性能已能达到混凝土模板的施工要求，用于素板模板施工可以周转50次以上，用于钢框塑料板模板可以周转150次左右，模板价格也已接近胶合板模板，这种模板是我国最早在建筑和桥梁工程中得到大量应用，应用效果也较好，见图2。不幸的是由于公司领导的决策失误，公司被迫倒闭。2005年这种塑料模板生产技术转给唐山瑞晨建筑材料有限公司，其产品也已在许多施工工程中大量应用。

图2　强塑PP模板

三、新世纪塑料模板的新发展

随着国家大力提倡开发节能、低消耗产品，以及我国塑料工业的发展和塑料复合材料的性能改进，各种新型塑料模板也正在不断开发和诞生。目前，各地陆续投入生产塑料模板的企业已有百家左右，开发的产品多种多样，如增强塑料模板、中间空心塑料模板、低发泡多层结构塑料模板、工程塑料大模板、GMT建筑模板、钢框塑料模板、木塑复合模板等。

1. 增强塑料模板

2004年湖北石首鑫隆塑业有限公司研制成功了竹材增强木塑模板，这种模板是以聚丙烯树脂为基材，添加木屑和阻燃剂，以竹筋为增强的结构性板材。2006年又研制成功了剑麻增强塑料模板，是以剑麻纤维为增强的结构性板材。这两种模板均采用层压机热压成型。

其特点是材料的强度和刚度较好，能达到有关标准的要求；树脂内添加了增强材料，减少了树脂的用量，减轻了产品的重量，降低了产品的成本。但是，这两种模板的重量较重，现场施工时不易钉钉子，板材厚度不易控制。

2009年又研制了混杂纤维增强再生塑料模板（FRTP塑料模板），见图3。这种模板结构为ABCBA型，中间层为支撑层C，两侧B为增强层，表层A为工作层。其中，工作层A的厚度为1.0~1.5mm，增强层B的厚度为2~5mm，支撑层C的厚度为9~15mm。支撑层C是采用剑麻纤维增强和废旧再生料制作的发泡结构，增强层B是采用剑麻纤维与玻璃纤维的混杂纤维增强，废旧再生料制作。工作层A采用新鲜树脂与各种助剂制作。采用挤压机挤出成型，其特点是重量轻，宜于施工；光滑平整，可钉可钻可锯；素板使用次数可达30~50次，用于钢框塑料模板可以使用100次左右，这种模板在民用建筑和桥梁工程中得到大量应用，效果很好。几年来，该公司不断进行技术创新，研究和开发新的塑料模板，公司规模也不断扩大，经济效益非常显著。

图3　FRTP塑料模板

2. 工程塑料大模板

2002年北京天冠伟业工程塑料模板公司经过几十次的工艺配方试验、模具加工、生产设备改造、模板试制和试验、大模板工程试用等一系列工作，克服了许多困难，经历了三年多时间的努力，研制成功了工程塑料大模板系列产品。这种模板是在GFPP塑料中，添加十几种辅助材料，经混合搅拌后，用专用造粒机制成混合料粒，再由挤出机加工成板材、异形材、管材等部件，在车间内加工、组装、焊接成工程塑料大模板。

工程塑料大模板的面板为PP增强塑料板，板厚为10~12mm；模板边框为专用PP增强塑料异形材，截面为不等边角形状；模板竖肋、横肋为专用双腹工字形PP增强塑料异形材。模板支撑为专用PP增强塑料圆形管材。经组装焊接可以加工成各种规格、形状的模板系列，如楼板专用大模板、组拼式墙体大模板、柱模板、门窗口模板、电梯井模板以及阴角模、阳角模、梁模、楼梯模、阳台模等，见图4。

图4　工程塑料大模板

3. 中间空心塑料模板

塑料模板普遍存在强度和刚度较小，<u>重量较重</u>，现场施工时不易钉钉子，板材厚度不易控制的问题。为了解决这个问题，除了在塑料原材料中添加各种辅加剂，以增强塑料模板或发泡减轻模板重量外，还可以在板材的结构上进行改进，研发中间空心的塑料模板，达到既可以减轻模板重量，又可以增强模板强度的目的。

2006 年日本 KANAFLEX 集团公司的有关技术人员，到中国模板协会交流了该公司研制开发的一种轻型塑料模板，这种模板采用正反面为平面，中间用竖肋和斜肋隔成许多空心的结构，因此模板重量很轻，每平米的重量仅为 6.9kg，比木胶合板模板还轻 20%。这种模板厚 12mm，可以与木胶合板模板通用，周转使用次数可达 20 次以上。

2007 年日本日兴企画有限公司在江苏盐城独资建立了盐城日兴企画塑业有限公司，开发了中间空心的塑料模板。这种模板正反面为平面，中间用竖肋隔成许多空心的结构，每平米的重量为 9.5kg，模板厚度为 15~18mm，周转使用次数预计可达 50 次左右，见图 5。

图 5　中空塑料模板

目前，生产正反面为平面的中间空心塑料模板企业，有北京亚特化工有限公司、江苏恒塑板材科技有限公司、宿迁市宏瑞复合板有限公司、宿迁市盛翔塑胶有限公司等数十家。中间空心的结构也不相同，有竖肋、斜肋和梅花形肋等多种形式，这种模板主要用于楼板模板施工。

为了增强模板的强度和刚度，不少企业陆续开发了各种有背肋的中空塑料模板。如南京奇畅建筑工程塑料模板有限公司开发了奇畅建筑工程塑料模板，这种模板采用连续挤压成型，模板正面为平面，背面有 4 道竖背肋，中间用竖肋隔成许多空心的结构，每平米的重量为 11.1kg，模板厚度为 40mm，周转使用次数预计可达 40 次左右。

又如无锡尚久模塑科技有限公司开发的背楞式塑料建筑模板，陕西富平秦岭有限公司开发的秦塑新型建筑模板，均为背面为带竖背肋的中空塑料模板，模板主体有平面模板、阳角模板和阴角模板，能适用于梁、板、墙和柱等结构部位。

4. GMT 建筑模板

GMT 是玻璃纤维连续毡增强热塑性复合材料（Glass Fiber Mat Reinforced Thermoplastics）的英文缩写，它是用可塑性的聚丙烯及合金为基材，中间加进玻璃纤维和云母组合增强而成的板型复合材料，它是目前国际上最先进的复合材料之一。它具有钢材、玻璃钢等材料的共同优点，如重量轻、强度高、耐疲劳、耐冲击、有韧性、防腐性好、耐磨性和耐水性好等。

GMT 在国际上是 20 世纪 80 年代才开发，20 世纪 90 年代广泛应用的"以塑代钢"新型复合材料，主要用于中高档汽车结构材料和零配件、建筑模板、包装箱和集装箱的底板与侧板、家用电器、化工装备、体育场馆的座椅和运动器材、军工产品等。主要生产地在美国、德国、韩国和日本等国家，韩国和日本的 GMT 建筑模板已大量用于建筑工程中。韩国在华创办的韩华综化塑料有限公司生产的 GMT 建筑模板，已在北京、上海等多个建筑工程中大量应用，取得了较好的效果。

2006 年江苏双良复合材料有限公司在复旦大学和华东理工大学的技术支持下，采用国家 863 计划 GMT 项目的科研成果，设计和开发生产了 GMT 建筑模板，通过试制和试验已获得成功，2007 年 GMT 建筑模板正式投产并在建筑工程中试用。由于该公司的管理层领导对 GMT 建筑模板的市场前景有不同看法，将该产品停产，改制其他产品。2009 年该公司将研制 GMT 建筑模板的多项技术专利和设备转让给上海铂磲耐材料科技有限公司，铂磲耐公司在技术改进和产品开发方面作了大量工作，该产品已在不少建筑工程中得到应用，见图 6。

图 6　GMT 建筑模板

四、塑料模板存在的主要问题。

1. 产品无行业标准，品种规格杂乱

（1）塑料模板虽然已有 30 年的历史，但至今在产品技术方面仍无行业标准，生产企业大部分没有企业标准。近几年，随着塑料模板在建筑施工中应用越来越多，市场前景越来越好，许多塑料生产企业进入到生产塑料模板的行列。合格的塑料模板产品必须有密度、吸收率、抗拉强度、静曲强度、弹性模量、冲击强度、表面耐磨、变形温度、收缩率、阻燃性和抗老化性等技术指标，并满足建筑模板的要求。但是大部分企业对建筑模板的技术性能要求不了解，提供的产品样本中没有产品技术指标和试验报告，或有指标项目，无具体指标数据，这样的产品用户能放心使用吗？

（2）建筑模板的规格尺寸要满足建筑施工和建筑模数的要求，目前各家塑料模板企业的规格尺寸都不相同，品种规格十分杂乱。许多企业提供的产品规格尺寸不符合建筑模板的要求，如有的企业提供的模板长度尺寸为"任意长"，厚度尺寸为"1~10cm"等。

因此，应尽早制订塑料模板的行业标准，提出模板的各项技术指标和规格尺寸的统一标准，才能促进塑料模板的健康发展。

2. 塑料模板的性能缺陷，需要进一步改进

塑料具有耐水、耐酸、耐碱性好，可塑性强等特点。同时，还存在强度和刚度较小、耐热性和抗老化性较差、热胀冷缩系数大等弱点。

（1）模板强度和刚度较小的问题

为了提高塑料模板的强度和刚度，许多企业采用添加玻璃纤维、竹筋、植物纤维和木质材料等辅助材料增强模板，但是其强度和刚度比竹（木）模板还低。目前塑料模板主要以平板型式用作顶板和楼板模板，承载量较低，只要适当控制次梁的间距就能满足施工要求。但是要用作墙柱模板，必须加工成钢框塑料模板或带背肋中空塑料模板。因此，还要调整塑料模板的配方，改进生产工艺，提高塑料模板的性能。

（2）热胀冷缩系数大的问题

塑料板材的热胀冷缩系数比钢铁、木材大，因此塑料模板受气温影响较大，如夏季高温期，昼夜温差达40℃，据资料介绍，在高温时，3m长的板伸缩量可达3~4mm。如果在晚上施工铺板，到中午时模板中间部位将发生起拱现象；如果在中午施工铺板，到晚上模板收缩使相邻板之间产生3~4mm的缝隙。

要解决膨胀大的问题，可以通过调整材料配方，改进加工工艺来缩小膨胀系数。据有的企业介绍已解决了塑料模板膨胀系数较大的问题。另外，在施工中可以选择一个平均温度的时间来铺板，或在板与板之间加封海绵条，可以做到消除模板缝隙，保证浇筑混凝土不漏浆，又可解决高温时起拱的问题。

（3）阻燃和耐高温的问题

目前，塑料模板主要用作楼板模板，由于铺设的钢筋连接时，电焊的焊渣温度很高，落在塑料模板上，易烫坏板面，影响成型混凝土的表面质量。据了解，前几年某建筑工地曾发生过塑料模板燃烧的事故。因此，在聚丙烯中必须加入适量的阻燃剂，提高塑料模板的阻燃性，防止塑料模板燃烧。另外可以在电焊作业时采取防护措施，如给电焊工发一块石棉布，对平面模板可以平铺在焊点下，对竖立模板可以将一块小木板靠在焊点旁，就可以解决电焊烫坏塑料模板的问题。

（4）耐老化的问题

塑料在阳光下，受到紫外线的作用，很容易老化，在低温下会发脆。因此，在原材料中必须加入适量的抗老化剂，提高塑料模板的耐老化性能。据资料介绍，这种塑料模板使用6年的衰老度仅为15%，能正常使用8年以上。

3. 未形成塑料模板体系，需要进一步完善

国外塑料模板已形成多种模板体系，如斯洛文尼亚EPIC集团公司研制开发了EPIC塑料模板体系，越南FUVI塑料模板公司开发了全塑料模板体系，意大利GEOTUB塑料模板公司开发了塑料平面模板和圆弧形模板，可以用于墙、板、梁和柱等多种混凝土结构。我国塑料模板企业大部分只生产塑料平板，主要用于建筑和桥梁工程的水平模板，没有形成塑料模板体系。

北京天冠伟业工程塑料模板公司研制成功了工程塑料大模板系列产品，利用板材、异形材、管材等部件，加工组装焊接成工程塑料墙体大模板、楼板专用大模板、柱模板、窗口模板、电梯井模板等。南京奇畅建筑工程塑料模板有限公司、陕西富平秦岭有限公司和无锡尚久模塑科技有限公司开发的带背肋中空塑料模板，能适用于梁、板、墙和柱等结构部位的施工。但是，这些产品还未形成批量生产，还有待通过大量工程实践应用。

载于《建筑技术》2012年第8期

24 对建筑脚手架安全问题的几点建议

近年来，由于建筑和租赁市场混乱，生产和销售劣质钢管、扣件的违法行为突出，大量不合格的钢管、扣件流入施工现场，加上施工单位不规范使用，严重危及建筑施工安全。最近，建设部、国家质检总局、国家工商总局联合发布了"关于开展建筑施工用钢管、扣件专项整治的通知"，要求通过此次专项整治，使生产、销售、租赁和使用的劣质建筑施工用钢管、扣件的状况得到明显扭转。目前全国脚手架钢管约有 1000 万吨以上，其中劣质的、超期使用的和不合格的钢管占 80% 以上，扣件总量约有 10~12 亿个，其中 90% 以上为不合格品。如此量大面广的不合格钢管和扣件，已成为建筑施工安全的隐患，要在短期内完成整治工作是不可能的。

建筑脚手架的安全问题一直是建筑施工中的难题，每年都会发生几起脚手架倒塌安全事故。如何提高脚手架的安全度，确保脚手架的施工安全，下面借鉴日本脚手架的管理经验谈几点看法：

一、大力开发新型脚手架是解决施工安全的重要保证

日本在 20 世纪 50 年代已开始大量应用扣件式钢管脚手架，到 20 世纪 50 年代中期，扣件式钢管脚手架的应用量已占主导地位，由于不断发生伤亡事故，据介绍曾在一年内伤亡人数达到 2856 人，因此，脚手架的安全问题引起了政府有关部门的高度重视。

20 世纪 60 年代初，由于门式脚手架装拆方便、承载性能好、安全可靠，尤其是劳动省对脚手架的安全使用作出了规定，门式脚手架在工程中开始大量应用。20 世纪 70 年代初，随着日本超高层建筑日益增多，脚手架租赁业务的广泛开展，门式脚手架的应用量迅速增长，并已成为主导脚手架。

目前，日本还开发和研究了 H 形、折叠式、碗扣式、圆盘式、插孔式、插槽式等多种类型脚手架。由于扣件式钢管脚手架的安全性较差，在施工工程中已很少使用了。

我国在 20 世纪 60 年代初开始应用扣件式钢管脚手架，由于这种脚手架具有装拆灵活、搬运方便、通用性强、价格便宜等特点，所以在我国应用十分广泛，其使用量占 60% 以上，是当前使用量最多的一种脚手架。但是，这种脚手架的最大弱点是安全性较差，施工工效低。随着我国大量现代化大型建筑体系的出现，这种脚手架已不能适应建筑施工发展的需要，因此，大力开发和推广应用新型脚手架是当务之急。实践证明，采用新型脚手架不仅施工安全可靠、装拆速度快，而且脚手架用钢量可减少 33% 左右，装拆工效提高 2 倍以上，施工成本可明显下降，施工现场文明、整洁。20 世纪 80 年代初，我国先后从国外引进门式脚手架，碗扣式脚手架等多种型式脚手架．门式脚手架在国内许多工程中也曾大量应用过，取得了较好的效果，但是，门式脚手架没有得到大量推广应用，不少门式脚手架生产厂纷纷关闭或转产。现在国内还有少量门式脚手架生产厂，其产品大部分都是按外商来图加工，出口国外。碗扣式钢管脚手架是新型脚手架中，推广应用最多的一种脚手架，但是使用面还不广，只有国内部分地区和部分工程中大量应用。因此，大力开发和推广应用新型脚手架，逐

步替代安全度较差的扣件式钢管脚手架，是解决脚手架施工安全的重要保证。

二、加强脚手架质量监控是解决施工安全的关键措施

日本 20 世纪 50 年代以扣件式钢管脚手架为主导脚手架，到 20 世纪 70 年代转为门式钢管脚手架为主导脚手架，经历了二十多年的发展过程。我国从 20 世纪 60 年代开始应用扣件式钢管脚手架，到 80 年代这种脚手架成为主导脚手架经历了二十多年，从 20 世纪 80 年代到现在又经历了二十多年，这种脚手架仍是主导脚手架，安全事故也是不断发生，其存在主要问题是：

1. 产品质量问题

我国专业脚手架厂很少，许多钢管、扣件生产厂的设备简陋，生产工艺落后，技术水平低，产品质量很难保证。随着扣件式钢管脚手架应用量越来越大，生产厂也越来越多，产品质量也越来越差。许多厂家为了抢占市场，低价竞争，将标准规定钢管壁厚为 3.5mm，减薄至 3.0～2.75mm，扣件的重量也越做越小。目前钢管生产厂基本上都生产壁厚为 3.2mm 以下的钢管，如果再经多年施工应用，钢管锈蚀使壁厚减薄，这些钢管都将是脚手架安全的隐患。

2. 施工应用问题

脚手架和模架倒塌的主要原因是支撑失稳，许多施工企业在模板工程施工前，没有进行模架设计和刚度验算，只靠经验来进行支撑系统布置，使支撑系统的刚度和稳定性考虑不足。有的钢管材料锈蚀或磨损严重，还有的局部弯曲或开焊等，使钢管承载能力下降，也极易发生支撑失稳现象。另外，不少施工工地的技术负责人没有对操作工人进行详细的安全技术交底，加上有些工人素质较差，施工现场管理混乱，操作人员没有严格按设计要求安装和拆除支撑，也是造成安全事故的重要原因。

3. 市场管理问题

由于建筑和租赁市场混乱，缺乏公开、公正、公平的交易环境和严格的质量监督措施，许多施工和租赁企业只图价格便宜，忽视产品质量，使一些设备好、技术强、质量高的厂家利益得不到保护，造成企业停产或转产，而许多设备简陋、技术落后厂家的劣质低价产品大量流入施工现场，给建筑施工带来很严重的安全隐患。要解决以上问题，最关键是要有严格的质量管理体制和有权威的质量监控机构。如日本劳动省授权假设工业会三项职能：

（1）产品质量认证。由该会负责对模板、脚手架进行产品质量检查，产品合格者发质量认证书，产品上可打印工业会的产品认证标记，要求施工企业购买有质量认证标记的产品。使生产厂家自觉地提高产品质量。

（2）产品安全认可。对脚手架、钢支柱、脚手板等产品，除质量认证外，还必须通过安全认可，由工业会发给安全认可证书的产品才能在施工中使用。

（3）产品标准制定和实施。由工业会负责对模板、脚手架产品制订标准，并定期组织标准培训班和产品质量检验等活动，提高生产和施工企业的质量意识和管理水平。

我国政府职能还没有下放给协会，协会无法对生产厂和施工企业的模架进行质量监督和安全认可。因此建议政府有关部门能将某些职能转到有关协会，使协会能担负起模架的质量认证、安全认可、定期检查和产品检测等监控职能，保证模架施工安全和模架技术的健康发展。

三、几点建议

日本由于不断提高脚手架的技术水平，加强对脚手架的产品质量和安全性的监督管理，不仅为施工工人提供了良好的工作环境，同时也保证了脚手架的安全。据仮设工业会介绍，近十多年内，日本没有因脚手架质量问题产生伤亡事故。目前，在脚手架技术水平和质量管理等方面，我国与日本还是有较大差距，因此，我们一方面要积极开发和推广应用新型脚手架，提高脚手架技术水平，另一方面要加强对生产、租赁和施工企业的监督和管理，确保脚手架的施工安全。

为此建议应做好以下工作：

（1）组织有关人员对钢管、扣件和脚手架厂进行产品质量监督管理，以堵住不合格产品的生产源头。建议对产品质量差、技术水平低、不具备生产条件的厂家应及时曝光和警告，必要时勒令停产整顿。对生产工艺合理、产品质量好、技术力量强的厂家，颁发产品合格证或质量认证书。

（2）严格监督施工企业必须选购有"产品合格证书"厂家的钢管、扣件和脚手架，必须租用有质量保证书和检测证书的模架，以堵住不合格产品的流通渠道。建议建立模架工程质量监理制度，由质量监理部门负责对施工中采用的模架进行质量监督，对没有"产品合格证"和检测证书、不符合质量要求和施工安全的模架，有权责成施工企业停止使用。

（3）加强对租赁企业的管理，严格监督租赁企业必须从有"产品合格证"的厂家购买钢管、扣件和脚手架，不得从施工企业和废旧品市场购买钢管和扣件，组织有关人员定期对重点租赁企业进行质量检测，对不合格的应及时报废。建议积极开展新型脚手架租赁业务，协助施工企业推广应用新型脚手架，提高脚手架应用技术水平和安全性。

（4）大力发展专业模架公司。发展专业模架公司有利于推广应用新型模架，提高施工速度和施工质量；有利于施工设备充分利用，提高模架使用效果；有利于提高施工技术水平，培养熟练的施工队伍；有利于改善操作工人施工环境，保证模架施工安全。专业模架公司在经济发达国家有几十年的历史，并且有不少模架公司已成为跨国模架公司。我国在发展专业模架公司方面，还面临体制、管理，市场等需要解决的问题。随着建筑企业的改制，相信不久也会出现各类模架专业公司，模架工程专业化将是今后发展的趋势。

载于《施工技术》2004年第8期

25 扣件式钢管脚手架专项整治成果分析

2002 年 7 月以来,浙江省杭州、宁波等市连续发生了三起由于使用劣质钢管、扣件造成的建筑施工支架倒塌重大伤亡事故。国务院领导同志对此非常重视。温家宝总理批示"关键在于严肃执法,追究事故责任者的法律责任,要从源头上堵住劣质建材的生产流通渠道,并开展一次专项整治工作"。根据国务院领导的批示,国家质检总局等九部委于 2003 年 9 月 18 日联合下发了《关于开展建材市场专项整治工作的通知》,如今已过了八年了,专项整治是否达到了目标,取得了那些成果呢?

1. 专项整治的目标是否达到

这次专项整治的目标有以下几项:

(1) 使生产、销售、租赁和使用量大面广的劣质建筑施工用钢管、扣件的状况得到明显扭转;

(2) 生产、租赁活动中的不规范行为和各种欺诈行为得到有效治理;

(3) 防止劣质钢管、扣件进入施工工地的监管措施得到有效落实,初步建立防范劣质钢管、扣件进入施工工地的机制;

(4) 在建筑施工用钢管、扣件专项整治工作取得阶段性成果的基础上,加强法制建设,使其逐步纳入法制化的监管轨道。

我们认为对建筑施工用钢管、扣件的专项整治非常必要,的确已到了非整治不可的地步,对这几项专项整治目标十分赞同,但是,我们也认为这项工作不是一次就能完成整治目标,而需要较长时间的整治工作才能完成。事实上也是如此,八年过去了,这几项专项整治目标都没有达到。

专项整治的最终目标是防止劣质钢管、扣件进入施工工地,减少脚手架坍塌事故和伤亡人数。仅从已报道的 2003~2010 年扣件式钢管脚手架倒塌伤亡的不完全统计可以看到,2003 年是扣件式钢管脚手架专项整治之年,当年脚手架倒塌事故 8 次,伤亡人数 142 人,专项整治的第二年,2004 年脚手架倒塌事故达到 20 次,伤亡人数达到 221 人,没有见到阶段性成果。专项整治过了 8 年,没有见到专项整治效果,脚手架倒塌事故反而越来越严重,2010 年脚手架倒塌事故达到 44 次,伤亡人数 225 人,倒塌事故增长了 5 倍多,伤亡人数增加了近 1 倍。

扣件式钢管脚手架倒塌伤亡表

年份	倒塌事故(次)	受伤人数(人)	死亡人数(人)
2003	8	102	40
2004	20	166	55
2005	16	103	46
2006	14	61	31
2007	24	116	65
2008	24	113	40
2009	31	105	39
2010	44	172	53
合计	181	938	369

2. 扣件式钢管脚手架专项整治的难度很大

八年来，扣件式钢管脚手架整治工作的进展不大，是由于整治工作的难度很大，理由是：

（1）建筑钢管、扣件的使用量很大

我国在20世纪60年代初开始应用扣件式钢管脚手架，由于这种脚手架具有装拆灵活、搬运方便、通用性强、价格便宜等特点，所以在我国应用十分广泛，到了20世纪80年代其使用量占60%以上，这种脚手架已成为主导脚手架，经历了约20年，安全事故发生还不很多。从20世纪80年代到现在，又经历了约30年，目前全国这种脚手架约有1000万吨以上，扣件约有12亿个以上，仍是当前使用量最多的一种脚手架。但是，由于建筑结构体系和建设工程规模的不断发展，建筑施工技术、工程质量和施工工期的要求越来越高，这种脚手架已不能适应建筑施工发展的需要，安全事故也越来越多。

（2）不合格的钢管、扣件比例很大

20世纪80年代初，随着组合钢模板的推广应用，在全国各地建立了大批钢模板租赁企业，扣件式钢管脚手架的钢管和扣件也是主要租赁器材。由于钢管出租是以长度收取租赁费，一些租赁企业不守诚信，将标准规定脚手架钢管壁厚为3.50mm改为3.20～2.75mm，这样每吨可以多出20多米的钢管。由于缺乏监管，其他租赁企业也都只购壁厚3.20mm以下的钢管，施工企业原有壁厚3.50mm的钢管，也被租赁企业换成壁厚3.20mm以下的钢管。

20世纪90年代以来，由于建筑市场十分混乱，监管力度不足，钢管生产厂越来越多，市场竞争越来越激烈，钢管质量也越来越差，标准壁厚的钢管没有市场，都只能生产壁厚为3.20mm以下的钢管。钢管的材质也不稳定，许多小厂缺乏检测手段。另外，使用年限超过八年的钢管约有1/4以上，钢管内壁生锈，壁厚减薄，承载力下降。目前全国扣件式钢管脚手架钢管中，超期使用的、劣质的以及不合格的钢管比例约占80%以上。

扣件生产厂家均是设备简陋的一些小型乡镇企业，为了市场竞争，扣件的重量越来越小，质量越来越差。原来一些设备好、技术强、质量好的扣件厂，在价格竞争中利益得不到保护，纷纷停产或转产。目前全国脚手架扣件中90%以上为不合格品。

（3）涉及生产、租赁和施工等企业的面非常广

目前生产钢管和扣件的厂家规模都不大，但数量很多，约有上千家。钢管和扣件租赁企业的数量更多，大部分都是规模较小的民营企业，约有13000多家，租赁企业的钢模板和钢管脚手架的资金占有量已达220多亿元，年租赁总收入达150亿元以上。加上几千家施工企业也有大量的钢管和扣件，这是一笔巨大财产。

如此巨大数量的不合格钢管和扣件，已成为建筑施工安全的隐患，要在短时期内全部退出施工现场，要在短时期内对几万家大小企业进行专项整治是不可能的。因此，专项整治工作不可能短期内完成。如此量大面广的不合格钢管和扣件，也都无法"禁止"使用，因为目前还没有那么多数量的其他脚手架来替代它，即使安全事故仍然不断发生，也只能继续使用。

3. 专项整治的措施是否落实

这次专项整治的措施主要有以下4条：

（1）严格市场准入制度，加强对钢管、扣件的生产、租赁和使用过程的管理。其中包括：

①生产单位必须持有生产许可证，必须生产符合国家有关标准的产品，钢管、扣件出厂时，应当附有产品质量合格证明。

②租赁单位必须购买有产品标识和产品质量合格证明的钢管、扣件。对出租的钢管、扣件，要与租用单位签订质量协议。对施工单位返回的产品应进行检测，并标明检测日期和产品的使用次数，不合格的应及时报废销毁。

③施工单位必须购买、租用具备产品生产许可证、产品质量合格证、检测证明和产品标识的钢管、扣件，钢管、扣件使用前应按有关规定，送法定检测单位检测，对没有生产许可证、产品合格证和不合格的、劣质的钢管、扣件，一律不准使用。

④加强钢管、扣件的质量检测工作，要发挥质量检测机构的质量检测作用。

（2）广泛发动社会各方面的力量参与专项整治。一是发动群众举报生产、销售和施工使用劣质钢管、扣件的违法活动；二是充分发挥建材行业协会、租赁协会等组织的作用。

（3）要充分发挥电视、广播、报纸、网络等新闻媒体的作用，对违法案件要及时曝光，对大案要案要追踪报道。

（4）加强法规标准建设，各地区、各有关部门可制定管理规定和地方标准，建立安全检测制度及报废制度，明确钢管、扣件的使用年限等。

综上可见，每条措施都规定得非常详细、非常明确、非常好。但是，可惜都没有能得到真正落实，靠一纸通知是不可能解决问题的。如生产单位大多数都没有生产许可证，生产设备简陋，工艺落后，技术水平低，不能生产标准规定的产品。

由于有"产品合格证"厂家并不多，租赁单位购买的钢管、扣件大多没有产品标识和产品合格证明。另外，租赁企业规模大多数都很小，现有的钢管和扣件大部分都不合格，有些租赁企业还到施工企业和废旧品市场，购买过期的钢管和扣件。对施工单位返回的产品进行检测一般都做不到，能保持维修清理就不错了。

施工单位在购买、租用钢管、扣件时，一般都不会向生产、租赁单位提出产品生产许可证、产品质量合格证、检测证明和产品标识等要求，也不会在钢管、扣件使用前，按有关规定送法定检测单位检测，对没有生产许可证、产品合格证和不合格的钢管、扣件，监理部门也不会提出不准使用的意见。

4. 几点建议

（1）健全管理体制和制度、加强监控机构和监管力度

这次专项整治的目标没有达到，是由于专项整治的措施没有落实。专项整治的措施不落实的主要原因，首先是监管力度不到位，没有按照专项整治措施的内容进行具体工作。据了解，大部分生产、租赁和施工单位不了解这次专项整治工作，对整治的内容更不清楚，也没有有关部门去监督和检查。中国模板协会是负责全国模板、脚手架行业管理工作的社团组织，也没有收到有关专项整治的通知。另外，专项整治的措施中，没有具体的惩罚和处理条例，对达不到市场准入条件的单位没有说明如何处理；对不合格的钢管、扣件应及时报废销毁，但目前还没有报废制度和使用年限的规定，如何执行报废制度。同时，目前80%以上的钢管、扣件都是不合格品，也不可能都报废销毁。

因此，首先要落实健全管理体制和制度的工作，严格市场准入制度，建立安全检测制度及报废制度，执行工程质量监理制度。其次要落实监督措施，加强监控机构和监管力度，不定期地对企业进行必要的安全检查和监管。目前，我国政府职能还没有下放给协会，协会无法对生产厂、租赁和施工企业的模架进行质量监督和安全认可。因此建议政府有关部门能将

某些职能转到有关协会，使协会能担负起模架的质量认证、安全认可、定期检查和产品检测等监控职能，保证模架施工安全和模架技术的健康发展。

（2）限制扣件式钢管脚手架的使用范围

国外发达国家的脚手架钢管，均按脚手架使用要求专门加工生产，材质均相当于Q345的低合金钢材。如日本脚手架钢管的材质为STK51，钢管直径Φ48.6mm，壁厚2.5mm，脚手架厂对钢管还要进行加工，如在钢管两端部700mm处，各钻一个直径Φ9mm的孔眼，用于钢管接长时插销钉之用。钢管防锈处理，一般采用热镀锌，防锈效果好，钢管使用寿命长。

我国使用的脚手架钢管是按《低压流体输送用焊接钢管》GB/T 3091标准生产，钢管直径Φ48mm，壁厚3.5mm，材质为Q235，没有专门用于脚手架的钢管标准。施工或租赁单位直接到钢管厂购买，按尺寸要求切断，表面刷防锈漆，甚至有的直接用黑管，没有任何防锈措施，这种钢管并不适合用于脚手架。

由于扣件式钢管脚手架的安全性较差，国外发达国家已很少采用，并明确规定扣件式钢管脚手架不得用作模板支架。目前我国大部分建筑工程都是采用扣件式钢管脚手架作模板支架，以致年年发生多起模架坍塌事故，造成人民生命和财产的重大损失。因此，当前扣件式钢管脚手架还不可能淘汰的情况下，建议限制扣件式钢管脚手架使用范围，尤其是高大空间的模架应尽量采用新型脚手架，保证施工安全；

（3）大力推广应用新型脚手架

多年来，我国建筑施工用扣件式钢管脚手架，每年发生多起倒塌事故，给国家和人民生命财产造成巨大损失。随着我国大量现代化大型建筑体系的出现，扣件式钢管脚手架已不能适应建筑施工发展的需要，大力开发和推广应用新型脚手架是解决施工安全的根本措施。建议有关部门应制订政策鼓励施工企业采用新型脚手架和模架，尤其是高大空间的模架应尽量采用新型模架，保证施工安全，避免使用扣件式钢管脚手架。对扣件式钢管脚手架的产品质量及使用安全问题，应继续大力开展整治工作，逐步淘汰不合格的钢管和扣件，引导施工企业采用安全可靠的新型脚手架和模架。

载于《施工技术》2012年第3期

26 我国脚手架技术的现状及发展前景

建筑脚手架是建筑施工工程中的重要施工工具，当前，由于建筑和租赁市场的混乱，生产和销售劣质钢管、扣件的违法行为突出，大量不合格的钢管、扣件流入施工现场，加上施工单位不规范使用，严重危及建筑施工安全。如何提高脚手架的安全度，确保脚手架的施工安全，是当前迫切需要解决的重要课题。

一、我国脚手架技术的现状

我国在 20 世纪 60 年代初开始应用扣件式钢管脚手架，由于这种脚手架具有装拆灵活、搬运方便、通用性强、价格便宜等特点，所以在我国应用十分广泛，其使用量占 60% 以上，是当前使用量最多的一种脚手架。但是，这种脚手架的最大弱点是安全性较差，施工工效低，材料消耗量大。目前全国扣件式钢管脚手架的钢管约有 800 万吨，其中劣质的、超期使用的和不合格的钢管占 80% 以上，扣件总量约有 10 ~ 12 亿个，其中 90% 左右为不合格品，如此量大面广的不合格钢管和扣件，已成为建筑施工的安全隐患。据不完全统计，自 2001 年~2006 年，已发生脚手架倒塌事故约 30 多起，其中死亡 86 人，受伤 206 人。

20 世纪 80 年代初，我国先后从国外引进门式、碗扣式等多种型式脚手架。门式脚手架在国内许多工程中也曾大量应用过，取得了较好的效果，由于门式脚手架的产品质量问题，这种脚手架没有得到大量推广应用。现在南方几个城市又建立了一批门式脚手架厂，其产品部分用于室内外装饰工程，大部分是外商订单加工。碗扣式钢管脚手架是新型脚手架中，推广应用最多的一种脚手架，但使用面还不广，只有部分地区和部分工程中大量应用。

20 世纪 90 年代以来，国内一些企业引进国外先进技术，研制和开发了多种新型脚手架，如插销式脚手架、轮扣式脚手架、方塔式脚手架，以及各种类型的爬架。目前，国内有专业脚手架生产企业数百家，主要在无锡、广州、青岛等地。从技术上来讲，我国有部分脚手架企业已具备加工生产各种新型脚手架的能力。但是，国内市场还没有培育起来，施工企业对新型脚手架的认识还不足，采用新技术的能力还不够。近年来、插销式脚手架和各类爬架在许多重点工程中应用取得非常好的效果，有些施工企业已经逐步推广应用这些新型脚手架。

二、我国脚手架行业存在的主要问题

1. 脚手架技术落后，技术力量薄弱

目前，建筑施工中的内外脚手架和模架，仍然以采用扣件式钢管脚手架为主，这种脚手架技术落后，施工中费工费料，安全性较差，在国外发达国家已很少采用。这种脚手架不需要专业生产厂，施工企业和租赁企业可以直接到钢管厂购置钢管，到扣件厂购置扣件。而许多钢管厂和扣件厂都是生产工艺落后，设备简陋、技术水平低的一些民办小厂，产品质量很难保证。

目前大部分脚手架厂的设备简陋，生产工艺落后，技术水平低，技术力量薄弱，没有自

主研发能力，只能仿造别人的产品，或给国外订单加工。有一些厂已有十多年的历史，生产规模也不断扩大，生产技术水平也较高，但是，仍然没有自己的品牌产品，目前国内有自主知识产权的脚手架企业大约不超过 10 家。

2. 生产厂家过多，价格竞争激烈

目前国内有专业脚手架厂数百家，还有许多家庭作坊式的小厂，如河北某地区有许多生产碗扣式钢管脚手架和配件的家庭小厂，采用钢管的管壁厚度和材质均不合格，有些厂还采用旧钢管加工脚手架。广东佛山地区有 40 多家脚手架企业，主要生产门式脚手架。江苏无锡地区有 60 多家脚手架企业，可以生产门式、碗扣式和插销式等各类脚手架。大部分企业的生产规模都很小，设备简陋，生产工艺落后，产品质量很难保证，产品价格也很低。这些企业为了抢占市场，相互进行恶性竞争，结果是产品价格越来越低，企业利润越来越少，产品质量越来越差，最后严重影响产品的发展前景。无锡有不少脚手架企业是专门对外商加工，由于这些厂的无序竞争，相互压价，结果企业利润很低，大部分利润都给了外商。

3. 产品质量较差，安全隐患严重

2003 年建设部、国家质检总局、国家工商总局联合发布了"关于开展建筑施工用钢管、扣件专项整治的通知"，要求通过此次专项整治，使生产、销售、租赁和使用劣质钢管、扣件的状况得到明显改善。四年过去了，现有钢管和扣件的状况并没有得到改善，标准规定钢管壁厚 3.5mm，目前施工和租赁应用的钢管壁厚大部分为 3.20～2.75mm，钢管生产厂基本上都生产壁厚为 3.2mm 以下的钢管。扣件的质量大部分也都不合格，如此量大面广的不合格钢管和扣件，存在严重的安全隐患，但谁都不敢说"禁止"使用，即使安全事故仍然不断发生，也只能继续使用。

碗扣式钢管脚手架是我国推广多年的新型脚手架，在许多建筑和桥梁工程中已大量应用。由于碗扣式钢管脚手架至今尚无国家标准和安全技术规范，使得生产、施工和管理等环节的安全技术管理缺乏依据，又由于大部分厂家生产设备简陋，生产工艺落后，又采用不合格的钢管和碗扣件，产品质量越来越差，不同厂家的产品还不能相互通用。据了解，目前 80% 以上的碗扣式钢管脚手架都不合格，给脚手架使用也将带来很大的安全隐患。

三、插销式脚手架的发展前景

插销式脚手架是立杆上的插座与横杆上的插头，采用楔形插销连接的一种新型脚手架，这种脚手架在欧美等发达国家已应用了二十多年，由于它具有结构合理、承载力高、装拆方便、节省工料、技术先进、安全可靠等特点，因而在欧美日韩等发达国家应用很广泛，是国际主流的脚手架。这种脚手架的插座、插头和插销的种类很多，如插座有圆形插座、方形插座、梅花形插座、V 形耳插座、U 形耳插座等，插孔有四个，也有八个，插头和插销的形式也是多种多样，所以它的品种规格非常多，各单位的脚手架名称也各不相同。

我国引进、开发和应用插销式脚手架也已有十多年的历史，目前有一些脚手架企业引进和自主开发了这种脚手架，并在许多重点工程中大量应用，取得了很好的效果。如北京安德固脚手架工程有限公司于 2004 年从法国引进 CRAB 模块脚手架，在国家体育场（鸟巢）、国家游泳中心（水立方）、首都机场新航站楼、丰台体育中心等奥运重点工程中大量应用，得到有关部门的好评。该法国脚手架公司是一家有 50 多年历史的老企业，它拥有的 CRAB 模块脚手架是欧洲建筑市场的主导脚手架。

首固模板支撑架（北京）有限公司与北京新华维脚手架有限公司协作，引进和开发了

德国的圆盘式脚手架，在台湾地区和国内一些大型公共建筑、道桥、厂房、体育场馆等工程中大量应用，效果很好。圆盘式脚手架是德国研发的新型脚手架，已推广应用了二十多年，是欧洲建筑市场应用最多的脚手架。

上海大熊建筑设备有限公司开发了日本的强大支架系统，在江、浙、沪地区的桥梁、隧道、大型公共建筑和舞台等工程中大量应用。强大支架系统是日本朝日产业株式会社研发的新型模架技术。1997年日本朝日产业株式会社在无锡创办了独资企业——无锡正大生建筑器材有限公司，十年来，该公司的产品一部分返销日本，一部分在国内建筑工程中应用。该公司不但将脚手架新技术引进中国，而且还为无锡地区培养了许多技术人才，为无锡地区成为新型脚手架的主要产地作出了很大贡献。

北京捷安建筑脚手架有限公司于1997年在北京成立，自主研发了有知识产权的"轮扣式脚手架"和"盘扣式脚手架"，产品不但在人民大会堂、北京饭店、东方广场、工体、首体、军事博物馆、地铁和核电站等工程中广泛应用，而且还出口到亚洲、非洲等近十个国家。

上海捷超脚手架有限公司成立于2004年，2005年开发出一种具有自主知识产权的"扣盘式脚手架"，由于这种脚手架在安全性、便捷性、适应性、系列化、多功能等方面具有显著的特点，因而能较快地投入市场，目前已进入建筑装潢、设备设施安装维修、文娱体育、仓储等领域。

四川华通建筑科技有限公司于2001年成功开发出"华通牌插销式钢管脚手架，并获得了5项国家发明和实用新型专利。由于这种脚手架具有良好的技术和安全性能，得到四川省许多施工企业的认可，从2004年起还以专利有偿使用方式，扩展到北京、陕西、湖南、西藏、广西、云南、重庆，新疆等17个企业。目前总产量已达到5万多吨，在这些地区正在逐步推广应用，经济效益非常明显。

从国内外插销式脚手架多年工程应用的实践证明，该脚手架在技术上是先进的，在安全上是可靠的，具有很好的发展前景，是一种适合我国国情的更新换代产品。

四、几点建议

1. 大力推广应用新型脚手架

随着我国大量现代化大型建筑体系的出现，扣件式钢管脚手架已不能适应建筑施工发展的需要，因此，大力开发和推广应用新型脚手架是当务之急。实践证明，采用新型脚手架不仅施工安全可靠、装拆速度快，而且脚手架用钢量可减少30%～50%，装拆工效提高2倍以上，施工成本可明显下降，施工现场文明、整洁。建议有关部门制定相应政策，鼓励施工企业采用新型脚手架，尤其是高大空间的模板支架应尽量采用新型脚手架，保证施工安全，避免使用扣件式钢管脚手架。

2. 鼓励开展各种推广应用方式

扣件式钢管脚手架和碗扣式钢管脚手架都是全国统一的标准，不同厂家的产品可以相互通用。插销式脚手架的品种很多，不少脚手架厂都拥有自己的知识产权，各厂生产的插销式脚手架不能相互通用，因此，给这种脚手架的推广应用带来了一定的困难。目前不少插销式脚手架厂家正在开展各种推广应用方式。

（1）开展租赁业务。由于新型脚手架一次性投资较大，施工企业接受能力不够，脚手架厂家应积极开展租赁业务。如上海捷超脚手架有限公司2006年租赁额占全年营业收入的

25%，今年1～5月份租赁额已占50%，通过租赁业务不断扩大产品的市场占有率。

（2）专利有偿使用。如四川华通建筑科技有限公司采用专利有偿使用方式，将该公司的产品已扩展到全国有关地区的17个企业，使该产品在不同地区均可相互通用，并能很快得到推广应用。

（3）企业联盟生产。如北京建安泰建筑脚手架有限公司正在开展"JAT"联盟计划，"JAT"总部可以为加盟者提供生产、技术、销售、管理的培训和管理软件，为加盟者平衡产量和销售等。目前已与30多家单位建立了协作关系。

（4）工程专业承包。如北京安德固脚手架工程有限公司的脚手架采用低合金钢管，外表为热涂锌，因此产品价格较高，另外脚手架搭设技术先进，施工企业接受能力还不够。该公司采用脚手架工程专业承包方式，其业务覆盖了脚手架和支撑，产品从设计咨询、研发制造、销售租赁、施工服务、工程承包等全过程。通过在北京几个奥运场馆和首都国际机场新航站楼等工程中的应用，取得了很好效果。

3. 加强产品质量监督和管理

由于质量管理体制和制度不健全，缺乏严格的质量监督措施和监控机构，没有对生产厂家进行必要的质量检查和管理，以致有不少国外仍然大量应用的脚手架和支撑，在我国没有得到推广应用。如钢板扣件、钢支柱、门式脚手架等。因此，建议有关部门对扣件式和碗扣式脚手架的产品质量及使用安全问题，应大力开展整治工作，对插销式脚手架应加强产品质量监督和管理，确保脚手架的产品质量和施工安全。20世纪90年代，由于河北某地区许多家庭作坊小厂的低价劣质钢支柱大量流入施工现场，导致钢支柱退出建筑市场。目前，河北某地区许多小厂又大量生产低价劣质的碗扣式和圆盘式脚手架，以及零配件，正在向各地施工和租赁企业扩展。如果对这些生产劣质脚手架的小厂不采取严格的质量监督和管理措施，必将严重影响碗扣式和圆盘式脚手架的发展前景。

载于《施工技术》2007年12月增刊

27　我国推广应用新型脚手架存在的主要问题

我国从 20 世纪 70 年代末开始，先后从日本、美国、英国等国家引进各种新型脚手架。20 世纪 80 年代初，国内一些生产厂和研究单位开始仿制门式脚手架，20 世纪 80 年代中，原铁道部专业设计院在学习英国 SGB 公司碗形脚手架的基础上，试制成功了"碗扣式钢管脚手架"。20 世纪 90 年代以来，国内一些脚手架企业引进国外先进技术，开发生产了插接式、盘销式、轮扣式等多种新型脚手架，并在许多重点工程中大量应用，取得了很好的效果。目前，我国一些脚手架企业已具备加工生产各种新型脚手架的能力，产品的材料控制、生产工艺、产品质量和安全管理等方面，都能达到国外标准的要求。但是，为什么在建筑工程施工中，施工企业不采用先进的脚手架技术，而仍采用技术落后、安全性差和费工费料的扣件式钢管脚手架呢？我认为主要存在以下几个问题：

1. 体制和机制不完善，政府支持力度不够

建筑工程项目承包制是建筑业的管理体制改革之一，由于这项改革不完善，造成项目负责人的短期行为，片面追求经济效益，限制了新技术的推广应用。不少项目负责人对推广新技术、新工艺不热心，也不愿意投资新技术。许多施工工程中，采用木模板、竹脚手架、扣件钢管脚手架等落后施工工艺，许多施工企业的模板施工倒退到传统的施工工艺，尤其是楼板、平台等模板施工技术，普遍采用满堂扣件式钢管脚手架作支架，费工费料，安全性很差，非常落后。

由于旧习惯势力的影响，一项新技术的推广应用，会遇到各种困难和障碍，需要各级领导的大力支持，采取各项具体推广措施，制定一系列技术经济政策，才能使新技术得到推广应用。当前在市场经济的情况下，遇到的困难和障碍更多。因此，应加强政府支持力度，完善项目承包制度，调动项目负责人推广应用新技术的积极性，为模架技术创新和推广应用提供一个良好的外部环境。

2. 建筑市场混乱，缺乏质量监管

目前许多脚手架钢管和扣件厂生产规模都很小，设备简陋，生产工艺落后，技术水平低，产品质量很难保证。随着扣件式钢管脚手架应用量越来越大，生产厂也越来越多，产品质量也越来越差。许多厂家为了抢占市场，低价竞争，钢管的壁厚越来越薄，扣件的重量也越做越小。目前钢管生产厂基本上都生产壁厚为 3.2mm 以下的钢管，如果再经多年施工应用，钢管锈蚀使壁厚减薄，这些钢管都将是脚手架施工安全的隐患。

国内有专业脚手架厂数百家，这些企业为了抢占市场，相互进行恶性竞争，结果是产品价格越来越低，企业利润越来越少，最后严重影响企业的发展前景。无锡有不少脚手架企业是专门对外商加工，由于这些厂的无序竞争，相互压价，结果企业利润很低，大部分利润都给了外商。

我国新型脚手架技术没有得到大量推广应用，并不是这些技术不先进或不适合我国国情，而是我们工作中存在问题，其中有技术问题，有产品质量问题，更重要的是管理问题。如钢支柱，从技术上来讲并不复杂，许多厂都能生产，有些厂还加工出口。从使用上来讲非常实用，国外许多模板公司都生产，并且规格品种越来越多，技术上也不断发展，使用功能越来越多，在楼板模板施工中普遍应用。但许多厂家为了抢占市场，降低成本，采用的钢管越来越薄、越短，甚至帽盖也取消了，镀锌螺管改成刷锌粉，加工精度差，使用寿命短，受力性能差，以致在施工工程中安全事故时有发生，施工企业不敢再使用了，生产厂只好倒闭。

由于质量管理体制和制度不健全，缺乏严格的质量监督措施和监控机构，没有对生产厂家进行必要的质量检查和管理，以致有不少国外仍然大量应用的脚手架和支撑，在我国没有得到推广应用，如钢板扣件、钢支柱、门式脚手架等。产品质量好的企业利益得不到保护，一些产品质量好、技术力量强的企业，为了企业生存，有的企业开发生产其他产品，有的企业也只好降低产品质量，低价进行竞争。另外，知识产权也得不到保护，使不少企业不愿投资进行新产品开发。有些企业花了大量人力、物力研制开发了一种新产品，一旦有了市场，很快就会有仿造的产品出来，并且价格很低，开发新产品的企业利益得不到保护，这也严重影响了企业科技创新的积极性。

3. 安全隐患严重，处罚力度不够

扣件式钢管脚手架不断发生安全事故的原因，除了产品质量问题外，施工应用不当也是重要原因。脚手架和模架倒塌的主要原因是支撑失稳，许多施工企业在模板工程施工前，没有进行模架设计和刚度验算，只靠经验来进行支撑系统布置，使支撑系统的刚度和稳定性考虑不足。有的钢管锈蚀或磨损严重，还有的局部弯曲或开焊等，使钢管承载能力下降，也极易发生支撑失稳现象。另外，不少施工工地的技术负责人没有对操作工人进行详细的安全技术交底，加上有些工人素质较差，施工现场管理混乱，操作人员没有严格按设计要求安装和拆除支撑，也是造成安全事故的重要原因。

目前建筑施工安全事故频繁发生，根本原因是项目负责人只重视利益，对安全措施不重视，缺乏以人为本的观念。项目负责人为什么对安全措施不重视，主要是处罚力度不够，一旦发生伤亡事故，对项目负责人的处罚并没有伤到元气，因而起不到警示其他项目负责人的作用。惩治有力，才能增强教育的说服力、制度的约束力和监督的威慑力。据了解，2005年台湾某建筑工地也发生一起死亡2人、伤1人的安全事故，其工程负责人和安全负责人立即被拘留，工程停工查找事故原因，给死亡者家属安家费每人1千万台币（折合250多万人民币），政府还要给予处罚。2006年协会组织考察韩国某建筑工地，工程租用价格很高的一套DOKA公司的爬模设备，据工程负责人讲是为了确保工程安全，因为一旦发生安全事故，其损失还要大得多。

4. 创新能力不足，技术力量薄弱

20世纪80年代以来，我国模板、脚手架行业在模板、脚手架技术开发、加工制作、生产设备等方面都取得较大的进步，一些科研单位、大专院校和模架企业在研究和开发新型模架技术方面做了不少工作，取得了一定成果。但是，这些新型模架的技术成果，大部分都是科研单位和大专院校的科研人员完成的，绝大部分模架企业缺乏科技创新能力。

20世纪90年代末，我国科研单位进行改革，许多科研单位转为企业，国家不再拨科研经费，科研单位和大专院校的科技人员也无力进行模架技术开发，模架公司普遍缺乏技术开发能力和水平，目前，各大专院校都没有开设模板和脚手架专业，这方面的人才很缺乏。近5～6年来，我国模板和脚手架的技术进步不大，在原建设部的科技成果推广项目中，几乎没有模板脚手架的科技项目，模架产品和施工技术的变化不大。

国外有许多模板公司已发展为跨国模板公司，主要靠公司的科技创新，能不断开发新产品，满足施工工程的需要。模板行业的发展潜力非常大，要开发的产品和技术非常多，必须加大模板企业的科技创新能力，企业才能发展。今后模架的技术开发和科技创新，主要靠模板企业来完成，现在有一些模板、脚手架企业已有了技术创新的意识，有的企业还设立了技术开发中心，积极开发新型模架技术。

我国模板、脚手架的产品和技术水平与发达国家的差距还相当大，体系不完善、技术水平低；施工效率低、劳动强度大；产品质量差、安全隐患严重；使用寿命短、材料损耗量大，与世界模架生产大国很不相称。因此，要大力推进我国模板、脚手架的技术创新工作。，

目前，大部分脚手架厂的设备简陋，生产工艺落后，技术水平低，技术力量薄弱，没有自主研发能力，只能仿造别人的产品，或给国外订单加工。有一些厂已有十多年的历史，生产规模也不断扩大，生产技术水平也较高，但是，仍然没有自己的品牌产品，目前国内有自主知识产权的脚手架企业大约不超过 10 家。

我国大部分模架生产厂的规模都不大，在加工设备、生产工艺、产品规格品种、产品质量、技术和管理水平上，基本都在同一档次上，技术特点和特色不明显，都在同一层次上竞争。大部分企业是照抄别人的产品，没有能力开发新产品，有些企业在模板行业中积累了一些资本，但不知道提高产品档次，不知道开发什么新产品，发展模架技术，而转产投资其他产品。因此，我们要大力扶植有一定规模的龙头企业，提倡建立有技术特色的模架生产企业，提高企业的档次，增强市场竞争能力。

5. 标准制定迟后，标准实施困难

新技术的推广应用中，有关标准的制订和实施工作必须跟上。由于新型模板、脚手架标准制订和颁发工作严重滞后，在一定程度上也影响新技术的推广应用。现在已经批准施行的各类脚手架标准约有 10 多个，在编的标准约有 5 个。这些标准中，有的标准相互重复，如"建筑施工脚手架安全技术标准"和"建筑施工工具式脚手架安全技术规范"，只差"工具式"三个字；有的技术已经淘汰，还被列入计划并批准施行。如，木脚手架早已在建筑施工中淘汰了，但 2008 年还批准"建筑施工木脚手架安全技术规范"施行。

有的标准把各种脚手架都包括在内，如 2008 年列入计划的"建筑施工临时支撑结构技术规范"，该规范能适用于"扣件式脚手架"、"碗扣式脚手架"、"插销式脚手架"、"盘销式脚手架"及"安德固脚手架"等各种脚手架，还能用于建筑工程、桥梁工程和安装工程支架的设计及施工，这种多功能标准对哪一种脚手架都无实用价值。

还有一些新技术等到技术已老化了还没有标准，如"碗扣式脚手架"在我国已经推广应用了二十多年，至今还无产品标准，2008 年刚批准"安全技术规范"施行。又如"钢支柱"也已应用了二十多年，曾一度退出施工现场，至今无产品标准和安全技术规程。我们希望标准制订工作能跟上新技术发展的需要。

另外，钢模板和脚手架钢管虽然已制订了报废标准，但是由于没有报废的机制，大量应报废的钢模板和脚手架钢管仍继续使用，还有些个体租赁站专门购置施工企业报废的模板和钢管，通过租赁给施工企业，换回较好的模板和钢管，以致许多租赁企业都不愿购置新的和质量好的模板、钢管，使现有的钢模板和钢管的质量越来越差，模板和脚手架的安全隐患也越来越严重。制度不健全，监督不得力，不仅阻碍了新技术的推广应用，而且是腐败现象滋生蔓延的重要原因。

6. 对脚手架与模架的概念不清，推广新型脚手架的认识不足

为什么我国生产的新型脚手架和模架，能大量出口到欧美等发达国家应用，而在国内建筑施工企业不愿用新型脚手架，还在大量应用扣件式脚手架。其中有一个重要原因是我国在脚手架和模板支架的概念上存在模糊认识，将扣件式钢管脚手架用作模板支架，这在发达国家是绝对不允许的。目前我国大部分建筑工程都是采用扣件式钢管脚手架作模板支架，以至年年发生多起模架坍塌事故，造成人民生命和财产的重大损失。

另一个原因是施工企业对新型脚手架的认识还不足，大多数施工人员没有见过新型脚手架，有些施工人员虽然见过，但没有使用过，不敢轻易使用。采用新技术需要重新学习和培训，对工程负责人会带来一定困难，因此，对采用新技术的积极性不高。

2008 年智利模板公司到协会进行技术交流，据智利模板公司介绍，智利也是发展中国家，它的经济实力与我国还有一定差距，建筑工人的工资水平和模架的价格，与我国的情况基本在同一水平。但是，该公司的模板和插销式脚手架不仅在南美得到大量应用，并且还正在打入国际市场。

上海、广州和深圳都是我国最大的工业城市，经济实力已基本达到发达国家的水平。但是，近几年，这几个大城市建筑施工脚手架坍塌事故不断发生，2008 年上海市扣件式钢管脚手架坍塌事故有 5 次，占当年全国脚手架坍塌事故的 20% 左右。2010 年深圳脚手架坍塌事故有 5 次，广州有 4 次，这两地的脚手架坍塌事故也占当年全国的 20% 左右。可见并不是经济实力的问题，而是采用新技术的积极性，对施工工人安全的责任性和施工管理水平的问题。

还有一个原因是政府有关部门的少数领导对推广新型脚手架不重视，甚至错误引导。插销式脚手架是当前国际主流脚手架，在欧洲，美国等许多国家已应用了约二十年，在日本、韩国、澳大利亚等国家也已大量应用。我国也有约十年的历史，也是适合我国国情的更新换代产品，并在许多重点工程中大量应用。多年的施工实践证明，在我国建筑施工中，推广应用这种新型模架是完全可行的，事实上许多施工企业已经接受，并在许多工程中得到应用。

但是，在 2007 年 1 月有关部门曾将"插销式钢管脚手架"列入"禁止"使用名单，理由是"因楔铁在水平荷载、动荷载和热胀冷缩等因素作用下自锁失效，造成节点松动。架体就会晃动和变形，不能保证架体的整体稳定性，存在严重安全隐患。"许多会员单位对"插销式钢管脚手架"被列入禁止使用技术，反应非常强烈，在国内还引起了一场脚手架风波。

载于《建筑施工》2011 年第 9 期

28　我国插销式钢管脚手架的发展与应用技术

一、发展概况

1991 年中国模板协会组团赴德国、芬兰等国家考察，在德国 HÜNNEBECK 模板公司第一次看到了圆盘式脚手架。1995 年通过协会联系，德国 HÜNNEBECK 公司准备在中国合资建立模架分公司，当时国内正在推广新型碗扣式钢管脚手架，德国专家讲在欧洲碗扣式钢管脚手架 10 多年前已被圆盘式脚手架替代。1996 年德国专家再次派专家来华，考察中国的钢材质量和生产能力，当时由于钢材的品种、加工能力和加工质量等原因，决定暂定在中国设工厂。

20 世纪 90 年代末，国内有些企业开始引进或自主开发圆盘式脚手架，但有些技术问题未解决。21 世纪初，我国陆续建立了许多脚手架企业，大部分企业为国外脚手架企业加工，如无锡已有 160 多家脚手架生产企业，掌握了国外脚手架生产技术，主要是接受外商或国外脚手架公司的订购，也有一些外国企业到中国设厂生产。目前我国已有脚手架企业 300 多家，引进和开发了各种型式的插销式脚手架，已在许多重大建设工程中大量应用，取得了显著经济效果。

插销式脚手架是采用楔形插销，连接立杆上的插座与横杆上插头的一种新型脚手架。该脚手架的插座、插头和插销的种类和品种规格很多。为了规范这种脚手架的名称，协会组织专家们讨论，认为可以将其分为两种形式，即盘销式脚手架和插接式脚手架。其中盘销式脚手架包括圆盘式脚手架、方板式脚手架、八角盘脚手架等，插接式脚手架包括 U 形耳插接式脚手架和 V 形耳插接式脚手架等。

二、盘销式脚手架

盘销式脚手架的插座形状有圆盘形、八角形、方板形、圆角形、十字形等，插孔有四个，也有八个，插孔的形状、插头和插销的形式也多种多样。

1. 圆盘式脚手架

台湾实固股份有限公司是专业研发和生产模板、脚手架零配件的企业，已建立了三十多年，产品外销世界 60 多个国家。20 世纪 90 年代从德国引进了圆盘式脚手架技术，在台湾许多重大工程中得到应用，取得了很好的效果。该公司在台湾设立了工固股份有限公司、在大连设立了力固支撑架模板（大连）有限公司、在北京曾设立了首固模板支撑架（北京）有限公司，并与北京中建华维模板有限公司协作，开发和生产圆盘式脚手架。2008 年首固模板支撑架（北京）有限公司因故退出北京。

实固股份有限公司生产的圆盘式脚手架品种规格齐全，适用范围广，在特殊地形和挑空等特殊工程也可使用。其特点是装拆方便、安全性高、稳定性好、提高施工速度、节省人工成本。这种脚手架的插座为圆盘形，圆盘厚度为 8mm，每个圆盘上有八个组装孔，小孔为横杆连接用，大孔为斜杆连接用，圆盘的间距为 500mm，见图 1、图 2。主要构件有 60 型和

48 型两种规格，60 型的立杆管径为 $\phi 60.2mm \times 3.2mm$，主杆的长度为 1000mm、1500mm、2000mm、3000mm 四种，辅助杆的长度为 250mm、500mm 两种；横杆的管径为 $\phi 48.2mm \times 2.5mm$，长度为 600mm、900mm、1500mm、1800mm、2400mm 五种；斜杆的管径与横杆一样，长度为 600mm × 1000mm ~ 1500mm × 2400mm 共九种。

48 型的立杆管径为 $\phi 48.6mm \times 2.5mm$，长度为 1000mm、1500mm、2000mm 三种；横杆的管径为 $\phi 42.7mm \times 2.3mm$，长度为 900mm、1200mm、1500mm、1800mm 四种；斜杆的管径与横杆一样，长度为 1.2m × 2.0m、1.5m × 2.0m、1.8m × 2.0m 三种。

立杆的材质为 STK500，横杆和斜杆的材质为 STK400，表面采用热镀锌处理。根据荷载试验，60 型每个立杆的最大允许承载力为 100kN，48 型每个立杆的最大允许承载力为 40kN。

图 1　实固圆盘插座

图 2　工程应用

2. 盘扣式脚手架

北京建安泰建筑脚手架有限公司是生产各种脚手架、模板及支撑体系的专业公司，成立于 1997 年，21 世纪初先后研发了"轮扣式脚手架"和"盘扣式脚手架"，产品在国内及国外近十个国家的 2000 多个工程项目得到应用。盘扣式脚手架的插座也是圆盘形，圆盘的厚度为 8mm，插座的间距为 600mm（也可选用 500mm）。目前国内许多企业生产的盘销式脚手架，与实固公司生产的圆盘式脚手架基本相似。如北京盛明建达工程技术有限公司、无锡晨源建筑器材有限公司、天津和顺脚手架有限公司等，见图 3、图 4。

图 3　盘扣插座

图 4　工程应用

主要构件的规格是：立杆的长度为 900 ~ 3000mm 五种；横杆的长度为 600 ~ 2400mm 六种；斜杆的长度为 1200mm × 1200mm ~ 1800mm × 2400mm 五种，管径均为 $\phi 48mm \times 3.2 ~ 3.5mm$。这几种构件的材质为 Q235A，表面采用热镀锌或喷漆处理。根据荷载试验，横杆步距为 600mm 时，每个立杆的最大允许承载力为 40kN；步距为 2400mm 时，每个立杆的最大允许承载力为 20kN。

3. 扣盘式脚手架

上海捷超脚手架有限公司成立于 2004 年，2005 年开发出一种具有自主知识产权的

"扣盘式脚手架"，由于这种脚手架在安全性、便捷性、适应性、系列化、多功能等方面具有显著的特点，因而能较快地投入市场，目前已在结构工程、装修工程、钢结构和设备设施安装工程、文娱体育、广告会展、仓储等领域得到广泛应用。如可用于结构脚手架；移动式脚手架；桥式脚手架；看台舞台搭建、大型货物垂直运输用的支撑、承重设施等。

这种脚手架的插座为圆盘反扣形，圆盘的刚度较大，圆盘的厚度改为6mm，圆盘插座的间距为600mm，见图5、图6。主要构件的规格是：立杆的长度为1200mm、1800mm、2400mm三种，横杆的长度为900～2400mm五种；斜杆的长度为900mm×1800mm～2400mm×1800mm五种，这几种构件的管径均为ϕ48mm×3.5mm，材质为Q235A，表面采用热镀锌或喷漆处理。每个立杆的最大允许承载力为40～20kN，与北京建安泰的规定相同。

图5　扣盘插座

图6　工程应用

4. 盘扣式钢管支架

无锡速接系统模板有限公司是专业生产各类脚手架、系统模板、五金件为主的企业，成立于2004年。这种脚手架具有安全性能高、装拆方便、节约用工、外形美观等特点，已广泛用于建筑路桥、市政工程、能源化工、大型文体活动临时设施等建设工程。

这种脚手架的插座为八角盘，八角盘的厚度为8mm，间距为500mm，见图7、图8。主要构件的规格是，立杆有A型和B型两种，A型立杆管径为ϕ60.3mm×3.2mm，B型立杆管径为ϕ48.3mm×2.5mm，长度为500～3000mm五种；横杆的管径为ϕ48.3mm×2.5mm，长度为300～2000mm七种；斜杆的管径为ϕ33.3mm×2.3mm，长度为600mm×1500mm～2000mm×1500mm七种。

图7　八角盘插座

图8　工程应用

立杆的材质为Q345A，横杆和水平斜杆的材质为Q235B，竖向斜杆的材质为Q195，表面采用热镀锌处理。根据荷载试验，A型每个立杆的最大允许承载力为60kN，B型每个立杆的最大允许承载力为40kN。

5. 重力模板支撑

无锡正大生建筑器材有限公司是日本朝日产业株式会社在无锡1997年创办的独资企业，公司主要从事建筑器材、金属制品、模板及模板支撑的生产、销售、租赁、设计及开发等业务。重力模板支撑具有承载能力强，安全性高；基本构件少，装拆作业简单；适用范围广，能用于各种结构的建筑物；经济性好，能缩短工期，降低施工费用等特点。该公司不但将脚手架新技术引进中国，而且还为无锡地区培养了许多技术人才，为无锡地区成为新型脚手架的主要产地作出了很大贡献。

这种支撑架的插座为方形盘，方形盘的间距为900mm，方形盘的四边各有2个组装孔，用于与横杆连接，方形盘的四角各有一个组装孔，用于与斜杆连接，见图9、图10。主要构件的规格是，立杆有A型和B型两种，A型立杆管径为ϕ60.3mm×3.2mm，B型立杆管径为ϕ48.3mm×2.5mm，长度为150mm、300mm、900mm、1800mm四种；横杆的管径为ϕ48.3mm×2.5mm，长度为900mm、1800mm两种；斜杆的管径为ϕ33.3mm×2.3mm，水平斜杆的长度为1272.8mm、2012.5mm、2545.6mm三种，竖直斜杆的长度为1800mm×1800mm、1800mm×900mm、900mm×900mm三种。

图9　方形盘插座　　　　　　　　　　　　图10　工程应用

立杆和横杆的材质为STK500，斜杆的材质为DTK400，表面采用热镀锌处理。这种支撑架采用几种主要构件可搭设成1800mm×1800mm、1800mm×900mm、900mm×900mm三种方塔架，单个四角方塔架的最大允许承载力可达320kN，单根立杆的最大允许承载力为80kN，方塔架之间可以用作施工通道，既方便又安全。

6. 强力多功能支架

上海大熊建筑设备有限公司是专业从事建筑器材及设备的开发、制造、安装、租赁业务的企业，自主开发生产的强力多功能支架，能适用于建筑、桥梁、隧道、建筑装饰、设备安装、大型文体活动临时设施等建设工程。这种支架的特点是结构简单，安全可靠；组装方便，拆除快捷；基本构件少，应用范围广；承载能力大，作业空间开阔。

这种支架的插座为十字形盘，十字形盘间距为900mm，十字形盘的四边各有两个组装孔，可与横杆连接。横杆的插头上有自锁功能，一经安装便可自行锁定，见图11、图12。插头上有两个连接件，可与斜杆连接。主要构件的规格是，立杆管径为ϕ60.3mm×3.2mm，长度为225mm、450mm、900mm、1800mm四种；横杆的管径为ϕ48.3mm×2.5mm，长度为900mm、1200mm、1500mm、1800mm四种；斜杆的管径为ϕ33.3mm×2.3mm，长度为1800mm×1800mm～900mm×900mm八种。

图11 十字形盘插座

图12 工程应用

立杆和横杆的材质为Q345，斜杆的材质为Q195。表面采用热镀锌处理。这种支架采用几种主要构件可搭设成1800mm×1800mm、1500mm×1500mm、1200mm×1200mm、900mm×900mm四种方塔架，单个方塔架的最大允许承载力可达320kN，单根立杆的最大允许承载力为80kN，方塔架之间可以用作施工通道。

7. 十字形盘式支架

浙江中伟建筑材料有限公司是专业生产彩色涂层钢板、钢木组合模板、钢脚手架等企业，2004年与韩国金刚工业株式会社合作，开发了钢框胶合板模板和十字形盘式支架。这种支架的特点是构造简单，装拆方便；安全可靠，承载能力大；应用范围广，能适用于各种类型的建筑物。

这种支架的插座为十字形盘，十字形盘间距为500mm，十字形盘的四边各有一个组装孔，可与横杆连接。横杆上连接销，可以与斜杆连接，见图13、图14。主要构件的规格是，立杆管径为ϕ60.3mm×3.2mm，长度为450～3150mm七种；横杆的管径为ϕ41.9mm×2.5mm，长度为239～1817mm六种；斜杆的管径为ϕ41.9mm×2.5mm，长度有12种。立杆和横杆的材质为Q345，斜杆的材质为Q195，表面采用热镀锌处理。

图13 十字形盘插座

图14 工程应用

三、插接式脚手架

1. 克来柏（CRAB）模块式脚手架

北京安德固脚手架工程有限公司是专业从事脚手架工程承包、设计咨询、生产研发、销售和租赁等业务的企业，于2004年从法国ENTREPOSE公司引进先进的克来柏模块式脚手架。这种脚手架具有结构轻便、承载力高、装拆灵活、安全可靠和稳定性好等特点，已在城市建设、能源、化工、航空、船舶工业、大型文体活动、临时设施、奥运比赛场馆等几百个重点工程中大量应用。

这种脚手架的插座为四个U形耳座，插座的间距为500mm，横杆插头直接插入U耳内，U形耳两边有长孔，可以与斜杆连接，见图15、图16。该公司的主要产品有60型支撑架、框架脚手架和25型多功能脚手架三种脚手架。

（1）60型支撑架由三角架单元组成，具有较高的强度和刚度，是承重型模板支撑架，主要用于道桥模板支撑系统。搭设高度可达15m以上，每根立杆可承受60kN的荷载，耗钢量只有扣件式脚手架的1/3左右。

（2）25型多功能脚手架主要用于各类建筑外墙施工，也可用于临时人行天桥、临时场馆、平台和货柜架等的搭设。

（3）框架脚手架主要用于建筑物的外墙架，结构与25型多功能脚手架基本相同，部分构件作了适当简化，降低了成本。它可以采用一层叠一层的步架安装方法，组装快速简便。

图15　U形耳插座

图16　工程应用

2. V形耳插接式脚手架

V形耳插接式脚手架具有结构简单，加工方便；强度较高，安全可靠；装拆灵活，搬运方便；价格较低，可多次使用；适用性强，能适应建筑物平立面的变化等特点。因此，这种脚手架在印度、智利、阿联酋等发展中国家应用较多。四川华通建筑科技有限公司早在2001年开发出V形耳插销式脚手架，并获得了5项国家发明和实用新型专利。四川莱达建材有限公司不久也开发了同类脚手架，由于这种脚手架具有良好的技术和安全性能，得到四川省许多施工企业的认可，在这些地区正在逐步推广应用。

这种脚手架的插座为四个V形耳座，插座的间距为500mm（也可选用600mm），横杆和斜杆的插头都可直接插入V形耳内，与立杆连接，见图17、图18。主要构件的规格是，立杆、横杆和斜杆的管径均为$\phi 48mm \times 3.5mm$，立杆长度为500~3500mm七种；横杆长度为852~2352mm五种；斜杆长度为900~3000mm五种。立杆的材质一般采用Q235，建议采用Q345，其他杆件的材质为Q235，表面采用涂刷防锈漆，也可采用热镀锌处理。

图17　华通脚手架

图18　莱达脚手架

云南春鹰模板制造有限公司开发的插接式支撑系统，也是V形耳插座的支架，主要用于工业和民用建筑现浇混凝土楼板（平台）的模板支撑，见图19。目前，该公司的钢框胶合板（钢板）模板和插接式支撑，已在云南、四川、贵州等地的许多建筑工程中大量应用。

石家庄市太行钢模板有限公司曾接到南美智利的加工订单，按智利图纸加工V形耳插接式脚手架，脚手架的加工质量很好，见图20。另外，还有无锡晨源建筑器材有限公司等一些脚手架企业生产香蕉式脚手架，其结构与V形耳插接式脚手架一样，只是横杆的插头呈香蕉状，由此得名，这种脚手架主要为国外公司加工，见图21。

图19　春鹰脚手架　　　　　图20　太行脚手架　　　　图21　晨源脚手架

四、几点建议

1. 大力推广应用新型脚手架

多年来，扣件式脚手架坍塌事故每年发生多起，给国家和人民生命财产造成巨大损失。新型脚手架是建筑业重点推广应用十大新技术之一，大力推广应用新型脚手架是解决脚手架施工安全的根本措施。目前应抓好以下工作：

（1）有关部门应制定相应政策，鼓励施工企业采用新型脚手架；

（2）高大空间结构的脚手架应采用新型脚手架，限制使用扣件式脚手架；

（3）对扣件式脚手架的产品质量及使用安全问题，应大力开展整治工作。

2. 大力推进模架工程施工专业化

当前，混凝土工程中已实现了混凝土商品化，钢筋加工安装专业化，模板、脚手架工程施工专业化将是发展的必然趋势。模架工程施工专业化有利于采用新技术，提高模架利用率，培养熟练技术队伍，降低施工成本，促进技术进步等。目前应抓好以下工作；

（1）争取政府有关部门支持，尽快设立模板、脚手架专业承包的企业资质；

（2）要支持有条件的企业，建立有技术特色的专业模板、脚手架公司，如桥梁模板公司，隧道模板公司，爬模公司，滑模公司以及各类脚手架公司等；

（3）要提高劳务模架专业公司的技术水平和装备水平，适应模板工程较高技术特点的需要。

3. 切实加强产品质量监督和管理

当前，我国模板行业中，部分扣件式脚手架不合格，已成为建筑施工安全的严重隐患，建议应抓好以下工作；

（1）对脚手架企业应进行产品质量监督管理，以堵住不合格产品的生产源头；

（2）施工和租赁企业必须选购有"产品合格证"厂家的产品，租赁的模架必须有质量保证书和检测证书，以堵住不合格产品的流通渠道；

（3）由质量监督部门负责对施工中采用的模架进行质量监督，对不符合质量要求和施工安全的模架，有权责成施工企业停止使用，以确保模架的产品质量和施工安全。

载于《建筑施工》2014 年第 3 期

29　国内外早拆模板技术发展概况

国外楼板模板施工方法很多，使用的支架为钢（铝合金）支柱、插销式钢管脚手架等；面板为胶合板、钢框胶合板模板或铝框胶合板模板等；横梁为木工字梁、型钢或钢桁架等，利用这些支架、面板、横梁相互组合，形成了多种多样的施工方法。为了将楼板和梁底模板提早拆模，以加速模板周转，减少模板置备量，节省模板购置费，降低模板施工费用，许多国家都在积极采用和发展在各种支架或支柱顶部增设早拆柱头的早拆模板技术。

1. 国外早拆模板技术概况

国外最早采用的早拆模板技术是在钢支柱或支架的顶部增设一个带双翼的螺杆的早拆柱头。这种早拆柱头的顶板可以直接与梁、板混凝土接触，也可以直接顶撑住专用钢模板或木模板。双翼上放钢管或钢梁，模板放在钢管或钢梁上，当梁、板混凝土达到一定强度时，一部分带早拆柱头的钢支柱仍支撑住楼板或梁底混凝土，则楼板或梁模板及其他钢管、钢支柱可以提前拆除，待混凝土强度达到设计要求时，再拆除带早拆柱头的一部分钢支柱。如日本等国家采用这种早拆模板技术，见图1。

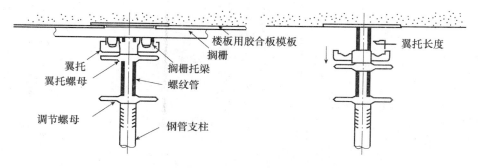

图1　日本早拆柱头

目前，欧洲、美国等国家采用钢支柱或铝合金支柱、插销式钢管支架等模板支撑，在支柱或支架的柱头上附设一个滑动式早拆柱头，早拆柱头的顶板直接支撑住梁、板混凝土，早拆柱头的两翼上挂木工字梁、钢或铝合金托梁，模板安放在托梁上。当梁、板混凝土达到一定强度时，即可拆模。拆模时，用锤敲击早拆柱头的活动件，托梁和模板随活动件一起下降，与混凝土脱离，然后将模板和托梁逐块拆除，一部分支柱或支架可以先行拆除，另一部分支架仍保留在原来位置，当梁、板混凝土达到设计强度时，再拆除这部分支柱或支架。早拆模板体系有多种多样，如德国 PERI 模板公司的早拆模板体系见图2，奥地利 doka 公司的早拆模板体系见图3，西班牙 ULMA 公司的早拆模板体系见图4，意大利 FARESIN 公司的早拆模板体系见图5，加拿大 Aluma 公司的早拆模板体系见图6，土耳其 Teknik 公司的早拆模板体系见图7。

图 2　PERI 公司

图 3　doka 公司

图 4　ULMA 公司

图 5　FARESIN 公司

图 6　Aluma 公司

图 7　Teknik 公司

　　加拿大 TABLA 脚手架公司研发的 TABLA 早拆模板技术是当今国际上技术最先进、效率最高、最安全可靠的早拆模板技术之一。由于采用了桌面化的设计，让模板搭拆变得像搭设积木一样简单，通过特殊的设计和产品制造，形成了独特的刚性板面结构，模板的组装工作 90% 是在地面上实现，然后再进行空间组装，同时安全防护设施随同模板一起达到模板安装层，有效保证了结构的安全可靠性和施工安全性。同时大大提高了工效，两个普通工人就能方便快捷地进行模板安装，一般熟练工人每小时安装模板能达到 $31m^2$（约 11 块模板），拆除模板能达到 $57m^2$（约 20 块模板），见图 8 和图 9。

图 8　TABLA 早拆柱头

图 9　TABLA 早拆模板

　　以上可见，国外各国早拆模板体系的支柱大都采用钢支柱或铝合金支柱，装拆方便，施工速度快，施工空间大，比采用扣件钢管支架既方便，又安全，材料也节省，施工速度快，经济效益更显著。

2. 国内早拆模板技术概况

　　我国早拆模板技术最早应用于 20 世纪 80 年代末，由北京北新施工技术研究所开发的 SP-70 早拆模板体系，如图 10 所示。采用 SP-70 钢框胶合板模板作面板，箱形钢梁作横梁，承插式支架作垂直支撑，采用滑动式早拆柱头，见图 11。这种早拆模板技术的特点是装拆简单、工效高、速度快。缺点是由于箱形钢梁高度的限制，通用性差。另外，箱形钢梁的造价也较高。

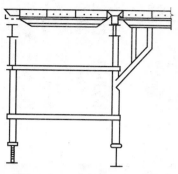

图 10　北新早拆模板体系

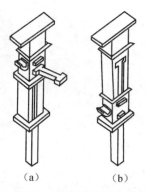

（a）　　　　（b）

图 11　北新早拆柱头

20 世纪 90 年代初，北京市建筑工程研究院研发了 MZ 门架式早拆模板体系，面板采用 GZB90 型钢框胶合板模板，支撑采用 GZM 门架支撑，横梁采用 GZL 支承梁，见图 12、图 13。在北京、广东、河北、山西等多个城市中大量应用，取得了良好的效果，

图 12　门架式早拆体系

图 13　早拆柱头

天津采用早拆模板技术也较早，见图 14、图 15，早拆柱头为螺杆式柱头，支架采用扣件式钢管支架，横梁可用钢管或木方，面板采用钢模板或胶合板，其特点是通用性强，可适用于各种模板作面板，支架和横梁都可利用现有的钢管，不需要重新投资，施工成本低。由于这种施工技术装拆速度慢、工效低、钢管用量多，尤其是安全性较差，没有得到推广应用。

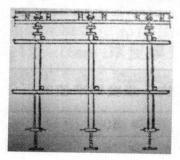

图 14　天津早拆模板体系

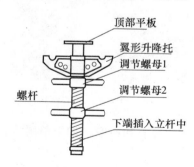

顶部平板

翼形升降托

调节螺母1

螺杆

调节螺母2

下端插入立杆中

图 15　早拆柱头

北京正鼎通立科技有限公司研发了 DL 型早拆模板体系，该技术的早拆柱头采用螺杆与滑动结合的柱头，这种早拆柱头能满足各种类型的模板和横梁的要求，见图 16、图 17。并且具有三项功能，下部螺杆具有调节横梁标高的功能，其调整范围为 0～300mm；中部有 T 形槽口的定位器，具有快速早拆的功能；上部柱帽微调螺母具有调节顶板标高的功能，调整范围为 0～60mm。支撑系统采用插卡式支架，这种支架构造简单，结点连接可靠，装拆方便，整体稳定性好，确保模板施工安全。

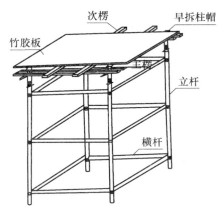

图 16　DL 型早拆模板体系

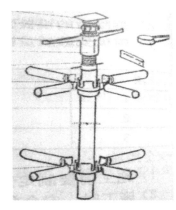

图 17　早拆柱头和支架

为使早拆模板技术能适用于组合钢模板、竹（木）胶合板和钢框胶合板模板等多种面板，同时要求早拆柱头装拆简便、施工速度快，不少模板公司对早拆柱头作了改进，研制出多种早拆柱头，其构造一般采用螺杆与滑动结合的柱头，见图 18。

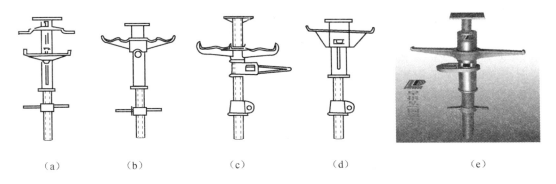

（a）　　　　　（b）　　　　　（c）　　　　　（d）　　　　　（e）

图 18　早拆柱头

（a）北新早拆柱头；（b）星河早拆柱头；（c）赫然早拆柱头；（d）中辰早拆柱头；（e）群力达早拆柱头

早拆模板技术可适用于各种类型的公共建筑、住宅建筑的楼板和梁，剪力墙结构、框架剪力墙结构、框架结构等建筑的楼板和梁，以及桥梁和涵洞等市政工程的结构顶板模板施工。

早拆模板技术的支撑系统构造简单，施工效率高，节省劳动力；可用人工搬运，节省机械费；不易丢失，减少损耗；可提前拆模，加速模板周转，使用效率及经济效果明显。施工企业在原有模板和支撑的基础上，仅购置早拆柱头，便可改革现有的模板体系，并提高原有模板的使用效果和速度，如果单层面积大，虽然不是高层建筑，但采用平面分段流水施工，早拆模板技术同样能取得很好的技术经济效益。因此，该项技术具有广泛的应用和发展前景。但是，近几年早拆模板技术未能在国内大量推广应用，原因是多方面的，主要问题是宣传力度不够，没有算好经济账。早拆模施工要求施工人员必须做好模板和支架的施工设计，以及施工管理等工作，许多施工人员素质低，不愿找麻烦。我们要大力宣传早拆模板技术的施工经济效益，积极推广应用早拆模板技术。

载于《建筑技术》2011 年第 8 期

30 台湾模板与脚手架技术考察报告

为了加强两岸模板公司的联系，交流模板、脚手架技术和管理经验，应会员单位的要求，协会于2005年7月24日至8月1日组织第一批赴台湾模板与脚手架技术考察团，由縻嘉平秘书长任团长，杨秋利和忻国强两位常务理事任副团长，一行共18人。考察团与台湾盛品国际股份有限公司、美商艾福克（EFCO）系统钢模股份有限公司台湾分公司、台湾启立机械工程股份有限公司等模板企业进行座谈交流。通过此次考察和交流，达到了相互交流模板技术发展情况、建立良好和长期合作关系的目的。

1. 台湾模板业概况

台湾模板公司大部分是20世纪90年代发展起来的，规模比较小，职工人数不超过100人，生产工艺没有形成自动化生产线，生产设备和技术水平与大陆模板生产厂的情况相近。但是生产效率较高，如盛品国际股份有限公司成立于1998年，职工人数70余人，年营业额达10亿元台币（折合2.78亿元人民币）。启立机械工程股份有限公司成立于1994年，职工人数35人，年营业额1亿元台币（折合2778万元人民币）。

台湾模板企业都是中小型企业，模板企业的产品都不局限于几种模板产品，而是多种多样，根据市场的需要进行生产。如启立机械工程股份有限公司的主要产品是桥梁悬臂工作车、桥梁模板和隧道活动钢模板等，其他产品很多，有各类钢模板、钢支撑、衬砌钢模板、隧道水沟模板、节块吊装设备、钢结构，以及道路扶手、地沟盖等。

台湾有些模板企业是集团公司的子公司，如长家营造公司是台湾十大企业集团之一的长谷集团公司的子公司，长谷集团公司包括长谷建设公司（主要业务为房屋销售、装修设计等）、赵建铭建筑师事务所（主要业务为建筑设计、景观设计、室内设计等）、汉卫物业管理事业公司、文化艺术事业公司、长谷文教基金会，以及长家营造公司等单位。长家营造公司的主要业务为模板制造、模板工程、民用和公共建筑的施工等。

据了解，目前台湾还没有建立模板协会之类的行业团体，但已建立了模板业总工会，总工会下设11家会员工会。总工会的主要任务是组织、调查、辅导、协助会员工会各项会务、业务的推展事项；办理关于本行业内容的宣传；本行业出版刊物的发行，以及处理其他有关法令规定等事宜。

20世纪90年代初，奥地利DOKA模板公司、德国PERI模板公司、美国EFCO模板公司等国外著名模板公司，都曾在台湾设立办事机构或分公司。由于台湾建筑工程量不断减少，不少国外模板公司已退出台湾市场。目前，美国EFCO模板公司的台湾分公司仍保留，并且其系统钢模板在台湾应用量还相当多。

2. 几点体会

台湾模板企业的规模都不大，职工人数很少，生产工艺也不先进，但是，台湾模板企业的管理理念和管理经验，不断创新，积极向外拓展商机等方面的经验，都很值得我们借鉴和思考。

（1）模板产品多样化，施工专业化

目前，台湾在施工中应用的模板品种也较多，有全钢模板、木胶合板模板、玻璃钢模板、塑料模板、铝合金模板、钢框胶合板模板等，在模板施工技术中，滑动模板、爬升模板和桥梁模板施工技术比较先进。

台湾模板企业中，没有单一的模板制造企业，模板企业都必须具备模板工程规划、设计、模板制造和施工的能力，并且模板及脚手架产品和相关产品都较多，有些模板企业还具有自己的专利技术和施工工法，这样企业才能抵御市场变化的风险。

如盛品国际股份有限公司能制造多种类型和规格的模板、支撑，能承担建筑工程、港湾工程和桥梁工程的模板设计与施工任务，公司的专利施工技术是滑动模板施工和爬升模板施工。启立机械工程股份有限公司的专利技术是桥梁悬臂工作车（架桥机）工法和隧道模施工工法，其他模板、支撑、附件和设备等产品有数十种。还有台湾昆庆事业模板工程公司是建立20多年的模板企业，模板产品有各种传统的钢模板和系统模板，可以承担土木、建筑及特殊工程中模板工程的施工任务。

在20世纪80年代，大陆建立了一大批钢模板生产厂，20多年来，大部分钢模板厂都是单一钢模板生产企业，产品也较少，只生产通用钢模板，不生产专用模板和配套附件，缺乏开发其他模板和支撑的能力，能承担模板工程设计和施工的钢模板厂太少。

随着大陆建筑结构体系的发展，各种形式现代化的大型建筑体系大量建造，这些工程的质量要求高，施工技术复杂，施工工期紧，需要开发和应用各种新型模板、脚手架才能满足施工工程的要求。由于大部分钢模板厂技术力量薄弱，缺乏研制开发新产品的能力，在市场需求发生变化时，这些企业肯定无法生存。近年来，由于组合钢模板不能适应清水混凝土工程的要求，组合钢模板的使用量不断减少，导致许多钢模板厂倒闭或转产。目前，能够继续生存和发展的钢模板厂，都是能够适应市场需求变化，开发生产宽幅钢模板、大钢模、钢框胶合板模板、桥梁和隧道模板、新型脚手架或其他相关产品的企业。

随着建筑市场的不断开拓，各类专业模板工程公司的市场前景将十分广阔。在发达国家的专业模板公司已有几十年的历史，专业模板公司应是具有科研、设计、生产、经营和施工等综合功能的技术密集型企业，以适应模板工程较高技术特点的需要。如滑模专业公司，爬模、爬架专业公司，桥隧模板专业公司等，专业模板公司应具有自主知识产权的专利和专有技术。发展专业模板公司有利于采用新技术，提高模架和设备利用率，提高施工技术水平，培养熟练的施工队伍，提高施工速度和工程质量。

（2）不断创新，积极拓展国际市场

目前，台湾地区的建筑工程项目越来越少，不少模板企业为求得其生存发展及进一步繁荣，积极向外拓展商机，打入国际市场。如盛品国际股份有限公司的规模并不大，但已在澳大利亚、印度尼西亚、韩国等国设立分公司，公司主要业务已在国外，其年营业额中，有80%是在国外的经营收入。该公司不但为国外模板工程提供模架和建材，还可负责模板工程的设计、工程承包及劳务输出。又如台湾实固股份有限公司是专业生产各种脚手架和附件的企业，该公司多次在德国Bawma建筑设备、建筑机械博览会和美国国际混凝土博览会上参展，其产品主要销往欧、美等国家。

今后五年内，大陆建筑市场将保持良好的发展趋势，建筑市场仍然十分巨大，建筑业的年产值将保持在2万亿元以上，也给模板行业提供了巨大的商机。但是，由于大陆模板生产企业过多，市场竞争激烈，建筑市场又十分混乱，在体制和机制方面都存在不少问题，限制了新产品、新技术的推广应用。

目前大陆模板企业广泛采用的扣件式钢管脚手架，其最大弱点是安全性较差、施工工效低、材料用量多，已不能适应建筑施工发展的需要，这种脚手架在发达国家已被淘汰。因此，不少脚手架企业积极开发了各种新型脚手架，从技术上来讲，一些脚手架企业已具备加工生产各种新型脚手架的能力。但是，市场还没有形成，施工企业对新型脚手架的认识不足，采用新技术的能力不够。一些脚手架企业积极开拓国际市场，现在日本、韩国、欧洲、美国等许多国家及地区的贸易商和脚手架企业纷纷到大陆来订单加工。

最近，大陆一些模板企业正在积极开发新型钢框胶合板模板，推广应用新型模板是施工技术和模板技术发展的需要。但是大陆新型模板应用还较少，市场条件还不成熟，大陆模板企业可以借鉴台湾模板企业和脚手架企业的经验，积极拓展国际市场，培育一批与国际接轨的模板和脚手架公司，为市场作好技术储备和典型工程的推广应用。

（3）促进两岸技术交流，加强两岸企业合作

这次考察期间，我们亲身体会到台湾人民对大陆同胞的亲情，对大陆经济的飞速发展和人民生活水平的提高十分关注，对两岸尽早实现三通的心情十分强烈。台湾模板企业对我们赴台考察交流十分欢迎，接待非常热情。目前，台湾已有不少模板企业在大陆建立了加工厂，如昌鼎营造股份有限公司、实固股份有限公司等在大陆都已建立模板和脚手架生产厂。有一些模板公司希望与大陆模板企业建立长期的合作关系，如盛品国际股份有限公司在国外的工程项目较多，由于台湾的人工费较高，希望协会帮助介绍合作伙伴，这次考察中提出了五项模架加工任务，协会已逐项介绍给有关会员企业。有些模板公司有较先进的模板专利技术，希望将模板专利技术打入大陆建筑市场，如启立机械工程有限公司的桥悬臂工作车在台湾高铁工程中应用很成功，目前大陆的桥梁工程非常多，如果将这套桥梁架桥机和施工工法转入大陆，将对两岸双方都非常有利。

台湾模板公司在承接国际模板工程项目任务、模板工程设计和采用模板、脚手架新技术方面，比大陆模板公司有较大优势。大陆模板公司在模板、脚手架的加工制作，模板工程的劳务输出等方面也有较大优势。如果两岸模板企业能够紧密合作，取长补短，共同将模板、脚手架产品和技术打入国际市场，这是非常有前景的。另外，通过两岸技术交流和合作，将会进一步促进两岸模板、脚手架技术进步，促进模板、脚手架新技术的推广应用。

载于《施工技术》2006 年第 2 期

三 国外模板公司产品和技术介绍

31　德国派利模板公司考察报告

2002年9月应德国派利（PERI）模板公司的邀请，中国模板协会组织技术考察团一行19人，赴德国派利模板公司进行考察。2004年、2007年和2010年协会又组织技术考察团到德国慕尼黑参观Bauma博览会，重点参观了派利模板公司的模板、脚手架新产品和新技术，在国内又多次邀请派利模板公司有关人员的来访，进行了广泛的技术和市场信息交流。通过多次考察和交流，对派利模板公司及其产品情况有了一些了解。

一、公司概况

德国派利（PERI）模板公司创立于1969年，当时公司的专利技术只有T70木梁，到1974年公司已开始在世界范围内发展，经过30多年的发展，已发展为世界最大的跨国模板公司之一。公司创立时年营业额约25万马克，职工人数34人；1990年营业额上升到1.48亿欧元，职工人数750人；2000年营业额达到4.30亿欧元，职工人数2950人；2005年营业额已达到6.50亿欧元，职工人数达到3900人。

目前，派利模板公司在全世界55个国家拥有42个子公司或代表处，拥有客户25000个，每年可完成5万个以上模板工程项目。派利模板公司的总部设在德国威森霍恩市，占地面积约34万m^2，生产车间面积为6万m^2，在这里每年可加工3.5万m^3木料，5万t钢材和3kt铝材，以生产木模板、木梁及各种钢制和铝制模板、脚手架等产品。

派利模板公司能如此快速发展，主要是能不断开发新产品，不断改进模板、脚手架技术，增强公司产品的竞争力。公司几乎每年都开发1~2项新产品或换代的产品。如1971年开发了爬模技术，1974年、1978年、1988年和1989年多次对爬模技术进行改进和换代。又如1971年开发了钢框胶合板模板，1976年、1979年、1986年、1995年至1998年对钢框胶合板模板系列产品不断改进和换代，目前派利模板公司已有50多个产品系列。在2004年慕尼黑BAUMA建筑设备博览会上，派利公司推出24个新开发的产品，展示其在模板与脚手架行业技术创新的领先地位。

在模板施工组织设计领域方面，派利公司也是技术的领先者。早在1987年派利公司已开发了计算机建筑模板辅助设计，1991年以后，随着个人计算机功能不断增强，派利公司开发了第二代自动立模程序。2000年又开发了第三代模板设计程序。下面简要介绍派利模板公司的产品系列。

二、模板系列产品

1. 墙体模板体系

（1）木模木梁体系，即无框模板体系。其面板为厚18~20mm的木模板或胶合板模板，支承梁为工字木梁。这种模板体系的特点是利用木梁和木模板可以拼装成各种尺寸的平面结构和曲面结构，可以根据工程项目要求设计组装大面积模板，并且重量轻、使用方便、价格低，见图1。

（2）TRIO 模板体系。其边框和肋为空腹钢框，面板为厚 18mm 的胶合板模板，标准板长度为 3300mm、2700mm 两种，宽度为 2400～300mm 六种，这种模板的特点是钢框的强度和刚度大，可承受混凝土侧压力 80kN/m²；适用范围广，各种大型工程和小型工程都能适用；操作简单、速度快，只用一个 BFD 万能夹具，就可以完成模板的连接；模板面积大，可以用 BFD 夹具拼装成 40m² 的模板整体吊装施工，见图 2。

图 1 墙体模板体系

图 2 TRIO 模板体系

（3）DOMINO 模板体系。其边框和肋为冷弯型钢，面板为厚 18mm 的胶合板模板，是一种轻型钢框或铝框胶合板模板，标准板长度为 2500mm，宽度为 1000mm、750mm、500mm、250mm 四种。这种模板的特点是模板面积大、重量轻；模板规格少，只需要一个 DRS 夹具就可以拼装模板，施工速度快、操作简便；钢框的承载能力大，可以承受混凝土侧压力 60kN/m²，适用于民用建筑和市政工程的模板施工项目，见图 3。

（4）HANDSET 模板体系，又称一个模板体系。这种模板的钢框和肋都是由冲压后的扁钢组装而成，面板为厚 15mm 的胶合板模板，模板规格为长度 1500mm、1200mm、900mm 三种，宽度为 900mm、600mm、450mm、300mm 四种。其特点是模板面积小、重量轻，一个人就可以搬运，组装和搬运灵活方便；可以承受混凝土侧压力 40kN/m²，适用于小面积模板的施工项目，见图 4。

图 3 DOMINO 模板体系

图 4 HANDSET 模板体系

2. 楼板模板体系

（1）台模体系。采用木工字梁和木模板拼装成台面模板，钢支柱为支架，用台模可拆柱头将台面和支架连成一体。派利台模体系根据工程应用情况分 MODULE 和 UNIPOTAL 型两种。MODULE 型台模为标准产品系列，其长度为 4m 和 5m 两种，宽度为 2m 和 2.5m 两种，预先组装好标准尺寸，运到现场可以直接使用，见图 5。UNIPOTAL 型台模是根据工程要求设计和组装的非标准型，如圆形建筑、弧形墙面建筑等，可以选用这类台模，见图 6。

图 5　MODULE 型台模　　　　　　　　图 6　UNIPOTAL 型台模

（2）早拆模板体系。其面板为铝合金框胶合板模板，横梁为铝合金梁，支架为 MP 铝合金支柱，在支架上端放早拆柱头。使用这一套早拆模板体系，混凝土浇筑 1～2 天后即可拆除模板和横梁，只有早拆柱头和支柱保持原位不动，见图 7。

（3）钢支柱、木梁体系。横梁采用木工字梁，支架采用钢支柱，面板可采用木模板或钢框胶合板模板等。这种模板体系搭设灵活机动，可应用于普通高度的楼板模板施工，见图 8。

图 7　早拆模板体系　　　　　　　　图 8　钢支柱、木梁体系

（4）铝合金支柱、木梁体系。横梁采用木工字梁，支架采用 MP 铝合金支柱，面板可采用木模板或钢框胶合板模板等。这种模板体系可充分发挥木梁和铝合金支柱的承载能力，楼板模板下面空间很大，便于施工操作，见图 9。

（5）铝合金支柱、铝梁、铝框胶合板模板体系。这种体系全部采用铝合金支柱、横梁和面板，施工轻便，装拆灵活，操作空间大，见图 10。

图 9　铝合金支柱、木梁体系　　　　图 10　铝合金支柱、铝梁、铝框胶合板模板体系

3. 柱模板体系

（1）SRS 圆形钢柱模板。由两个半圆柱模单元组成，可大大简化施工。这种柱模可

以承受很高的混凝土侧压力，允许承载能力为 $150kN/m^2$，可以快速浇筑混凝土。圆形柱模的四个标准高度为 3.0m、2.4m、1.2m 和 0.3m，可以拼接以 30cm 为模数的不同高度柱模。圆形柱模的直径为 0.25m 至 0.7m 共十个规格，每 5cm 为一个进级，见图 11。

（2）TRIO 钢框柱模板。由四块钢框模板可拼装成正方形或矩形柱模，以 5cm 为模数，最大截面尺寸可达 75cm×75cm，柱模高度可达 5.40m，配上两个爬梯和两个混凝土浇筑操作平台，承受混凝土侧压力可达 $100kN/m^2$，见图 12。

图 11　SRS 柱模板

图 12　TRIO 钢框柱模板

（3）由 GT24 木梁、胶合板面板和钢柱箍组成，可用于各种截面和高度的柱模施工，柱模尺寸可无级调节，截面最大尺寸为 0.8m×1.2m，允许承受混凝土侧压力可达 $100kN/m^2$，见图 13。

（4）QUATTRO 型整体柱模。由钢框胶合板模板和可折叠框架等组成。这种柱模尺寸可从 0.20m×0.20m 至 0.60m×0.60m 之间调节，以 5cm 为模数。这种柱模可以用吊车一次性整体吊运，这样可以节省装拆柱模和吊车的时间，由于柱模框架可以折叠，所以运输体积很小，在柱下端装上四个移动滚轮，可以整体水平推动，转运很方便。允许承受混凝土侧压力可达 $80kN/m^2$，见图 14。

图 13　VARIOGT24 柱模板

图 14　QUATTRO 型整体柱模

4. 爬升模板体系

（1）吊爬模。根据爬模架横梁的宽度分为 CB240 型和 CB160 型两种规格爬架。模板安装在一个水平推车上，可以不用吊车水平移动 75cm。模板与爬架作为一体由吊车一次起吊转运，到上一层再安装，装拆施工很方便。CB240 型和 CB160 型爬架可以与木梁墙体模板配合使用，也可以与钢框胶合板模板配合使用，见图 15。

（2）ACS 自动爬模。是派利公司凝聚了三十多年施工经验，不断革新的技术，该技术应用于高层建筑施工时，具有更经济、更快速、更安全的特点。ACS 自动爬模采用液压油缸驱动，顺着爬升轨道轻松匀速向上爬升。这个驱动系统是自动爬模系统的核心结构，由它可以组装成不同形式的爬架。爬模的面板可以采用木梁墙体模板或钢框胶合板模板，见图 16。

图 15　吊爬模

图 16　ACS 自动爬模

（3）单面爬模。有 SKS 型和 SSC 型两种体系，不需要对拉螺杆，而是通过爬架将现浇混凝土侧压力传递到爬架悬挂的锚固系统上。SKS180 单面爬模的操作平台宽 1.80m，操作空间较少，拆模时，只需要简单地将模板向后倾倒，见图 17。SSC180 型单面爬模的最大特点是在斜面上爬升时，主操作平台与次操作平台都可以调整成水平状态。所以在建筑物的倾斜度有变化时，都可以调整到一个水平工作面上操作，见图 18。单面爬模主要应用于大坝、船闸、冷却塔、隧洞、桥墩柱头、地下掩体或保险柜室。

图 17　SKS180 单面爬

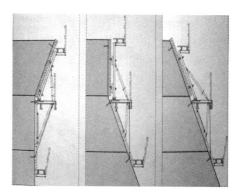

图 18　SSC180 型单面爬模

5. TRIO 筒模

派利筒模的内外模均采用 TRIO 钢框胶合板模板，内模的角模为铰链角模，内模拼装成整体筒模，可以用吊车整体吊运，从底层一直用到顶层，不需要拆装。内模的四边模板中部位置插入 TSE 模块，将模块向下插紧锁定后，内模即可成型。在起吊内模时，只要起吊四个 TSE 模块，在筒模四周可形成 25mm 的拆模空间，内筒模即可整体向上吊装。利用 TSE 模块来调节内筒模的尺寸，操作方便、施工速度快，见图 19。

6. 单面模板

派利单面模板采用 SB 型重力支架，可以与派利的所有墙体模板配合使用。重力支架的所有构件组装简单迅速，不需要其他配件，必备配件都固定在相应的支架上。用单面模板浇筑混凝土时，所有现浇混凝土侧压力都由支架承受并传递到支撑面。派利重力支架设计最高使用高度为 8.75m，见图 20。

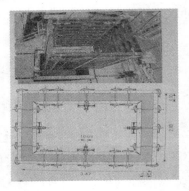

图 19　TRIO 筒模

图 20　单面模板

三、模板支架和脚手架体系产品

（1）HD200 三角形铝合金立柱。这种立柱是由三根 $\phi 48.3$mm 铝合金圆管组成，立柱的长度有 2700mm、2100mm、900mm、300mm 四种。其特点是重量轻，2.70m 的最高立柱也只有 29kg，可以人工操作；承载能力大，每个立柱可承载 200kN。这种立柱适用于荷载较大的路桥工程，也能适用于建筑维修工程，见图 21。

（2）MP 铝合金支柱。这种支柱采用带槽的方形铝合金管作套管，插管是在四角带齿牙的铝合金管，支柱的规格有 MP120、MP250、MP350、MP480 和 MP625 五种。其特点是重量轻，如 MP350 支柱的使用长度为 1.95m 至 3.50m，而自重只有 18.8kg；承载能力大，单根支柱可承载 60kN；安全性强，由于插管从上到下通长都是螺纹，因此，即使有几个螺纹损坏了，支柱仍能保持良好的工作状态。插管上有自藏式标尺，可以快速、精确地预调支柱高度，见图 22。MP 支柱还可以与横框连接作为台模或塔架使用，承载能力高达 90kN，见图 23。

图 21　HD200 三角形铝合金立柱

图 22　MP 铝合金支柱

（3）ST100 塔架。采用钢管焊接成工字形部件，可以组装成各种高度的 1.0m × 1.0m 方形支架。其特点是部件少，只有一种工字形主件和四种附件，施工很简便；支架安装都是对插连接，不需要插销或螺栓，安装速度快；支架承载能力高，当支架高度 $h = 5.29 \sim 8.29$m 时，可承受荷载 50kN，见图 24。

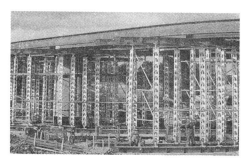

图 23　MP 支柱与横框连接

图 24　ST100 塔架

（4）UP ROSETT 承重支架。也是一种承插式钢管脚手架，钢管直径为 ϕ 48.3mm，插座为厚 10mm 的玫瑰花形的钢板，钢板上设四个插孔。支架的长度有 1000mm、2000mm、3000mm、4000mm 四种，横杆的长度有 720～4000mm 七种，斜杆长度有八种，立杆上的插座间距为 500mm。其特点是受力性能好，每根立杆的允许承载能力可达到 10～60kN；支架的部件少，可以搭设成独立塔架、平面网架或空间网架使用，见图 25。

（5）PEP20 型和 PEP30 型钢支柱。PEP20 型钢支柱长度有 1.71～3.00m、19.6～3.50m、2.21～4.00m、2.71～5.00m 四种，最小的允许承载力为 20kN。PEP30 型钢支柱长度有 0.96～1.50m、1.46～2.50m、1.71～3.00m、1.96～3.50m、2.21～4.00m 五种，最小的允许承载力为 30kN。钢支柱所有材料表面均经过热镀锌处理，保证支柱有较长的使用寿命。钢支柱配备三脚架和十字柱头，广泛用于楼板工程施工，见图 26。

图 25　UP ROSETT 承重支架

图 26　PEP20 型和 PEP30 型钢支柱

载于《中国模板脚手架》2006 年第 1、2 期

32　德国 MEVA 模板公司考察报告

2002 年 9 月应德国 MEVA 等模板公司的邀请,协会组织技术考察团一行 19 人,赴德国 MEVA 模板公司进行考察。得到公司的热情接待,参观公司的模板、脚手架新产品和新技术展览室,进行了广泛的技术和市场信息交流。见图 1、图 2。

图 1　MEVA 公司与考察团交流

图 2　参观样品展览室

一、公司概况

德国 MEVA 模板公司成立于 1970 年,与德国 PERI 模板公司一样只有 30 多年的发展历史,已成为德国较大的跨国模板公司之一。该公司有职工 300 余人,其中工人仅 40 人,模板生产和维修均已采用自动化生产线。2004 年营业额达 7000 万欧元,公司在欧洲、美国、澳大利亚等国及地区均有代表处,产品 60% 远销国外,40% 在国内销售。

MEVA 模板公司快速发展的经验主要是能不断创新,不断研发新产品,目前公司已拥有 30 多个产品体系。2002 年该公司开发了钢框塑料板模板,由于这种塑料板材质轻、耐磨性好,周转使用次数已达到 500 次以上,并且清理和修补方便,经济效益好,得到用户的普遍欢迎。该公司已逐步将木胶合板面板改为塑料板面板,由于这种钢框塑料板模板价格较贵,因此以租赁为主,该公司的年营业额中 80% 为租赁收入。下面简要介绍 MEVA 模板公司的模板产品。

二、墙体模板体系

1. Alustar 模板体系

该模板边框为挤压成型的双腔空腹铝合金框型材组装而成,面板为厚 15mm 覆面胶合板或塑料板。模板规格长度为 2700mm 和 1350mm 两种,宽度为 900mm、750mm、550mm、500mm、490mm、450mm、400mm、300mm、250mm、240mm、200mm 共十一种,高度为 120mm。其特点是铝合金框重量轻,2700mm×900mm 的模板仅重 52kg;模板组装灵活,可适应各种墙体结构尺寸;承载能力大,可承受混凝土侧压力 $60kN/m^2$,见图 3。

2. StarTec 模板体系

该模板的边框为冷轧成型的空腹钢框,肋为冷弯成型的矩形型材,面板为厚 15mm 覆面胶合板或塑料板。模板规格长度为 2700mm、1350mm、900mm 三种，宽度为 2400mm、1350mm、900mm、750mm、550mm、500mm、490mm、450mm、400mm、300mm、250mm、240mm、200mm 共十三种，高度为 120mm。其特点是钢框的强度和刚度较大，可承受混凝土侧压力 60kN/m²；适用范围广、操作简单、速度快。该模板体系还可与 Alustar 模板体系相互通用，见图 4。

图 3　Alustar 模板体系　　　　　　　　　图 4　StarTec 模板体系

3. Mammut 模板体系

该模板的边框为冷轧成型的空腹钢框，肋为冷弯成型的矩形型材，面板为厚 21mm 覆面胶合板或塑料板。模板规格长度为 3000mm、2500mm、1250mm 三种，宽度为 2500mm、1250mm、1000mm、750mm、550mm、500mm、450mm、300mm、250mm 九种，高度为 120mm。其特点是钢框的强度和刚度大，可承受混凝土侧压力 97kN/m²；模板装拆灵活、施工速度快、适用范围广，见图 5。

4. ECOAS 模板体系

该模板的边框为冷轧成型的空腹钢框，肋为冷弯成型的矩形型材，面板为厚 15mm 覆面胶合板或塑料板，模板规格长度为 2400mm、1600mm、1200mm 三种，宽度为 800mm、550mm、500mm、450mm、400mm、250mm 六种，高度为 120mm。其特点是模板面积小、重量轻、装拆和搬运方便，见图 6。

图 5　Mammut 模板体系　　　　　　　　　图 6　ECOAS 模板体系

三、柱模板体系

1. Caro 柱模板体系

该柱模的钢框为空腹钢框，面板为覆面胶合板，柱模规格长度为 2500mm、1250mm、750mm 三种，宽度为 900mm 一种，能拼装成 150~600mm 各种矩形或正方形柱模，见图 7。

2. Circo 柱模体系

该柱模为圆柱钢模，柱模高度为 3000mm、1000mm、500mm 三种，直径为 250~800mm

十一种，按 50mm 进级，见图 8。

图 7 Caro 柱模板体系

图 8 Circo 柱模体系

四、楼板模板体系

1. Mevadec 楼板模板体系

该楼板模板是由钢横梁、钢支柱拼装成支架，在支架上放胶合板模板或钢框胶合板模板，钢支柱上放快拆头，可以组成快拆模施工，钢横梁的长度为 2700mm、2100mm、1600mm、800mm 四种，见图 9。

2. MevaFiex 楼板模板体系

该楼板模板是由木工字梁和钢支柱拼装成支架，在支架上放钢框胶合板模板或胶合板模板，模板规格长度为 1000mm、1500mm、2000mm、2500mm、3000mm 五种，宽度为 500mm、1000mm 两种。木工字梁高度为 200mm，长度 2450mm、2500mm、2900mm、3300mm、3900mm、4500mm、4900mm、5900mm 八种，见图 10。

图 9 Mevadec 楼板模板体系

图 10 MevaFiex 楼板模板体系

3. SDT 楼板模板体系

该楼板模板为台模体系，由木工字梁和钢支柱拼装成支架，在支架上放胶合板模板。台模规格尺寸为 2.50m×4.00m 和 2.50m×5.00m，胶合板模板和木工字梁的规格尺寸与 MevaFiex 的胶合板、木工字梁相同。在台模往上一层吊装时，4 根钢支柱可以折叠，吊到上一层时再放下就位，见图 11。

五、梁模板体系

该梁模板是由木工字梁和钢支柱拼装成梁底支架，在支架上铺放胶合板作梁底模，梁侧模为胶合板，木工字梁作横楞，由钢三角架作侧向模板紧固装置。这种梁模板体系只能用于高度不大于 1m 的梁，见图 12。

图 11　SDT 楼板模板体系

图 12　梁模板体系

载于《中国模板脚手架》2006 年第 3 期

33 德国 HÜNNEBECK 模板公司考察报告

应德国 HÜNNEBECK 模板公司的邀请，中国模板协会于 1991 年 3 月和 1995 年 11 月两次组织技术考察团赴该公司进行考察，2004 年 3 月和 2007 年 4 月协会又两次组织赴欧洲模板技术考察团参观德国慕尼黑 Bauma 博览会，参观了该公司的模板脚手架新产品和新技术。在国内又多次接待该公司的有关人员，进行技术和商务合作洽谈。通过多次考察和交流，对该公司及其产品情况有了一些了解。

一、公司概况

德国 HÜNNEBECK 模板公司成立于 1929 年，是德国模板公司中较有影响的一家，该公司是由 HÜNNEBECK 先生创建的，并以其命名，在第二次世界大战后，随着基本建设工程的发展，模板公司也得到了发展。20 世纪 90 年代，该公司参加了 THYSSEN（蒂森）集团公司，本世纪初又与英国 SGB 模板公司、美国 PANTENT 模板公司一起归属于美国 HARSCO（哈斯科）公司。

该公司在德国有 60 多个基地，一批姐妹公司，在世界各地有 50 多家代表处，产品主要销售在欧洲，也远销到泰国、新加坡、日本、中国台湾、韩国、中东和非洲等国家及地区。该公司还积极开展模板、脚手架租赁业务，已建立 50 多个租赁公司，分布在欧洲和其他国家。

该公司是一个近 80 年历史的老企业，公司总人数达 1300 多人，而公司总部管理人员约 100 人，其中负责产品设计开发和质量管理的有 17 人，负责产品销售、配板设计、技术培训和现场指导的有 44 人，负责后勤服务、租赁管理的有 21 人，负责材料采购、计划供应的有 5 人，负责财务工作的有 13 人。可见负责产品销售的力量最强，并且都要精通模板设计和现场指导。多年来，该公司在竞争中不断发展，其成功经验是：

（1）在技术上不断创新，研究设计人员根据施工工程反馈的信息，不断改进产品设计，开发新产品，增强公司的竞争力。

（2）注重产品质量，改进生产工艺。

（3）选择产品原料时，注重选择资源多，质量好，价格低的材料。

（4）搞好售后服务，积极为用户提供技术培训和现场指导。

二、模板体系

1. TEKKO 模板体系

该模板的钢框为冲压后的扁钢组装而成，面板为厚 12mm 的覆膜木胶合板。模板规格为长度 1200mm、900mm 两种，宽度 900mm、600mm、450mm、300mm 四种，高度为 80mm。其特点是模板面积小，重量轻，组装和搬运方便，可适用于各种混凝土结构施工，模板价格较低，可承受混凝土侧压力 $40kN/m^2$，见图 1。

2. RASTO 模板体系

该模板的钢框为冷弯成型的型材组装而成，面板厚 14mm 的覆膜木胶合板。模板规格长度为 2700mm、1500mm 两种，宽度 900mm、750mm、650mm、600mm、550mm、500mm、450mm 七种，高度 120mm。其特点是钢框的强度和刚度大，可承受混凝土侧压力 60kN/m²，模板面积大、重量轻，主要用于墙、柱混凝土结构施工，见图 2。

图 1　TEKKO 模板体系

图 2　RASTO 模板体系

3. MANTO 模板体系

该模板的钢框为冷弯钢板压成的异形材，面板为厚 18mm 的覆膜木胶合板，模板规格有三种，一种是大型板，规格为 2400mm×3300mm 和 2400mm×2700mm 两种；第二种是标准板，长度为 3000mm、2700mm 两种，宽度为 1200mm、1050mm、900mm、750mm、700mm、600mm、550mm、450mm 八种。第三种是附加板，长度为 1200mm 一种，宽度规格与标准板相同。其特点是钢框的强度和刚度大，可承受混凝土侧压力 60kN/m²；模板面积大，最大模板面积可达 7.2m²，最大拼装面积可达 40m²。主要用于墙、柱混凝土结构施工，见图 3。

4. TOPEC 模板体系

该模板为铝合金框，面板为厚 18mm 的覆膜木胶合板，标准板规格为 1800mm×900mm 一种，附加板长度为 1800mm、900mm 两种，宽度为 900mm、750mm、600mm、450mm、300mm 五种，高度 140mm。其特点是模板面积大，每块板面积可达 1.62m²；重量轻，每平米模板重 13kg，与钢支柱配套使用，仅 2 人就可进行模板装拆；施工速度快，使用十分方便。主要用于楼板混凝土结构施工，见图 4。

图 3　MANTO 模板体系

图 4　TOPEC 模板体系

5. 木模和木梁组合体系

这种模板体系的木模板为实木模板或胶合板模板，木梁为模数制的木工字梁，木工字梁的高度为 240mm，长度为 880mm、2360mm、2960mm、3250mm 和 3840mm 五种，利用木模板、木工字梁、特制槽钢和相应附件可组合成各种混凝土结构的模板系统，如墙模板、柱模板、楼板模板、圆型筒模板等，见图 5、图 6、图 7、图 8。

图 5　墙模板

图 6　柱模板

图 7　楼板模板

图 8　圆型筒模板

三、脚手架体系

1. MODEX 脚手架

该脚手架为单管插销式脚手架，又称圆盘式脚手架，其插座为直径 120mm，厚 18mm 的钢圆盘，圆盘上开设 8 个孔，钢管直径为 ϕ 48.3mm，立杆长度为 4000mm、3000mm、2000mm、1500mm、1000mm 五种，横杆和斜杆上的插头构造先进，组装时将插头先卡紧圆盘，再将楔板插入插孔内，压紧楔板即可固定横杆。其特点是每个插座可连接 8 个横杆或斜杆；结构合理，安全可靠，连接性能好；每根横杆可以单独拆除；承载能力大，每根立杆可承载 48kN，见图 9。

2. BOSTA 70 脚手架

该脚手架为门式脚手架，门架的规格为宽度 700mm，高度 2000mm、1500mm、1000mm、660mm 四种，其特点是重量轻，装拆方便，施工速度快、安全可靠、承载力较小为 $2.0kN/m^2$，主要用于建筑物外装饰工程，见图 10。

图 9　MODEX 脚手架

图 10　BOSTA 70 脚手架

3. ID15 方框支架

该支架采用钢管焊接成 1335mm×1000mm 的方框，利用斜撑组装成 1000mm×1000mm 的方形支架，其特点是重量轻，组装灵活；零部件少，使用方便；受力性能好，每个单元可承载 180kN，见图 11。

4. ALU-TOP 铝合金支柱

该支柱采用带槽的方形铝合金管做套管，插管是四角带齿的铝合金管，管径为 ϕ106mm，支柱长度为 3500mm、2500mm、1500mm 三种，其特点是重量轻，承载能力大，单根支柱可承载 60kN，支柱间可用横杆连接成支架可承载 90kN；插管为通长螺钉，有几个螺纹损坏也不影响使用；插管上有标尺，可预调支柱高度，使用十分方便，见图 12。

图 11　ID15 方框支架

图 12　ALU-TOP 铝合金支柱

载于《施工技术》2008 年第 11 期资讯

34 德国 PASCHAL （帕夏尔） 模板公司介绍

德国 PASCHAL 模板公司是德国模板公司中较有影响的模板公司之一，1964 年，由约瑟夫·迈尔和他的夫人格特鲁德共同创立，该公司已有 50 多年历史，创办之初，帕夏尔公司还是一个手工作坊，现在公司已发展成为拥有开发、设计、生产、销售、租赁和回收的专业集团公司。帕夏尔公司目前已是第三代掌舵人，集团公司现有员工，全球超过 350 名。销售网点在德国国内有 5 个，其余分布在全球 60 多个国家。

帕夏尔（PAtente SCHALung）的含义为专利模板，专利模板和支撑系统不断发展，并形成了独特的模板体系，其特点是：

（1）产品及配件的设计标准化和系列化；产品的制作工业化和自动化；产品的使用机械化；产品的销售、租赁系统化。

（2）各模板体系既能独立使用，又能相互组合使用。

（3）模板的强度和刚度大，可达到 90kN/m²，通用性强，周转次数多，有的模板可达到 400 多次。

帕夏尔公司可以为客户提供最好的支持和服务，如解决模板设计方案与先进的 CAD 系统，提供销后服务和技术咨询，模板的清洁和维修，以及技术培训等。产品主要销售在欧洲，并远销到亚洲、中东和非洲等国家，公司的产品体系较多，其中模板体系主要有以下几种。

1. Modular 模板体系

该模板的钢框为 6mm 的扁钢，面板为厚 15mm 的覆面胶合板，是帕夏尔模板体系中的通用模板，可用作墙体模板（图 1），柱模板（图 2），梁模板（图 3），基础模板、楼板模板以及筒式结构模板（图 4），并可以与其他模板组合使用。模板长度规格为 1500mm、1250mm、750mm、625mm 四种，宽度为 1000mm、750mm、600mm、500mm、450mm、400mm、370mm、350mm、330mm、300mm、250mm、240mm、200mm、150mm、120mm、100mm、60mm、50mm 十八种，高度为 75mm。其特点是产品价格低，重量轻，装拆和搬运方便；适用范围广，是一种多功能模板，可用于工业、民用建筑和商业建筑，以及土木工程建设；可承受混凝土侧压力 35kN/m²。

图 1 墙体模板

图 2 柱模板

图3 梁模板

图4 筒结构模板

2. Logo alu 模板体系

该模板为墙体模板（图5），其框架由挤压成型的铝合金型材组装而成，面板为厚15mm的覆面胶合板，模板长度规格为2700mm、1350mm两种，宽度为900mm、750mm、600mm、550mm、500mm、450mm、400mm、300mm八种，高度为120mm。其特点是模板重量轻，面积为900mm×2700mm的模板，重量只有60kg，建筑工地没有起重机，可以用手工操作；模板强度和刚度较大，可承受混凝土侧压力60kN/m²；适用范围较广，可用于房屋和商业建筑，工业建筑、土木工程；还可以与Logo 3模板组合使用，见图6。

图5 墙体模板

图6 与其他模板组装

3. Athlete 模板体系

这是一种重型墙体模板，见图7。模板的钢框为冷弯成型的空腹钢框，横肋为冷弯型材，面板厚18mm的覆面胶合板，模板长度规格为2800mm、2500mm、1400mm、700mm四种，宽度为2500mm、1250mm、700mm、650mm、600mm、550mm、500mm、450mm、300mm九种，高度为160mm。其特点是钢框的强度和刚度大，可承受混凝土侧压力92kN/m²；可以拼装成大模板，整体吊装施工，装拆工效较高，见图8。可用于民用建筑、工业建筑、土木工程等领域。

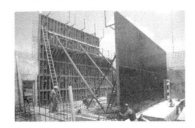

图7 重型墙体模板

图8 模板吊装施工

4. Trapez 模板体系

该模板是一种可调圆形模板体系，背楞为V型的压型板，见图9。长度规格为3000mm、

1500mm、750mm、375mm 四种，宽度为 2400/2300mm、1200/1150mm、600/575mm 三种，高度为 400mm。面板厚度为 18mm 和 21mm 的胶合板，或 5～6mm 的钢板，其特点是可以将模板弯曲成各种弧形尺寸。浇筑各种曲面的混凝土构筑物，适用于曲率范围为 2～5m；面板刚度大，可承受混凝土侧压力 80kN/m²。主要用于污水处理厂、水槽结构、筒、塔建筑、车库入口、景观墙壁等，见图 10。

图 9　V 型背楞

图 10　圆筒型模板

5. Logo. 3 模板体系

这种模板的结构与 Logo alu 模板基本相同，不同的是该模板的钢框架由冷压成型的钢型材组装而成，见图 11。面板为厚 15mm 的覆面胶合板，模板长度规格为 3400mm、3050mm、2700mm、2400mm、1350mm、900mm 六种，宽度为 2400mm、1350mm、900mm、750mm、600mm、550mm、500mm、450mm、400mm、300mm、250mm、200mm 十二种，高度为 120mm。其特点是模板强度和刚度较大，可承受混凝土侧压力 70kN/m²。适用范围较广，可用于民用房屋和商业建筑、工业建筑、土木工程的墙体，也可用于柱模板，也可与 Logo alu 模板组合使用，见图 12。

图 11　墙体模板

图 12　柱模板

6. T. Form 模板体系

该模板是一种无框模板体系，背楞为 V 型的压型板，见图 13。长度规格为 3500mm 一种，宽度为 2400mm、1200mm、1150mm、1100mm、1050mm、1000mm、950mm、900mm 八种，高度为 240mm。面板厚度为 27mm 的胶合板，其特点是模板的面积大，混凝土表面平整光滑；重量轻，装拆施工简便，利于人工操作；模板的刚度和强度大，可承受混凝土侧压力 90kN/m²。适用于各种建筑物的墙体，也可以与其他模板组合使用，见图 14。

图 13　无框墙体模板

图 14　与其他模板组合使用

7. 可调柱模板

该模板是一种可调矩形柱模板,长度规格为 3400mm、3000mm、1500mm、900mm 四种,可调范围在 600～200mm,每 50mm 进级,面板厚度为 21mm 的胶合板,其特点是模板上部附有简易的工作平台,模板上有可调模板尺寸的部件,组装和拆除非常方便,施工效率很高,只要人工将一边模板打开,折叠另一面模板,即可拆除模板;由于模板可折叠,运输模板的体积小;模板的刚度大,可承受混凝土侧压力 80kN/m²。见图 15。

8. 圆形柱模板

该模板的长度规格为 3000mm、2750mm、1500mm、1250mm、750mm 五种,模板直径为 1000mm、900mm、800mm、700mm、600mm、500mm、450mm、400mm、350mm、250mm 十种,面板为厚度 3mm 的钢板,其特点是模板顶部有工作平台,

图 15　可调柱模板

不用搭设脚手架,施工安全和方便,见图 16;模板的刚度和强度大,柱子直径为 1000mm 时,可承受混凝土侧压力 85kN/m²,柱子直径为 250mm 时,可承受混凝土侧压力 335kN/m²;连接平面模板,可以形成椭圆形和半圆形的柱子,见图 17。

图 16　圆形柱模板

图 17　椭圆形柱模板

9. 铝支撑系统

这种支撑的长度规格为 4670mm、3580mm、2490mm、1400mm 四种,框的宽度为 1200mm、1800mm、2400mm、3000mm 四种,铝合金支撑的特点是重量轻,承载力大,单根立柱受力可以,见图 18,也可以组合成单元受力,见图 19,每根立柱的最大承载力为 140kN,单元最大承载力为 560kN。

图 18　单根立柱

图 19　单元立柱

写于 2014 年 2 月 10 日

35　奥地利多卡（DOKA）模板公司考察报告

2002 年 9 月应奥地利多卡模板公司的邀请，中国模板协会组织技术考察团一行 19 人，赴奥地利多卡模板公司进行考察。2004 年 3 月和 2007 年 4 月协会又组织技术考察团到德国慕尼黑参观 Bauma 博览会，重点参观了多卡模板公司的模板脚手架新产品和新技术，在国内又多次接待多卡模板公司有关人员的来访，进行了广泛的技术和市场信息交流。通过多次考察和交流，对多卡模板公司及其产品情况有一些了解。

一、公司概况

多卡模板公司创立于 1868 年，至今已有 139 年历史，但是公司的发展是从第二次世界大战后才发展起来的，目前多卡模板公司已是世界上规模最大的跨国模板公司之一。多卡模板公司是家族性的企业，公司股份为兄妹俩占有。多卡模板公司的总部设在 Amstetten，Doka 公司和 Shop 公司组成 Umdasch 集团公司。2001 年 Umdasch 集团公司的总产值达 5.27 亿欧元，其中 Doka 公司占 70%，Shop 公司占 30%，集团公司员工有 4066 人，其中 Doka 公司占 77%，公司员工中有 54% 在国外工作。多卡模板公司的产品主要在奥地利生产，在德国、捷克、瑞士、芬兰等地也有生产基地，另外，在 43 个国家还有办事处。在中国上海有一个办事处，在湖北葛洲坝多卡模板工程有限公司曾有 30% 的股份。

近半个世纪以来，多卡模板公司的产品已在世界各地被广泛应用于大坝、核电站、桥梁、隧道、机场、港口、车站、电视塔、体育场、剧院、住宅、学校、工厂等工程中，在我国许多工程中也已大量应用，如长江三峡水坝一期，黄河小浪底水坝，大亚湾核电站，岭澳核电站，连云港田湾核电站，上海恒隆广场，红塔大酒店，北京丽多大厦，凯宾斯基饭店，厦门国际金融大厦，润扬长江公路大桥等重大工程中得到大量应用。

多卡模板公司是一个将近 140 年的老企业，能够长久不衰，不断发展为规模很大的跨国模板公司，其成功经验是在管理上有先进的管理理念、管理经验和管理方法，能够为客户提供模架设计、施工和维修技术支持及售后服务，以及施工机具、建筑装饰等多种服务，只要客户需要都可以提供。在技术上能不断创新，不断开发新产品，满足施工工程的需要。

二、多卡模板公司的产品

多卡模板公司生产的产品主要分三部分，即木制品、金属制品和钢支架。

1. 木制品部分

木制品产品有木模板和木工字梁，这是多卡模板公司的主要产品。木模板是实木模板（图 1），模板板厚为 21mm 和 27mm 两种，板长为 1000～6000mm 十一种，板宽为 500mm 和 1000mm 两种。

木模板生产工艺十分先进，采用全自动生产工艺，整个木模板车间只有 24 个工人，每年用木材量约 10 万 m²，每

图 1　木模板

年可生产木模板 160 万 m²，木工字梁 720 万 m。

木工字梁有 top 和 eco 两种类型，eco 木工字梁（图 2）的材质全部采用实木加工，top 木工字梁（图 3）的上下翼板为木板，腹板采用木纤维板。木工字梁的高度为 200mm 和 160mm 两种，长度为 1.25m 至 5.90m 十一种。木工字梁生产工艺也很先进，全部采用自动化生产工艺，为保证产品质量，每根木工字梁均用机器检查力学性能。

图 2　eco 木工字梁　　　　　　　　　　　图 3　top 木工字梁

多卡模板公司利用木模板和木工字梁，再配上相应的附件和支撑件，可以组成各种模板体系，如 Top50 和 FF20 墙模板体系、Dokaflex 楼板模板体系、H20 圆弧模板体系，还有 Top50 柱模板体系、台模体系等（图 4~图 6）。

图 4　墙模板　　　　　　　图 5　楼板模板　　　　　　　图 6　圆弧模板

2. 金属制品部分

金属制品的产品有钢框胶合板模板体系（图 7），其边框和肋板均为冷轧型钢；钢框胶合板大模板体系（图 8）的边框和肋板均采用空腹钢框；铝合金框胶合板模板体系（图 9）的边框和肋板均为铝型材。以上几种模板的面板均为覆面胶合板。其产量比例为钢框胶合板小模约占 12%，铝合金框胶合板模板约占 20%，钢框胶合板大模板约占 68%。钢框和铝框的拼装均采用机械手自动焊接工艺。

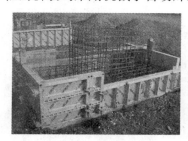  

图 7　钢框胶合板模板　　　图 8　钢框胶合板大模板　　　图 9　铝合金框胶合板模板

3. 钢支架部分

其产品有钢支柱、框式钢支架等，生产工艺也十分先进，如钢支柱采用自动组装焊接工艺，每7~10分钟可生产一根（图10、图11）。

图10　钢支架　　　　　　　　　　　　　　图11　框式支架

另外，多卡模板公司开发的产品还有筒模板、隧道模板、桥梁模板、爬升模板等（图12~图14）。

图12　筒模板　　　　　　　图13　隧道模板　　　　　　　图14　爬升模板

这些模板体系技术上都很先进，在施工工程中都已大量应用。

三、墙体模板体系

1. TOP50 墙模板

TOP50 墙模板是由木模板、木工字梁、特制槽钢及相应附件组合而成，可以组成最大宽度为6m、最大高度为12m的墙模板，并可以满足不同混凝土侧压力的要求，见图15。

2. FF20 墙模板

这种模板也是由木模板、木工字梁、特制槽钢及相应附件组合而成。该模板具有大面积墙模及标准化模板的特点，预先在工厂按模数设计组装成几种规格尺寸，模板长度有1000mm、2750mm、3750mm三种，宽度有500mm、750mm、1000mm、2000mm四种，加上500mm长度的辅助板，可以快速拼装成500mm进位的各种长度和宽度的模板，其承受混凝土侧压力可达$50kN/m^2$，见图16。

图15　TOP50 墙模板　　　　　　　　　　图16　FF20 墙模板

3. Framax 钢框胶合板模板

这种模板的边框和肋均为空腹钢框，面板为覆膜胶合板模板，模板长度有1350mm、2700mm、3300mm 三种，宽度有 300mm、450mm、600mm、900mm、1350mm、2400mm 六种，能任意组合成各种平面尺寸。这种模板的承载能力较大，可承受混凝土侧压力 80kN/m²，见图 17。

4. Alu-Framax 铝框胶合板模板

这种模板的边框和肋均为空腹铝型材，面板采用腹膜胶合板模板，模板长度有 900mm、2700mm 两种，宽度有 300mm、450mm、600mm、750mm、900mm 五种，其特点是规格尺寸少，可以组合成各种尺寸的板面；模板重量轻，同样 900mm×2700mm 的模板，Framax 钢框模板的重量为 126.5kg/块，这种模板仅重 68.8kg/块；模板可以人工搬运，也可以组装成大块模板吊装施工；这种模板还可以与 Framax 钢框模板混合使用，模板承受混凝土侧压力可达 60kN/m²，见图 18。

图 17　Framax 墙模板　　　　　　　　　　图 18　Alu-Framax 墙模板

5. Frami 钢框胶合板模板

这种模板的边框和肋均为冷弯型钢，面板为腹膜胶合板模板，用于墙体施工的模板长度有 1200mm、1500mm 两种，宽度有 300mm、450mm、600mm、750mm、900mm 五种。其特点是重量轻，每平米模板仅重 34.26kg，适宜于人工操作，模板可承受混凝土侧压力 40kN/m²，见图 19。

6. Dokaset 钢框墙模

这种模板的边框为空腹钢框，内肋为冷弯反边槽钢，面板为腹膜胶合板模板，这是一种专用的大面墙模板，模板规格很少，高度只有 2770mm 一种，宽度只有 1350mm 和 2700mm 两种。模板高度可以通过 300~1350mm 的几种辅助板来调节，最高可以达到 4120mm。模板宽度可以通过 300mm、400mm、600mm 三种辅助板来调节。这种模板都是在工厂预先组装好 2700mm×2770mm 及 1350mm×2770mm 两种板块，运到施工现场就可直接吊装，非常简单、快捷，模板承载能力很大，可以承受混凝土侧压力 80kN/m²，见图 20。

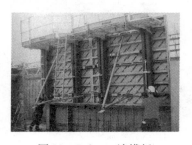

图 19　Frami 墙模板　　　　　　　　　　图 20　Dokaset 墙模板

四、柱模板体系

1. Top50 柱模板

这种模板是由木模板、木工字梁、特制槽钢及相应附件、支撑件组合而成，可以拼装成各种尺寸的矩形、方形、圆形、多边形及异形柱。圆形柱的最大直径可达 5m，方形柱的最大尺寸可达 $1.2m \times 1.2m$，其承受混凝土侧压力可达 $90kN/m^2$，见图 21。

2. Alu-Framax 铝框柱模板

这种模板的边框和内肋均为铝型材，面板为覆膜胶合板模板，模板长度有 900mm、1350mm、2700mm、3300mm 四种，宽度有 900mm、1200mm 两种，可以拼装成最大断面尺寸为 750mm×750mm 或 1050mm×1050mm 的柱子，并可按 50mm 尺寸进行调节，其承受混凝土侧压力可达 $90kN/m^2$，见图 22。

图 21 Top50 柱模板

图 22 Alu-Framax 柱模板

3. KS 钢框柱模板

这种模板的边框和肋均为冷弯型钢，面板为覆膜胶合板模板，模板长度有 900mm、1200mm、2700mm、3300mm 四种，宽度只有 800mm 一种，柱子最高可以拼装到 6.6m，并可按 300mm 尺寸进行调节，其承受混凝土侧压力可达到 $90kN/m^2$，见图 23。

4. RS 全钢柱模板

这种全钢模板可浇筑圆形柱或桶形柱，柱模的长度有 250mm、500mm、1000mm、3000mm 四种，圆弧直径为 300mm、350mm、400mm、450mm、500mm、600mm 六种，这种柱模的特点是刚度大，不用拼装柱箍，装拆非常简便；模板承载能力很大，可以承受混凝土侧压力达 $150kN/m^2$；模板不易损坏，使用寿命长，见图 24。

图 23 KS 钢框柱模板

图 24 RS 全钢柱模

五、楼板模板体系

1. Doka 台模

这种模板是由面板和支架两部分组成，面板采用木模板、木工字梁和槽钢组成，支架采用铝合金支柱或钢支柱。台模尺寸有 4.0mm×2.0m、4.0mm×2.5m、5.0mm×2.0m、5.0mm×2.5m 四种规格，支架最大调节高度可达 5.80m 或 7.3m。台模拆装和搬运采用升降台车，下层台模施工完后，可将支架与面板折叠，再用吊车吊运到上一层，见图25。

2. Doka 早拆楼板模板

这种模板是由木模板、木工字梁、钢支柱和早拆头等组成。木工字梁采用 H20top 木梁，钢支柱最大调节高度可达 5.9m，钢支柱下端加上三角支架，保持支柱的稳定，上端加上早拆头、可以进行楼板模板的早拆施工，见图26。

3. Dokaflex 楼板模板

这种模板是由木模板、木工字梁和钢支柱组合而成，是最简单的楼板模板体系，钢支柱最大调节高度可到 5.90m，仅需两位工人便能快速进行组装及拆除，见图27。

图25　Doka 台模　　　　图26　Doka 早拆楼板模板　　　图27　Dokaflex 楼板模板

六、Doka 圆弧模板体系

Doka 圆弧模板有两种，一种是 H20 圆弧模板，即面板为覆膜胶合板模板，竖背楞为木工字梁，短横楞为槽钢，短横楞之间用调节杆连接，见图28。这种模板也可以预先组装规格尺寸，即宽度有 2400mm 一种，高度有 700mm、1200mm、2400mm、3000mm、3600mm、4800mm 六种根据施工要求，可以拼装成不同高度和圆弧的模板。

还有一种是采用 Framax 钢框胶合板模板或 Alu-Framax 铝框胶合板模板，模板背面附上圆弧调节架，就可以组装成不同圆弧的模板，见图29。

图28　H20 圆弧模板　　　　　　　图29　Framax 圆弧模板

七、爬升模板体系

爬升模板有人工爬模和自动液压爬模两类，Doka 公司的爬模设计较先进，在世界各地许多建筑工程中得到大量应用。人工爬模的往上提升是靠起重设备将模板，爬架和工作平台等一起往上提升，Doka 人工爬模的产品很多，有 Xclimb60 爬模、Gcs 爬模、MF240 爬模、150Fp 爬模、K 爬模、水坝爬模和冷却塔爬模等，可适合不同工程的要求，见图30、图31、图32 和图33。

图30　Gcs 爬模

图31　冷却塔爬模

图32　Xclimb60 爬模

自动爬模是利用遥控的液压设备使模板沿墙体自动向上爬升，无需使用起重设备。DokaSKE 自动爬模，采用液压油缸为提升设备，模板采用木模板和木工字梁。SKE 爬模根据承载能力有两种体系，即 SKE50 自动爬模和 SKE100 自动爬模，见图34。

图33　MF240 爬模

图34　SKE50 自动爬模

载于《建筑施工》2008 年第4 期

36　英国 SGB 模板公司考察报告

2004 年 4 月 8 日，应英国 SGB 模板公司的邀请，中国模板协会组织赴欧洲模板、脚手架技术考察团到该公司进行考察和交流。英国 SGB 模板公司市场开发部的 Stuart Bamford 先生接待了考察团，介绍了该公司的历史和主要产品，参观了该公司的生产工厂和产品。

2009 年 2 月 16 日，英国 SGB 模板公司的总裁、哈斯科基础工程集团公司的首席运营官约翰·巴瑞特先生到北京与中国模板协会的有关专家进行技术交流，介绍该公司的模板、脚手架产品，对中国模板、脚手架的应用现状和市场前景进行了交流，见图 1。

一、公司概况

英国 SGB 模板公司成立于 1920 年，是英国模板公司中规模最大的跨国模板公司。该公司有职工约 5 千人，在欧洲、亚洲、中东等地 15 个国家有代表处，在英国有 60 余个租赁和销售分部。该公司有很强的技术开发能力。据介绍，几乎每 2 ~ 3 年开发一种新产品，如 CUPLOK 脚手架（即碗扣式钢管脚手架）是 1976 年首先研制成功，至今已在世界很多国家推广应用。

21 世纪初，该公司又与美国 Pantent 模板公司、德国 Hunnebeck 模板公司一起加入了美国哈斯科集团公司，组成哈斯科基础工程集团公司。哈斯科基础工程集团公司 2008 年全球销售额为 15 亿美元，其中英国 SGB 模板公司为 8 亿多美元，美国 Pantent 模板公司和德国 Hunnebeck 模板公司均为 3 亿多美元，该公司可向任何规模的施工企业提供技术和产品服务。

二、墙模板体系

1. MKII SOLDIERS 模板体系

该模板是一种无框模板体系，面板采用木胶合板模板，主楞条由 2 根 C 型钢组合而成，其长度规格有 3600 ~ 450mm 八种，高度为 225mm；次楞条为工字形铝木组合梁，其长度规格有 7200 ~ 1200mm 九种，高度为 150mm。该模板的特点是模板面积大、重量轻，主要用于墙、柱混凝土结构施工，见图 2。

图 1　合影　　　　　　　　　　　　图 2　MKII SOLDIERS 模板

2. LOGIK 60 模板体系

该模板是钢框胶合板模板体系，面板为厚 18mm 的覆膜胶合板，边框为冷弯成型的空腹钢框,肋为冷轧成型的矩形型材。模板长度规格有 2700mm、1500mm、1200mm 三种,宽度有 2400mm、1200mm、900mm、600mm、450mm、300mm 六种,高度为 138mm。其特点是钢框的强度和刚度大,可承受混凝土侧压力 $60kN/m^2$,模板面积大,最大模板面积可达 $6.48m^2$,主要用于墙、柱混凝土结构施工,见图 3。

3. LOGIK 50 模板体系

这是一种轻型钢框胶合板模板体系,面板为厚 15mm 的覆膜胶合板,边框为冷轧成型的空腹钢框,肋为冷弯成型的 C 形型材。模板长度规格有 2700mm、1500mm、1200mm 三种,宽度有 900mm、600mm、450mm、300mm 四种,高度为 95mm。其特点是钢框的强度和刚度较大,可承受混凝土侧压力 $50kN/m^2$,模板装拆灵活,施工速度快,主要用于墙、柱混凝土结构施工,见图 4。

图 3　LOGIK 60 模板

图 4　LOGIK 50 模板

4. LOGIK 360 模板体系

该模板是一种可调弧形模板体系,面板为厚 15~18mm 的覆膜胶合板,钢框为矩形钢管和槽钢组合而成。模板有内模和外模两种,内模宽度为 1240mm,外模宽度为 1250mm,长度均为 2400mm、1800mm、1200mm、600mm 四种,钢楞条用可调器连接,可承受混凝土侧压力 $60kN/m^2$,最小半径为 4m,主要用于圆弧结构混凝土施工,见图 5。

5. MULTIFORM A 模板体系

该模板是一种单侧模板,模板为钢框胶合板模板,单侧支架为槽钢组合而成的三角架,单侧支架的规格有 5059mm×2013mm、3441mm×1266mm、2065mm×1246mm 三种。由于只有单面模板,不能用对拉螺杆,因此,单侧支架必须坚固,能承受较大的混凝土侧压力,见图 6。

图 5　LOGIK 360 模板

图 6　MULTIFORM A 模板

三、楼板模板体系

1. 铝合金台模体系

该台模是由面板、主次横梁、支架和可调底座等部件组成。面板采用覆膜胶合板,主梁由两根 C 形钢组合而成，次梁为工字形铝木组合梁，支架采用 GASS 铝合金单管支柱，GASS 铝合金支柱的管径为 φ120mm，长度为 2800mm、1680mm、1400mm、780mm 四种。支柱之间可以采用桁架连接，使支架形成一个整体，加强了支架的整体刚度。台模支架可以采用 8 根支柱组成矩形台面，也可以采用 9 根支柱组成正方形台面。这种台模面积较大，一次组装后可以层层翻转重复使用，见图 7。

图 7　铝合金台模

2. Soffit Beams 楼板模板体系

该楼板模板的面板采用覆膜胶合板，支架采用钢支柱，主次梁采用工字形铝木组合梁。这种模板可以在钢支柱上加快拆头，组成快拆体系，见图 8。

3. 3Steel Shoring 楼板模板体系

这种模板的面板采用覆膜胶合板，支架采用碗扣式支架，主次梁采用工字形铝木组合梁，见图 9。

图 8　Soffit Beams 楼板模板

图 9　Steel Shoring 楼板模板

另外，还有爬模、桥梁模、柱模和碗扣式钢管脚手架、铝合金支柱等，其他产品有活动房屋、临时看台、施工现场用围挡等。

载于《施工技术》2009 年第 7 期

37 美国几种主要模架体系
——美国 symons 模板公司介绍

2005 年 1 月 19 日应美国西蒙斯模板公司的邀请，中国模板协会组织赴美国模板脚手架技术考察团，到美国拉斯维加斯参观国际混凝土博览会，观看了美国 symons 公司的模板产品，又到芝加哥美国 symons 公司总部，参观了工厂生产工艺，并作了技术交流。另外，还在芝加哥考察了 Atmi 公司的混凝土预制厂，在华盛顿考察了国家建筑商协会研究中心。2007 年美国西蒙斯模板公司加入了中国模板协会，并进行了多次技术交流。下面对美国西蒙斯模板公司模板体系和最新技术发展作较全面的介绍。

一、公司概况

美国西蒙斯模板公司是美国德信（Dayton）公司的子公司之一，创建于 1901 年，是已有百年以上历史的老企业，是美国模板公司中规模最大的跨国模板公司。美国德信（Dayton）公司是北美建筑领域最大的建材及综合建筑工程公司之一，世界上最主要的与混凝土建筑有关的产品和技术供应商之一，是美国纳斯达克建材行业上市公司。

美国西蒙斯模板公司自创建以来，给世界各地的用户提供技术先进，产品质量好，使用范围广的模板和支撑系统，以及各种形式的衬模及混凝土表面装饰技术。该公司的模板和支撑系统等产品，在美国的建筑市场份额中约占 70%，其模板租赁业务也遍及世界很多国家。在北美的重要建筑中（包括道路、桥梁、大型基础设施和高层建筑等），超过一半的建筑采用该公司的产品，如纽约帝国大厦、芝加哥西尔斯大厦、波士顿海底隧道、佛罗里达跨海大桥、环球影城等。

美国西蒙斯模板公司也是世界化学建材巨头之一，有超过千种化学建材，尤其针对与混凝土建筑领域相关建材的研发能力为世界领先，其产品在世界范围内广泛应用。该公司的化学建材产品分四大类，产品涵盖混凝土工程使用的各个方面。下面介绍该公司的主要模板和脚手架产品：

二、全钢模板体系

1. Max-A-Form 墙柱模板

该模板的面板为厚 4.8mm 的钢板，边肋和内肋为 U 形钢加劲肋，其规格的长度从 0.3m 到 6.1m 共十一种，宽度从 0.76m 到 3.66m 共十种。该模板的特点是模板的刚度和强度较大，可以不用背楞和减少所需支撑的数量；组装模板面积大；模板装拆方便；施工工效高；能适用于各种大型墙、柱混凝土结构施工，见图 1。

2. 房建隧道模

这种模板的面板为厚 4.8mm 的钢板，肋板和支架采用 ﹇钢和钢管等型钢，组拼成可以调节的三面模板。该模板的特点是整体浇筑双面墙和顶板，支撑数量少，组装和拆除方便，施工速度快，工人数量少，生产效率高，混凝土表面平整光滑，可减少抹面工作量。可适用于旅馆、公寓、医院、仓库、办公楼、住房等各类建筑，见图 2。

图1 墙柱模板　　　　　　　　　　　　　图2 房建隧道模

3. 可调柱模

这种柱模是最通用和最有效的模板系统之一，其规格的长度有0.30m、0.61m、1.22m、2.44m、3.66m五种，宽度有0.61m、0.91m、1.22m三种，利用这些规格可以拼出约300种尺寸的方形或矩形柱模。由于其板面采用4.8mm厚的钢板，肋板也采用较厚的钢板，柱模的刚度和强度高，施工中不用柱箍和对拉螺栓，因而施工速度快，工效高，混凝土表面平整，不用填螺栓孔，可广泛用于各种工业和民用建筑的柱模板工程，见图3。

4. Flex-Form 弧形模板

这种模板的板面为4.8mm厚的钢板，竖向加劲肋为高10.16cm的U形钢，弧形模板的弯曲半径由预轧的钢肋条决定，用螺栓将钢肋条固定到面板的顶部和底部，与面板牢固连接，形成所需的半径。若要改变模板的半径，只要更换所要求半径的肋条即可，更换十分简单快捷，可在现场由人工完成。若安装是平直的肋条，也可以施工平直的墙体。该模板能适用于半径1.52m以上的各种弧形结构，由于模板弧度已在工厂组装确定，在现场拼装时不用调节弧度，施工十分方便，生产效率很高，见图4。

图3 可调柱模　　　　　　　　　　　　图4 弧形模板

三、钢框胶合板模板体系

1. Alisply 墙模板

这是一种承载力较高的钢框胶合板模板体系，边框为经电镀处理的空腹钢框，内肋为矩形钢管，面板为厚15mm的覆膜胶合板，其规格的长度有1.00m、2.00m、3.00m三种，宽度有0.25m、0.50m、1.00m、1.50m、2.00m五种，可以拼装成各种尺寸的墙模。这种模板的钢框强度和刚度较大，模板拼装时只用连接夹具将相邻模板夹紧固定即可，不需要加纵横背楞并能承受混凝土侧压力 $60kN/m^2$。其内角模为钢框胶合板模板，钢框经电镀处理，面板为覆膜胶合板，长度为1m和3m两种，宽度为25cm×25cm，30cm×30cm，35cm×35cm三种。外角模是全钢模板，并经电镀处理，见图5。

2. Steel-Ply 组合模板

这是一种使用最广泛的轻型钢框胶合板模板，其边框为轧制扁钢，高度为 63mm，内肋为角钢，面板为 12.7mm 厚的覆膜胶合板，面板边缘都由聚氨酯密封，在正常使用情况下，更换一次胶合板可以重复使用 200 次。这种模板有标准板和辅助板两种，共有 80 种不同规格尺寸的模板。模板长度为 0.60～2.4m 七种，标准板宽度为 0.60m，辅助板宽度为 0.1～0.55m 十种。其特点是可以横竖组合拼装成各种形状的墙、柱、梁、板模板，模板重量轻，包括背楞和附件每平米重量为 39.1kg；相邻模板用两块楔板相互插接固定，装拆十分方便，施工工效高；角模有内外角模、壁柱角模和铰链型角模三种，内外角模为全钢模板，内角模尺寸有 10.2cm×10.2cm 及 15.2cm×15.2cm 两种。壁柱角模的内外角模相对拼装，可以形成 135°角的墙角。铰链型角模是一种可变角模，内角模可用于制作最小 45°的内角，外角模可形成 135°到 5°的角，见图 6。

图 5　墙模板

图 6　组合模板

3. Versiform 墙柱模板

这种模板的边框为高强空腹钢框，内肋为 7.6mm 槽钢，面板为厚 19mm 复膜胶合板，模板规格长度有 0.30～2.44m 八种，利用这些规格模板可以组合成各种形状尺寸的墙体、柱和筒体等。相邻模板的连接采用螺栓和螺母，螺栓可以自我防止被外泄的混凝土堵塞或粘结。模板背楞采用 ［12.7cm 和 ［20.3cm 槽钢，背楞长度有 1.22m、1.83m、2.44m、3.05m、3.66m 及 4.88m 六种，见图 7。

四、铝合金模板体系

1. 铝合金次梁无框模板体系

这种模板的铝合金次梁截面高度为 18.4cm，上端有一个 5.1cm 的槽孔，可以填充木条，长度从 1.22m 到 9.14m，以 0.61m 为进级，共有十四种。面板为 19mm 厚的胶合板，面板四周无边框，次梁为铝合金工字形梁，主梁为双根槽钢，规格有 ［12.7cm 和 ［20.3cm 两种，长度从 1.22m 到 4.88m，以 0.61m 进级，共有七种。这种模板的特点是重量轻，拼装面积大，价格较低，能适应各种形状的混凝土模板工程，见图 8。

图 7　墙柱模板

图 8　无框模板

2. 铝合金模板

这种模板有两种标准板，一种是 6 - 12 标准板，其边肋板两端距连接孔中心距离为 15.2cm，其余孔中心距为 30.5cm，3.2mm 厚的铝合金面板及槽形加劲肋。另一种是 8 - 8 标准板，板两端距连接孔中心距及其余孔中心距均为 20.3cm，3.2mm 厚的铝合金面板及槽形加劲肋。辅助板宽度为 10.2cm 到 61.0cm，用以调整拼装模板的宽度，模板顶端调节板长度为 1.83m 和 0.91m，宽度有多种，用以调节拼装模板的高度。

相邻模板的连接件为直径 ϕ16mm 圆销钉和楔片，将圆销钉插入连接孔，楔片插入圆销钉的长孔内锁紧即可。这种模板的特点是重量轻，施工效率高，附件设计巧妙，操作简单，重复次数多，使用寿命长。另外，面板可加工成砖石纹理，以形成独特的混凝土表面，见图 9。

五、水平模板体系

1. 木模与钢支架

这一套水平模板的面板为覆膜胶合板，梁模板采用钢模板或钢框胶合板模板，主梁为木工字梁，支架为框式支撑，支架底部有可调千斤顶底座。这套模板的特点是模板装拆简捷，施工快速方便，可以不用塔吊，节省人工和工程费用，成型混凝土表面平整，质量好，见图 10。

图 9　铝合金模板

图 10　木模与钢支架

2. 铝合金桁架台模

这种台模由铝合金桁架、铝合金托梁、可调千斤顶、厚 19mm 胶合板面板等组成。台模桁架最大长度可达 10.67m，高度达 1.83m，可调千斤顶最大调节高度范围从 0.4m 到 1.63m。其特点是铝合金台模重量轻，板面大，台模一次组装后，可以用塔吊整体将台模吊运到上层，反复多次使用，施工工效很高，见图 11。

六、支撑系统

1. Shor Fast 铝合金支撑

这种支撑由支柱、可调千斤顶和框架等组成，圆形支柱的柱身压制成四个键槽，用以安装框架，顶部和底部的垫板四角开设四个螺栓孔，用以上下支柱连接，中间开设大圆孔，插入可调千斤顶。支柱的长度规格有 0.5m、1.5m、2.0m、2.5m 四种；可调千斤顶的高度规格有 1.1m 和 1.6m 两种，可调范围从 0.127m 到 0.81m 和从 0.178m 到 1.32m；框架高度为 1.0m，长度有 1.0m、2.0m、3.0m 三种，其侧边有定位齿，插入支柱的键槽内，将单管支柱组成正方形或矩形四管支柱，提高支撑的承载力。如单管支柱时最大承载力为 111kN，插入框架后，每根支柱的承载力达到 133kN，见图 12。

2. Frame Fast 框式支撑

这是一种强度高、部件少、重量轻、搬运方便的支撑系统，主要部件由支撑框架、斜撑、可调千斤顶等组成。支撑框架的高度有 0.91m、1.22m、1.52m 及 1.83m 四种，宽度为 0.61m 和 1.22m 两种，可以适应各种楼板的模板施工，见图 13。

图 11　台模

图 12　铝合金支撑

图 13　框式支撑

载于《建筑技术》2012 年第 8 期

38 钢模板和钢支承件
——美国 EFCO 系统钢模板公司介绍

美国 EFCO 模板公司是以一种钢模板起家，数十年来，长期坚持钢模板的开发和创新，目前已开发和推广了多种钢模板体系，EFCO 模板公司也已发展为美国最大的专业模板公司之一。EFCO 钢模板使用寿命长，周转使用次数可达百次以上，是值得学习和推广的"绿色"模板，EFCO 模板公司的发展经历，更值得我国钢模板企业借鉴。

一、公司概况

美国 EFCO 系统钢模板公司（以下简称 EFCO 公司）成立于 1934 年，至今已有 75 年历史，当时公司的创始人是一位年轻的 W. A. Jennings 工程师。他根据当时建筑施工工程的需要，设计了一种 760mm×760mm 的钢模板，在施工工程中应用获得成功。他抱着对模板事业的信心，集资创建了 EFCO 系统钢模板公司。

到了 1954 年，对钢模板设计进一步完善，形成了 EFCO 模板体系，这套模板设计采用高强度的钢材制作模板、钢楞和螺栓，并能作为定型产品大量生产，用于销售和租赁。到了 20 世纪 70 年代中期，EFCO 公司已成为美国最大的专业模板公司，产品市场占有率达到 50% 以上。在过去 30 年内，EFCO 的产品几乎包办了美国所有体育场工程，包括 125 个美国本地体育场以及 25 个分布在其他国家的体育场。其中较著名的有乔治亚巨蛋球场，是 1996 年奥运会的比赛场馆。

EFCO 公司已发展为跨国模板公司，在 17 个国家设有分公司，1995 年 EFCO 模板在台湾由代理商负责业务，由于市场需求的增加，1999 年在台湾也设立了台湾分公司。EFCO 模板在不少国家的大型公共建筑工程中得到应用，如英格兰的温布敦网球场、智利圣地亚哥的世贸中心、加拿大多伦多的市政大厦和跨海大桥等。

EFCO 模板的应用范围较广，在建筑工程中已广泛用于民用住宅、工业厂房、商业大楼、学校、体育场、仓库等。在土木工程中，大量用于桥梁、隧道、涵洞、挡土墙、水库等领域。

EFCO 公司的经营方式除了提供模板配套材料的销售和租赁服务外，特别强调整个模板的套装服务。如协助客户在竞标工程中，免费提供模板设计、施工方法和价格分析的评估等。在确定使用 EFCO 模板后，更要为客户提供一系列服务，如详细的模板设计施工图、专业技术人员的现场组装指导、模板工程技术支援、工期和工效规划，以及完善的后续服务等。

二、EFCO 模板的特点

EFCO 模板系统的模板和支承件都是采用高强度的薄钢板加工制作，模板设计合理、配套齐全，因而这种模板体系具有以下特点。

（1）重量轻。采用低合金钢制作，模板和支承件的重量都较轻，因而施工操作轻便、施工工效高、可以节省劳力，减轻劳动强度。

（2）使用寿命长。模板和支承的强度、刚度都较高，使用寿命长，周转使用次数可达上百次，既可节省大量材料，又降低了施工费用。

（3）通用性强。模板支承件的各项产品可随工程需要相互搭配使用，提高了模板的利用率，有利于降低施工费用。

（4）施工安全性高。由于该钢模板系统的强度高，工作平台可直接固定在模板上，无须另外搭设施工脚手架，可确保施工安全，为施工人员提供良好和安全的工作环境。

三、EFCO 模板体系

1. HAND RORM 模板体系

这种模板体系是可以人工组装和机械吊装两用的轻型钢模板体系。其平面模板长度有 2400mm、1800mm、1200mm、900mm、600mm、300mm 六种，宽度有 600mm、400mm、300mm、200mm、175mm、150mm、125mm 七种；阴角模板长度有四种，宽度有六种；阳角模板有圆角和直角两种形式，圆角模板长度有四种，宽度有一种，直角模板长度有三种，宽度有一种。另外还有柔性模板、插入模板、基础模板、可调模板、梁腋模板等，共计有 125 种规格。这套模板的特点是模板规格齐全，能满足不同工程的需要；通用性好。长度、宽可以任意组合，拼装成不同尺寸，可适用于各种形式的模板工程；支撑系统简单，装拆方便；使用寿命长，能反复周转使用百次以上，见图 1。

2. PLATE GIRDER 模板体系

这种模板体系是全钢大模板体系，模板长度有 6000mm、3600mm、2400mm、1200mm、600mm、300mm 六种，宽度有 3600mm、3000mm、2700mm、2400mm、2100mm、1800mm、1500mm、1200mm、900mm、600mm 十种。另外有角模、支架和附件等。其特点是模板面积大，采用机械吊装，施工工效高；模板本身的强度和刚度大，模板拼装后，不需加设背楞，可以节省大量的背楞和拉杆数量，简化模板装拆工序，节省劳动力和费用。这种模板体系能适用于各种大型模板施工工程，见图 2。

图 1 HAND RORM 模板体系　　　　图 2 PLATE GIRDER 模板体系

3. REDI—RADIUS 模板体系

这种模板体系是曲面模板体系，其特点是操作简便，可用于各种曲率变化的模板工程，见图 3。另外还有隧道模板体系和涵洞模板体系，见图 4、图 5。

图 3　REDI—RADIUS 模板体系　　　　　　图 4　隧道模板体系

四、EFCO 支承件

1. E—BESM 钢梁

这种钢梁是用高强镀锌薄钢板冷弯成梯形，钢梁高度 165mm，上边宽 50mm，下边宽 127mm，长度规格为 1200 ~ 7200mm 共二十种。这种钢梁重量轻，重 5.5kg/m，主要用作楼板模板的横梁，见图 6，也可用于无框模板的背楞，见图 7。

图 5　涵洞模板体系　　　　　　图 6　E—BESM 钢梁

2. Z—BEAM 钢梁

这种钢梁是用高强薄钢板冷弯成槽形，再焊接内肋成矩形钢梁，钢梁高度为 230mm，宽度为 90mm，长度规格为 1220 ~ 7315mm 共十一种。这种钢梁的重量较轻，每米重 9kg，主要用作楼板模板的主梁，见图 8。

图 7　无框模板的背楞　　　　　　图 8　Z—BEAM 钢梁

3. SUPER STUD 钢支柱

这种钢支柱是用高强薄钢板冲孔和冷弯成几种部件再组装焊接成正方形截面的支柱，其截面尺寸有两种规格，一种是 230mm × 230mm，长度为 3600mm、1800mm、900mm、450mm 四种，重量为 26kg/m。另一种是 150mm × 150mm，长度为 3600mm、2400mm、1200mm、600mm 四种，重量约 14kg/m。这种钢柱的特点是强度和刚度很大，每根柱可以承受 60kN

压力，使用寿命长，可以反复使用 400 次；应用范围很广，可以用于各种工程，如可以用作大钢模板的背楞，见图 9；用作墙模板的斜撑，见图 10；用作桥梁模板的重型支柱，见图 11；挡土墙的单侧支撑，见图 12；还可用于爬升模板的支撑架，见图 13。

图 9　大钢模板的背楞

图 10　墙模板的斜撑

图 11　桥梁模板的重型支柱

图 12　挡土墙的单侧支撑

图 13　爬升模板的支撑架

载于《施工技术》2010 年第 10 期

39 铝合金模板和支架
——加拿大 Aluma 系统模板介绍

2008 年 10 月应加拿大 Aluma 系统模板公司和 Tabla 脚手架公司的邀请，中国模板协会组织技术考察团一行 15 人，赴加拿大进行考察，参观了 4 个建筑施工工地，3 个模板和脚手架租赁公司，进行了广泛的技术和市场信息交流。据介绍，北美洲是最早应用铝合金模板和支架的地区。早在 20 世纪 70 年代初，北美洲的美国、加拿大等国家已开始研究和应用铝合金模板及铝合金支撑系统。由于铝合金模板和支架具有重量轻、装拆简便；使用寿命长、回收率高等特点，目前，在建筑、桥梁和电力等领域已广泛应用，取得了很好的效果。

一、Aluma 系统模板公司简介

作为模板初期使用的主要材料是木材，其原因是投资成本低，木材资源丰富。但是，由于木料使用寿命短，以及现场需要搬运切割，造成了大量的工程成本浪费。第二次世界大战后，因木料来源日渐稀少，所以钢模板进入其旺盛时代。钢模板具有强度高、使用寿命长等特点，但因其沉重及易生锈，以及无法随意更改尺寸，它的使用具有很大的局限性，因此钢模板逐渐被淘汰。

20 世纪 60 年代后期，加拿大多伦多的建筑工程进入高峰时期，工资渐涨，竞争日趋激烈。到 1970 年，工资已提高到之前的一倍。工会的成立保护了工人的权益，同时造成了工人工效的减低，多家建筑公司因此走入窘境。如何降低建筑成本、提高工效，逐渐成为建筑公司所面临的紧迫难题。Aluma 系统模板公司急市场所需，结合木材可塑性以及钢材高强度等特点，研发出一套以铝合金为主要材料的模板体系。

加拿大 Aluma 系统模板公司位于加拿大多伦多，自 1972 年 1 月成立以来，从事设计、生产及销售铝合金模板以及高承载力支撑系统。产品已广泛应用于所有现浇混凝土结构，如高层建筑、桥梁、水坝工程等。Aluma 系统模板产品广泛地被世界各国建筑施工承包商及发展商认可，在五十多个国家里有二千多个施工承包商广泛使用。该公司不但为建筑公司提供模板材料，而且不断在此领域研发创新更安全的产品，提高工程施工效率，加快工程进度。

Aluma 系统模板具有以下特点；

（1）效率高。使用轻便高强的铝合金系统模板，可有效地提高施工工效，降低工程成本。

（2）速度快。使用大型模板可有效地加快施工进度。

（3）品质优。大型模板组合及系统化的管理和设计是优良品质之保障。

（4）安全性好。铝合金模板轻质、拆装及搬运容易，可减少工人受到伤害。

（5）管理成本低。铝合金可免油漆、除锈工序，其优良的弹性使破损率比钢材少三分之二。

（6）交通运输方便。Aluma 系统基本组件可轻易拆卸及组装，无需焊接，这既便于长途运输，又能降低运输成本。

（7）环保效益。能减少了木料使用量，铝材为目前最有价值的环保材料之一。

二、Aluma 系统模板公司的主要产品

1. 墙体模板

（1）组合墙模板

该墙模是由铝合金框、胶合板和相应附件组成的铝框胶合板模板体系。模板规格采用模数制设计，长度有 2400mm、1800mm、1500mm、1200mm 和 900mm 五种，宽度为 600 ~ 100mm，以 600mm 为主。这种模板具有重量轻，比钢框胶合板模板的重量可轻 30%；装拆方便，比木模板的拼装速度可提高 60%；模板的刚度和强度较大，墙模可承受的混凝土侧压力可达 1200 磅/平方英尺（5859kg/m²），圆柱模可达 1500 磅/平方英尺（7323kg/m²）。见图 1。

（2）大面积墙模

该墙模为无框胶合板模板体系，是由胶合板、铝合金梁和相应附件组成。具有重量轻，易搬运，可同时吊装两片大型墙模，减少起重机的使用；装拆方便，所有部件可重新组合和使用；应用范围广，可组成不同尺寸的墙模；强度高，可组成大面积墙模，提高施工工效，节省人工成本等特点。

该模板体系不仅可用于各种墙面模板，也可用于组装弧形模板和桥梁模板。亦可与自动液压爬升系统一同使用。见图 2。

图 1　铝框胶合板模板

图 2　大面积墙模

（3）Aluma 爬模

Aluma 爬模有手动爬模和自动爬模两种。Aluma 手动爬模是采用吊车提升，自动爬模是采用液压油缸提升。爬模的面板采用胶合板模板，背楞采用铝合金梁。见图 3 ~ 图 5。

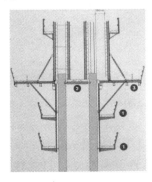

图 3　Aluma 爬模 1

图 4　Aluma 爬模 2

图 5　Aluma 爬模 3

该爬模的特点是：操作简便，安全性高，吊装时无需工人在上面操作；减少占用吊车使用时间；通用性好，应用范围广；面板及支撑件可向后移动750mm，可调节性能好；配合大面积墙模使用，提高施工工效。

（4）悬挂式爬模

Aluma悬挂式爬模也有采用吊车提升的悬挂式手动爬模和采用液压油缸提升的悬挂式自动爬模两种。悬挂式手动爬模是一种为垂直的竖井所设计的专用系统，系统平均重量40～50kg/m²（含面板重量），最少提升时间为15min，可将内外墙模、转角模板一次性提升。见图6。

悬挂式自动爬模系统（SCHR）不仅是具有完整的模板系统，也提供了一个完整的工作空间和平台系统。工人能够在一个封闭的空间里安全地进行操作，工人安全得到最大的保障，这是高层建筑施工之首选。见图7。

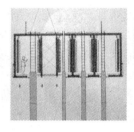　　　　

图6　悬挂式手动爬模　　　　　　　　图7　悬挂式自动爬模

2. 楼板模板

（1）Aluma早拆模板系统

该早拆模板体系的特点是重量轻，易搬运；组装快速，操作简易；效率高，成本较同类系统低；快拆设计，可较节省工时及劳动力。见图8、图9。

图8　Aluma早拆模板系统1　　　　　图9　Aluma早拆模板系统2

（2）大型整体台（飞）模

在初期，Aluma支撑架台模系统是针对梁板结构设计而成，并广泛用于高层楼层施工，现在一些特殊工程中，其效率发挥得也同样出色，如建筑工厂、运动场、仓库、水库、废料处理工程、发电厂等，见图10、图11。大型整体台模的特点是：

（a）重量轻，适用性好，可组装成大面积台模，大幅度降减低工时以及人工成本。

（b）安装快速简易，使用特制滑轮，仅需两个工人便可轻易将台模移动。只需普通起重机便可将台模在楼层之间搬运。

（c）一次组装可多次重复使用，节省大量的拆卸和搬运的成本。提高生产效率，大面模板可减少板块接口和因切割而造成材料浪费。一个 Aluma 台模便可覆盖一个单元的置模面积。

（d）可组装成不同尺寸和形状的台模，以满足不同的结构变化，可与台模一同搬运。

图 10　大型整体台模 1　　　　　　　　　　　图 11　大型整体台模 2

（3）Alumalite 轻型台模

Alumalite 轻型台模是在原 Aluma 台模的基础上改进而成，是一种最适合于高层建筑施工的模板，见图 12、图 13。目前，这套模板系统已广泛应用于香港地区，泰国、新加坡、菲律宾及世界各国，其优越性已得到进一步体现。

（a）采用模数制设计，应用范围广，能组装成不同长度的台模，能方便组装成面积可达 9m×14.6m 的大面积台模，不仅能满足建筑结构尺寸的变化，对复杂的梁板结构更具优势。

（b）Alumalite 台模平均重量为 40～50kg/m²，比原 Aluma 台模轻 30%。只需要一台普通施工吊车吊运，可免除了重复拆卸、组装及人工搬运，节省施工材料及减少损耗成本。可缩短模板周转时间，减少 50% 的人工，并大幅度提高施工进度。

（c）铝合金制构件比木制构件在力学性能和使用寿命上具有更大的优势。

（d）具有专利设计的双向延伸支撑，能满足上下高度调节。活页式梁侧模板专利设计，能轻易地拆除梁侧模板，并与台模一同搬运，免除了梁侧模板材料的损耗。

图 12　Alumalite 轻型台模 1　　　　　　　　图 13　Alumalite 轻型台模 2

（4）Aluma 支柱悬挂系统（大飞模）

Aluma 支柱悬挂系统是先将钢支座固定在混凝土柱上，再将钢梁固定在相邻的钢支座上，将钢桁架放在钢梁上，最后将铝框胶合板模板逐块吊放在钢桁架上，见图 14、图 15。这种模板的特点是：

（a）支柱悬挂系统可以免除支撑，节省人工成本，提高施工效率，加快施工进度。

（b）所需部件少，操作简便，快速现场组装。

（c）可组装成各种跨度尺寸的工程，尤其适用于跨度较大、柱排列整齐的结构工程。

（d）可调试横向桁架满足不同柱间距离，可轻易在现场组装，支撑高度容易调整，系统具有良好受力性能。

图14　支柱悬挂系统1

图15　支柱悬挂系统2

3. 支撑架系统

（1）铝合金框式支架

铝合金框式支架是Aluma系统模板公司最重要的产品，被广泛地应用于现浇混凝土模板的支撑上，见图16、图17。这种支架的特点是：

（a）铝合金框式支架的重量轻，整个支架重量为19kg，可在现场组合或在工厂预组装。

（b）支架的承载力高，单根支腿的承载力为80kN。其高强度支撑可广泛应用于高层建筑或公共建设工程施工，以及一些重型的结构中（如桥梁，水坝等）。

（c）组装和调节方便，底部、顶端均可进行高度调整，用1m调节螺杆可满足任何支撑高度的要求。

图16　铝合金框式支架1

图17　铝合金框式支架2

（2）单管支撑

单管支撑的钢管采用全镀锌，寿命长，与Aluma梁的结合能适用于各种现浇混凝土梁板结构，见图18、图19。这种单管支撑的特点是：

（a）承载力高，用量少。支撑高2.43m的承载力可达62kN，与传统的欧式单管支撑（20kN）相比，Aluma单管支撑具有更大的支撑力。对于同样的支撑面积，支撑的用量会更少，也会有更大的空间以方便施工。

（b）易操作，速度快。调整高度的插销可随铁锤一挥而就，可调整高度9.5mm，其安装采用三脚架，可使单管支撑到位迅速，拆卸也非常方便容易。

（c）易保管，无丢失。每根单管支撑不含零散部件，因而工人也不会由于寻找零件而损失时间。

图18　单管支撑1

图19　单管支撑2

（3）盘销式脚手架

盘销式脚手架是 Aluma 系统模板公司生产多年的产品，在许多工程中得到广泛应用。该脚手架的主要部件中，立杆规格有 500mm、1000mm、1500mm、2000mm 和 3000mm 五种，横杆有 650mm、1150mm、1570mm、1630mm、1830mm、2130mm、2440mm 和 3050mm 八种，斜杆有 1150mm、1570mm、1630mm、1830mm、2130mm、2440mm 和 3050mm 七种。另外，底座有固定可调底座、活动可调底座和底座套管，见图20。该脚手架的特点是：

（a）连接横杆多，每个圆盘上有 8 个插孔，可以连接 8 个不同的横杆和斜杆。

（b）连接性能好，每根横杆插头与立杆的插座可以独立锁紧，单独拆除。利用底座套管可安装扫地杆，增强脚手架的整体稳定性。（图21）

（c）承载能力大，每根立杆的承载力最大可达 48kN。

（d）适用性能强，可广泛用作各种脚手架、模板支架和大空间支撑。

图20　盘销式脚手架

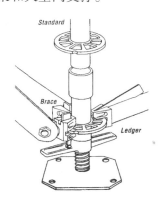

图21　底座套管

（4）门式脚手架

Aluma 系统模板公司生产的钢管门式脚手架有多种型式，见图22、图23。这种脚手架的特点是装拆简单、移动方便、承载性能好、使用安全可靠，主要用于楼板模板支撑、外装修脚手架等。

图 22　门式脚手架 1

图 23　门式脚手架 2

载于《建筑施工》2012 年第 4 期

40 澳大利亚和新西兰建筑模板技术考察报告

应澳大利亚 SPI 模板公司和 DCI 公司的邀请，中国模板协会于 2006 年 4 月初组织一行 21 人，赴澳大利亚和新西兰进行技术考察。通过这次考察，对澳大利亚和新西兰的模板、脚手架技术及市场情况，初步有所了解。

一、澳大利亚和新西兰模板行业的概况

澳大利亚（简称澳洲）是世界第六大洲，领土面积达 789 万 km^2，但人口很稀少，全国仅 2 千多万人，每平方公里只有 2.4 人，而我国每平方公里有 135 人，香港每平方公里有 6300 人。由于澳洲人口稀少，国内建筑工程量相对也较少，因此，澳洲的模板企业很少，本国的模板企业大约有十多家，主要有 BOYAL 公司、PCH 公司、GCB 公司、ROYAL PLY-WOOD 公司、WIDEFOYM 公司等。外国有不少知名的跨国模板公司先后到澳洲设立了分公司，如德国的 PERI 公司和 MEVA 公司、奥地利的 DOKA 公司、美国的 SYMANS 公司和 EF-CO 公司、英国的 SGB 公司和 RMD 公司、加拿大的 ALVMA 公司等，有些国外模板公司已在澳洲待了 50 多年，并已成为澳洲主要的模板公司。

新西兰也是地广人稀，经济上以畜牧业、种植业为主，国内高楼大厦和雄伟建筑很少，因此，没有具有一定规模的模板企业，脚手架企业有一些，如 ADVANCED SCAFFOLD PTY LTD、PACIFIC SCAFFOLDING LTD、A-2-RIGGING—SCAFFOLDING 等，但都是本国的企业，产品营销也立足于本土，向外拓展性不强。产品有钢和铝合金脚手架，十分重视产品的技术和质量，更强调产品的安全性，要求产品质量符合本国或英国脚手架安全认证体系，所有操作工人都必须持有脚手架现场施工安全证书。

目前，澳洲模板行业的发展趋势是：

（1）模板和脚手架向体系化方向发展。澳洲的模板公司虽然不多，但是有许多著名的国外模板公司已经进入澳洲建筑市场，因此，澳洲的模板和脚手架总体技术水平较高，多种先进的模板、脚手架体系已得到大量推广应用。

（2）模板和脚手架向轻型化发展。澳洲人口稀少，模板工人的工资很高，并且在模板施工中规定，模板重量不能超过 25kg，如果超过 25kg，必须由 2 人操作。因此，为了使模板和脚手架轻型化，开发和采用铝合金模板及铝合金支撑，以减少人工费用。

（3）在经营理念上，他们已抛弃与同行之间陈旧的对手关系及原始的价格竞争，而是致力于新产品、新技术的开发，提供完善配套的综合服务，承接大型工程项目。

（4）现场浇筑混凝土向工厂预制混凝土方向发展。随着装饰混凝土和模块式建筑的推广应用，为了减少室外作业、减轻工人劳动强度、改善劳动条件，正在发展预制混凝土墙、板工厂和房屋工厂。

二、介绍几个澳洲模板公司

1. RMD 模板公司

该公司是由英国 INTERSERVE PLC 集团经营的 RMD KWIKFORM 公司，在澳大利亚的

全资子公司，是专门从事模板、脚手架、支架及其配件的设计、制作、租赁和销售的专业公司，该公司于 1953 年在澳洲创立，至今已有 50 多年的历史，50 多年来，在澳洲全国主要地区设立 17 个分部，形成了一个完善的经营网络，从咨询、签订合同，到设计制作、送货调配、安装施工、财务结算等实行全国联网。

该公司不断开发各种新产品，如在模板方面有铝合金墙模，铝合金飞模、爬模、塑料模板、铝合金梁模等。在脚手架方面有早拆支架、铝合金支柱、三角形强力支架、超强承重支架、圆盘插销式脚手架等。这些产品已广泛应用于桥梁、道路、矿井、商场、塔台、高楼、场馆等工程的建设。知名工程有悉尼体育场、墨尔本容纳 10 万观众的大看台、昆士兰隧道、布里斯班大桥等。该公司在澳洲有较高的声誉，是国外企业在澳洲最大的模板公司，已在英国、新西兰、韩国等国家设立了分部。

2. BORAL 模板公司

该公司是澳洲 BORAL 建筑工程集团公司的分公司，BORAL 建筑工程集团公司是一家综合建筑材料公司，在美国、亚洲和澳洲设有 650 个分部，年销售额达 40 亿澳元，职工人数达 15000 人。主要从事采石、水泥、石灰、预拌混凝土，木材等建筑材料，以及建筑施工设备和工具的供应。

BORAL 模板公司是澳洲本国最大的模板公司，现有职工 4700 名，其中在亚洲的泰国、印度尼西亚等国家有 2500 名。该公司在模板方面的主要产品有钢框胶合板模板、木胶合板模板、铝合金框胶合板模板、桥梁模板、异形模板及各种模板配件等。在脚手架方面的主要产品有插销式脚手架、V 字形支撑系统、铝合金支柱、木工字梁等。

3. DCI 模板公司

该公司的董事长安迪·期托卡先生于 1994 年研制成功了一种全钢的科康（CORCON）模板，这种模板的部件很少，结构简单，主要由波纹拱形钢模板、槽形梁模板、马镫形支承件三种部件组成。科康模板的特点是：

（1）使用寿命长，可以反复使用 100 次以上，并可全部回收无废弃物。

（2）模板部件重量轻，不需要吊车运送和安装，工人劳动强度低。

（3）模板规格少，可以重叠堆放，储存占用施工场地可以减少 80%。

（4）成型混凝土结构的强度和刚度较高，抗震性能好，可以减少水泥和钢筋的用量和模板支架用量。

科康模板的适用范围主要用于多种结构的楼板和顶板施工，尤其适用于跨度较大的车库、仓库、多层厂房等建筑的楼板施工，也可用于墙体施工。

DCI 模板公司的规模较小，职工人数约 20 余人，办公室也较简陋，但很注重生产设备和技术的投入，科康模板技术已获得澳大利亚政府有关部门颁发的十一个奖项，在多个国家取得发明专利权，在中国也已取得发明专利权，产品在多个国家得到应用，在我国青岛和威海的建筑工程中也已经试用。

三、几点体会

1. 澳洲和新西兰都是社会福利很好的国家，职工的权益得到充分保障，每个星期发工资，不能加班加点，职工的工资较高，尤其是对在室外作业和劳动强度大的工种，如模板工人的工资一般可达 55～60 澳元/小时，但是招收模板工人仍然十分困难。因此，建筑公司除了提高工人的待遇外，还要改善工人的劳动条件，采用轻质高强的模板和脚手架，减轻工人劳动强度，提高施工工效。

2. 据介绍，澳洲人是以友好和诚实而著称，同时澳洲的法规也是世界公认最严谨的，安全系数比其他国家都高。因此，澳洲企业在与外国企业交往中，都较保守和谨慎，一般都会通过当地服务公司与国外企业联络，以防万一。我们这次考察活动中，与澳洲不少模板公司进行多次联系，大都以无法接待为由拒绝访问。

3. 由于澳洲人口稀少，因此商机也少，商业发展也落后于欧美国家。另外，与中国交往的时间不长，与中国通商的机会也有限，贸易额较小，对中国不像西方国家那样了解。如RMD 模板公司，由于有在台湾经营失败的前车之鉴，他们对整个华人市场持保守谨慎的态度，无意涉足中国市场。

载于《建筑施工》2007 年第 10 期

41 韩国建筑模板技术考察报告

中国模板协会网站组织赴韩国建筑模板技术考察团一行10人，于2004年7月5日至10日赴韩国考察，得到韩国泰永模板公司的热情接待，并精心安排考察了该公司和HOSUNG公司的模板生产情况，参观了四个模板施工工地。通过这次考察，对韩国的模板、脚手架生产和施工技术水平及管理模式有了进一步了解。韩国的模板公司在生产规模、技术水平、设备条件等方面与我国模板公司的情况比较接近，但韩国在引进和推广国外先进模板技术方面的经验很值得我们借鉴和思考。

一、介绍两个模板公司概况

1. 泰永模板公司

该公司创立于1998年，是由3位分别在美国SYMONS公司和德国DOKA公司工作过的职工，回国后组建的，经过六年的技术开发和工程推广应用，公司有了较大发展，已成为韩国三个专业桥梁模板公司之一。目前公司有职工24人，其中工人15人，月产量达200吨。主要产品为各种柱模板、箱梁模、桥墩模、墩帽模、桥梁模、单面墙模、爬模，以及强力承载脚手架，架桥架等。见图1～图3。

图1 箱梁模

图2 桥墩模

2. HOSUNG 模板公司

该公司创立于1997年，当时注册资本为5千万韩元（相当于39万元人民币），经过几年的发展，至2001年累计资本达20.27亿韩元（相当于1584万元人民币）。现有职工80人，年产值达28亿韩元（相当于2187万元人民币）。该公司专业生产建筑模板，有一条专业生产线，见图4。生产规模为同类模板公司中的第三位。主要产品为钢框胶合板模板，钢框为实腹型钢，肋高63.5mm。平面模板的宽度为300mm、400mm、450mm、600mm四种，长度为900mm、1200mm、1500mm三种，另外还有阴角模板、阳角模板、柱模板、嵌补模板、梁腋模板、圆弧模板等，以及各种模板配件，品种规格十分齐全。

图3　挂篮

图4　模板专业生产线

二、几点体会

韩国模板公司大部分是20世纪90年代发展起来的，规模都比较小，职工人数都不超过100人，生产工人很少，生产工艺没有形成自动化生产线，与我国模板生产厂的情况差不多，但生产效率较高。如泰永模板公司是专业桥梁模板公司，生产设备也较简陋，但工人平均年产量达160吨/人·年，而我国桥梁模板公司的工人平均年产量一般为30～40吨/人·年。参观了四个模板施工现场，其模板和支架的应用情况与欧洲模板公司在技术水平上有较大差距，和我国模板应用情况十分接近。

1. 完善模板体系，推广应用先进施工方法

韩国的模板系统也是在学习和引进国外先进模板技术的基础上，加以开发和推广应用，20世纪90年代从美国SYMONS公司引进63型钢框胶合板模板，目前已建立多家专业生产厂，并形成较完整的模板体系，在建筑工程的墙、梁、柱和楼板模板施工中得到大量应用。见图5～图7。

图5　墙模板

图6　柱模板

铝合金模板体系应用在墙、梁、柱和楼板模板施工中，结合楼板模板采用快拆模体系，使用效果非常好。这种模板规格尺寸小、重量轻，一个人就可以搬运，使用寿命长，可以周转使用上百次，模板回收率高，采用租赁方式对施工企业的综合经济效益还是较好的，因此在韩国模板工程中应用还较多。见图8。

图7　楼板模板

图8　铝合金模板

韩国在楼板模板施工中，模板品种较多，有覆膜胶合板、素面胶合板、塑料模板、铝合金模板和钢框胶合板模板等，楼板模板的支架采用钢支柱或铝合金支柱。也有采用桁架支模，将可调桁架放在梁侧模的上端，梁底模用门架支撑，这种支模体系的特点是楼板支模简便，施工速度快，施工现场空间大，便于工人操作，现场施工文明。扣件式钢管脚手架只用于外脚手架，扣件为钢板扣件，没有看到玛钢扣件。

角模板，异形模板，简模和桥梁、桥墩、桥柱等模板均为钢模板，没有看到组合钢模板和全钢大模板。见图9。

图9　简模板

2. 加强质量管理，提高钢模板使用效果

韩国模板公司能在学习国外先进模板技术的基础上，不断开发新产品，并在施工工程中得到大量应用。如63型钢框胶合板模板体系和铝合金模板体系，其板面最大尺寸为1500mm×600mm，模板重量轻、装拆灵活、搬运方便、通用性强。

我国组合钢模板的模数扩大后，最大模板尺寸为1800mm×600mm，组合钢模板的特点也是重量轻、刚度好、装拆灵活、通用性强、搬运方便、耐久性好、能组合拼装等。由于组合钢模板的板面尺寸较小，拼缝多，较难满足清水混凝土施工工程的要求，因此，目前组合钢模板的使用量大减，甚至有些城市提出不准使用组合钢模板。

组合钢模板的使用功能与韩国的63型钢框胶合板模板和铝合金模板相比，除了重量较重外，其他方面相差不大。日本组合钢模板已使用了50年，在钢框胶合板等模板体系大量推广应用的情况下，仍在大量应用。我国组合钢模板应用了25年，而其他新型模板体系还没有得到开发或大量推广应用，就要将组合钢模板淘汰出局，用木（竹）胶合板大量替代钢模板，显然违背了"以钢代木"，节约木材的国策。另外，这种散装散拆的施工工艺，没有形成模板体系，费工费料，技术落后。

我国组合钢模板虽然应用了25年，但是其优越性还没有得到发挥。

（1）日本组合钢模板加工已形成自动化生产线，产品质量得到保证，因此，在一些清水混凝土工程中仍能大量应用。我国绝大多数钢模板厂的生产设备简陋，工艺落后，产品质量很难达到标准要求，随着钢模板市场竞争激烈，钢模板产品质量越来越差，不少厂家采用改制钢板加工，严重影响了使用寿命。租赁企业不愿购买质量好的钢模板，因为一旦出租后，返回的是劣质钢模板。钢模板厂也不愿投资进行技术改造，采用先进设备，因为这样要增加产品成本。如此恶性循环，钢模板质量越来越差，满足不了施工要求。

（2）我国钢模板标准设计中，模板体系的规格达125种，但一般钢模板厂只生产40种左右，实际施工中使用的只有30种左右，占25%。配件的规格有28种，一般厂家只生产3~4种，实际施工使用的有10种左右，占35%。大多数钢模板厂只生产通用模板，不生产标准设计中的专用模板和配套附件。大多数施工单位在钢模板施工中，利用本单位现有材料，替代专用模板和配件，使钢模板体系的使用效果没有充分发挥。

3. 结合我国国情，积极开发新型模板体系

目前欧美等国的墙模板体系大多采用无框模板体系和带框模板体系。日本和韩国也已大量推广应用钢框胶合板模板。我国在20世纪90年代初开发了钢框竹胶合板模板，1994年至1996年在建设部的大力推动下，作为建筑业10项新技术内容之一，在不少重点工程中得到大量应用。由于竹胶合板的质量达不到要求，钢框加工精度较差，模板体系设计不完善，钢框竹胶合板模板的使用寿命不能满足施工工程的要求，这样钢框竹胶合板模板很快就被淘汰，全钢大模板得到迅速发展。

随着木胶合板厂的大批建立，木胶合板模板的价格下降，覆膜胶合板的质量有了较大提高，因此，木胶合板模板在施工工程中迅速大量应用，年实际使用量已达 110 万 m^3。由于施工企业使用的木胶合板模板大部分为素面板，使用次数只有 4~5 次，木材资源浪费十分严重，尤其是我国森林资源贫乏，节约木材，保护生态是当务之急。作为建筑用胶合板模板的使用次数应能达到 20~30 次，以提高木材的利用率，节约木材。

积极开发无框胶合板模板体系和钢框胶合板模板体系是发展方向，现在我国在胶合板和钢框的加工质量方面已有了很大进步，有不少企业也正在开发新型模板体系。但是，由于目前我国对清水混凝土表面质量要求没有明确要求，也不分等级，对模板拼缝要求十分苛刻，有许多清水混凝土表面仍需进行表面装饰的工程，要求混凝土表面没有模板拼缝，显然是质量要求过于苛刻。

国外先进模板技术主要采用钢框胶合板模板，清水混凝土表面允许有模板拼缝。我国模板技术落后于国外先进模板技术，价格也大大低于国外模板，但要求混凝土表面质量比国外高，按照现在我国对混凝土表面的质量要求，国外先进的钢框胶合板模板无法在我国推广应用。因此，我们必需解决对清水混凝土表面质量要求的认识问题，明确清水混凝土表面质量等级问题，才能促进我国模板技术进步，才能推动新型模板技术的发展。

载于《施工技术》2005 年第 3 期

42　赴韩国金刚工业株式会社考察报告

中国模板协会组织赴韩国模板、脚手架技术考察团一行 18 人，于 2006 年 8 月 23 日至 26 日赴韩国金刚工业株式会社（以下简称金刚公司）进行考察，得到金刚公司的热情接待，并精心安排参观了该公司的四个生产厂和两个模板施工工地。2004 年 7 月协会曾组织赴韩国模板技术考察团，考察了一个专业桥梁模板公司，一个专业建筑模板公司，这两个公司都创建于 20 世纪 90 年代末，其共同特点是生产规模不大、生产工艺也不先进。这次考察的金刚公司是生产规模较大、生产工艺较先进的模板企业。

一、韩国金刚工业株式会社的概况

金刚公司成立于 1979 年 8 月，是金刚工业集团的下属企业，金刚公司有四个工厂，彦阳工厂生产各种钢管，年产量达 17 万吨；釜山工厂生产扣件、插销式脚手架、钢支撑、脚手板等；仁川半月工厂生产 63 型钢框胶合板模板、异形钢模板、模块式建筑；镇川工厂生产铝合金模板和脚手板等。这三个工厂的模板、脚手架和扣件的年产量达 3 万吨左右。

金刚公司的注册资本为 2486.9 万美元，2005 年销售额达 2.144 亿美元，纯利润为 647.2 万美元。公司现有正式职工 320 人，是韩国最大的模板生产企业，2005 年模板及脚手架的市场占有率达 26%，第二位是三木精工公司，模板市场占有率达 24%，第三位是浩成产业公司，模板市场占有率达 9%。金刚公司在美国和马来西亚有分公司，在中东、泰国、印度尼西亚、新加坡等地有代理处。产品出口到美国、日本、新加坡、马来西亚、台湾、越南等国家及地区。公司已与德国 DOKA 公司合作成立金刚 DOKA 公司，并计划在东南亚、印度和中国建立模板工厂。

二、主要产品介绍

1. 63 型钢框胶合板模板

这种模板边框为高 63.5mm，两端厚 8mm 的扁钢，横肋为 ∠50mm × 30mm × 3mm 的角钢，面板为双覆膜的胶合板模板。板厚 12mm。模板规格尺寸长度为 900mm、1200mm、1500mm、1800mm 四种，宽度为 100 ~ 600mm 十一种。其特点是模板重量轻、面积小，搬运和操作方便；通用性强，可适用于各种结构模板施工；施工速度快、施工费用低，见图 1。

2. 铝框胶合板模板

这种模板的边框和横肋均为铝合金型材，边框高 63.5mm，可与钢框胶合板模板通用，面板为厚 12mm 的胶合板。规格尺寸与钢框胶合板模板基本相同。其特点是重量轻、人工操作方便、施工速度快、适用范围广，见图 2。

图 1　63 型钢框胶合板模板

图 2　铝框胶合板模板

3. 全铝合金模板

这种模板的边框和横肋为铝合金型材，面板为铝合金板，采用焊接方式将面板与边框和横肋连成一体。边框的高度也是 63.5mm，规格尺寸与铝框胶合板模板相同，其特点是重量轻、装拆简便、通用性强、使用寿命长，可回收重复使用。目前价格较高，主要以租赁方式使用，见图 3。

4. 轻型钢模板

这种模板的边框和横肋为矩形钢管，面板为厚 3mm 的钢板，主要应用于建筑物外部的墙、梁、柱模板施工。其特点是重量轻、使用方便，可多次周转使用，见图 4。

图 3　全铝合金模板

图 4　轻型钢模板

5. 插销式脚手架

这种脚手架也是承插式脚手架的一种型式，插座为梅花形钢板，插头为鱼嘴形，中间带一块楔形插板。安装时，将插座的钢板放入插头的鱼嘴内，再将插板插入插座的孔内固定。其特点是结构简单、装拆方便、安全可靠，见图 5。

图 5　插销式脚手架

图 6　模块式建筑

6. 模块式建筑

这种产品是在房屋工厂内利用预制模板，加工成单间房屋，房屋内外装饰都已完成，运到施工现场用吊车将单间房屋组装成所要求建筑物。其特点是建筑结构和装饰工程都在工厂内完成，施工现场只需组装，因此，建筑施工工期短、施工质量好、工效高，见图6。

另外，金刚公司还生产桥梁模板、异形模板、可调钢支柱、可调桁架、脚手板、护栏、脚手架扣件以及各种钢管。

三、几点体会

韩国大部分模板企业生产规模都不大，生产工艺和设备也不先进，与我国模板企业比较接近。但是金刚公司无论在生产规模、生产工艺和技术水平等方面，与欧洲模板公司已很接近，该公司的生产和管理经验，企业科技创新和不断发展的经验，都值得我国模板企业学习和思考。

1. 模板和支架多样化

我们在韩国几个建筑工地看到墙、柱、梁的平面模板，大部分为钢框胶合板模板，也有一些工地采用铝合金模板，角模、筒模和桥梁、隧道等模板为钢模板。楼板模板的品种较多，有胶合板模板、塑料模板、铝合金模板和钢框胶合板模板等。没有看到采用组合钢模板和全钢大模板。

楼板模板支架大部分是钢支柱和铝合金支柱，梁模板支架为门式支架，扣件式钢管支架只用于外脚手架，扣件为钢板扣件，没有看到玛钢扣件。

我国从20世纪90年代初开发和推广应用钢框胶合板模板，但是只推广了几年就基本停了，主要原因是加工工艺落后，产品质量差，品种规格不齐全，各种连接件、附件不配套，尤其是面板材料和钢框材料的质量都没有过关。

在楼板模板施工中，大多采用扣件式钢管脚手架作满堂支架，模板采用竹胶合板或木胶合板，施工工艺非常落后，费工费料，施工现场不文明、不安全。

2. 模板系统的体系化

韩国的模板系统也是在学习和引进国外先进模板技术的基础上，加以开发和推广应用的。钢框胶合板模板体系是从美国SYMONS公司引进的，该模板体系规格品种较多，可适用于墙、梁、柱、板等多种结构的模板施工。在韩国已建立了多家专业模板生产厂，并形成较完整的模板体系，在许多建筑工程大量应用。

铝合金模板体系在韩国许多建筑工程中也已大量应用，该套模板体系较完整，可适用于墙、梁、柱和楼板模板的施工。楼板模板支柱采用方形铝合金支柱，柱头加上快拆头，形成快拆模板体系，使用效果非常好。这种模板重量轻、使用寿命长、回收率高。但是价格也较高，因此，模板生产厂采用租赁方式，施工企业是能够接受的。

目前我国模板工程施工中，大部分采用组合钢模板、散装散拆的竹（木）胶合板，没有完整的模板体系。韩国采用的63型钢框胶合板模板也能适用于我国建筑模板工程。最近韩国金刚公司与浙江中伟建筑材料有限公司合作将开发和生产63型钢框胶合板模板体系。铝框胶合板模板在我国已有几家模板公司开发和生产，但产品主要是出口到国外和在香港使用。由于我国模板工人素质较差，施工管理落后，铝合金模板价格较高，因此，近期内铝合金模板在国内还不能推广应用。

3. 采用先进技术，不断开发新产品

韩国的模板公司大部分是20世纪90年代发展起来的，生产规模比较小，生产工艺以手工操作为主。金刚公司是韩国模板行业中的龙头企业，模板、脚手架、钢支柱、镀锌钢管等产品的生产工艺都已形成自动化生产线，采用自动焊接工艺。因此，生产效率很高，平均年产量达 625 吨/人·年，平均年产值达 67 万美元/人·年（折合人民币 530 万元/人·年）。

金刚公司能得到快速发展，主要是能不断技术创新，开发新产品，如近期开发了自动爬模系统、快速支撑脚手架系统等，并申办了专利，最近还建立了房屋工厂，生产模块式建筑。金刚公司的产品在韩国许多重大工程中大量应用，如仁川跨海大桥、釜山到巨济岛的海底隧道（单块模板长 120m）、韩国三星汉城本部大厦、乐天城堡等。另外，金刚公司已开始将自己的产品打入国际市场，在国外建立分公司和代理处，已步入跨国模板公司的行列。

我国模板生产企业的生产工艺很落后，基本上都以手工操作为主，最近有几个模板企业正在采用自动焊接工艺，但还没有形成自动化生产线。因此，生产厂的效率较低，大部分模板企业平均年产量为 30~40 吨/人·年，平均年产值为 20~30 万元/人·年。少数生产效率高的企业，平均年产量为 100 吨/人·年左右，平均年产值为 50 万元/人·年左右。目前我国模板企业的产品，只有木胶合板模板已大量出口，将自己开发的新型模板出口国外的模板公司很少。我国有专业脚手架公司上百家，但大部分企业都是为外国企业的订单加工，没有自己的品牌产品，只是"中国制造"，而不是"中国创造"。少数有专利产品的企业，产品在国内还没有大量应用。因此，我国模板企业应借鉴韩国金刚公司的经验，走自主创新的道路，不断开发新产品、新技术，将产品打入国际市场。

载于《施工技术》2007 年第 2 期

43   与智利 Unispan 模板公司技术交流的启示

2008 年 11 月 18 日智利 Unispan 模板公司一行四人，到我协会进行技术交流，智利 Unispan 模板公司这次来华的目的，一是进行技术交流，介绍该公司的模板、脚手架产品；二是了解中国的模板、脚手架技术水平和建筑市场情况；三是有意将该公司的模板、脚手架产品引入中国建筑市场。

智利 Unispan 模板公司成立于 20 世纪 70 年代，是智利规模较大的模板企业，20 世纪 90 年代该公司自主开发了新型模板和脚手架，并从欧洲引进一些先进模板体系。目前，该公司的模板、脚手架产品已在智利及南美地区得到大量推广应用。

一、智利 Unispan 模板公司的主要产品

1. 全钢轻型模板

这是一种轻型钢模板，模板规格的长度有 2400mm、1200mm、900mm、800mm、600mm 五种，宽度有 600mm、550mm、500mm、450mm、350mm、300mm、250mm、200mm、170mm、150mm、140mm、125mm、100mm 十三种，肋高为 50mm，钢板厚 3mm，内肋采用角钢，见图 1。这种钢模板的特点是：

（1）模板重量轻，一块 1200mm×600mm 的模板重量仅 33kg，便于人工操作。

（2）使用范围广，可用于各类墙、板、梁、柱和圆形结构的混凝土工程。

（3）装拆灵活，由于模板、配件和支撑组成的体系较完善，装拆作业方便，施工效率高。

2. 钢框胶合板模板

这种模板是从欧洲引进的墙体大模板，其规格的长度有 3000mm、2400mm、1200mm 三种，宽度有 750mm、600mm、500mm、400mm、300mm、200mm 六种，肋高为 75mm。模板的边框为轧制的空腹钢框，内肋为冷弯型钢，板面为木胶合板，板厚 18mm，见图 2。这种模板的特点是：

图 1   全钢轻型模板

图 2   钢框胶合板模板

（1）模板面积大，最大模板为 3000mm×2400mm，面积可达 7.2m²。

（2）承载能力大，可以承受混凝土侧压力 80kN/m²。

（3）模板重量较轻，1200mm×600mm 的模板重量仅 35.8kg。

（4）结构先进，装拆简便，施工效率高。

3. 插接式钢管脚手架

这种脚手架是由立杆、横杆、斜杆、可调顶撑和可调底座组成。其结构型式是每个插座是由4个V形卡组成，插头为C形卡，组装时，先将C形插头与V形卡插座相扣，再将楔板插入V形卡插座内，压紧楔板即可固定，见图3~图5。其主要特点是：

（1）结构简单，装拆方便，将插头的楔板打入V形卡插座内即可锁紧，拔出即可拆卸。

（2）整体刚度好，承载能力高，每根立杆的承载力最大可达40kN。

（3）适用范围广，可广泛用于房屋建筑结构的内外脚手架，桥梁结构的支模架，临时建筑物框架及移动脚手架等。

图3　插座和插头

图4　楼板支撑

图5　插接式钢管脚手架

二、我国模板公司的同类产品

1. 石家庄市太行钢模板有限公司

该公司成立于1986年，是我国钢模板、钢跳板、脚手架专业生产骨干企业，产品在国内许多重要建设工程中得到大量应用，并批量销往美国、欧洲、非洲和亚洲各国。最近，该公司自主开发的55型组合墙体模板，是与智利Unispan模板公司产品同类的一种轻型钢模板。其模板规格的长度为2100mm、1800mm、1500mm、1200mm、900mm、750mm、600mm七种，宽度为1200mm、1000mm、900mm、750mm、600mm、500mm、400mm七种，肋高为55mm，板厚为3.0mm，纵向内肋采用冷弯型钢，横向内肋采用扁钢。这种钢模板在国内一些重要工程中已得到大量应用，见图6。其特点是：

（1）模板重量轻，一块1200mm×600mm的模板重量仅31.7kg，便于人工操作。

（2）使用范围广，可与组合钢模板组合使用，不仅可用于各类墙体，还可用于板、梁、柱和圆形的混凝土结构工程。

（3）装拆灵活，由于模板、配件轻巧，装拆作业方便，施工效率高。

该公司生产的脚手架有碗扣式钢管脚手架和插接式脚手架，碗扣式钢管脚手架已在国内建筑工程中得到应用，插接式脚手架是专门为南美国家加工制作，见图7。

图6　全钢轻型模板

图7　插接式脚手架

2. 云南春鹰亚西泰克模板制造有限公司

该公司是近年由昆明钢板弹簧厂重组成立的专业模板企业，其主要产品是 63 型钢框胶合板模板，63 型钢模板和插接式支撑系统。63 型钢框胶合板模板的边框采用轧制扁钢，面板为木胶合板，63 型钢模板的面板为钢板。该模板体系具有重量轻、装拆灵活、搬运方便、使用范围广、施工效率高等特点。可适用于各类墙、板、梁、柱的混凝土结构工程，见图 8、图 9。

图 8　钢框钢板模板

图 9　钢框胶合板模板

插接式支撑系统具有结构简单、强度较高、安全可靠；装拆灵活，搬运方便，可多次使用；适用性强，能适应建筑物平立面的变化等特点。可用于工业和民用建筑现浇混凝土楼板（平台）的模板支撑，见图 10、图 11。目前，该公司的钢框胶合板（钢板）模板和插接式支撑，已在云南、四川、贵州等地的许多建筑工程中大量应用。

图 10　楼板模板支撑

图 11　插接式支撑

3. 四川华通建筑科技有限公司

该公司成立于 1994 年，2000 年自主开发出插销式钢管脚手架，并获得了 5 项国家发明和实用新型专利。2002 年产品大量投入市场，由于这种脚手架具有结构合理、安全可靠、装拆方便、工程进度快、减轻劳动强度、节省大量钢材等优点，在四川、陕西、湖南等地的几十个建筑工程中大量应用。从 2004 年起还以专利有偿使用方式，扩展到北京、陕西、湖南、西藏、广西、云南、重庆，新疆等 17 个企业。见图 12 ~ 图 15。

图 12　插座和插头

图 13　插接式脚手架

212

图14　模板支架

图15　插接式脚手架

三、几点启示

1. 推广应用新型模板、脚手架是完全可行的

从以上图片可以看到，我国三个公司开发的新型模架与智利模板公司的模架都是同类产品，尤其是插接式脚手架的构造基本相同。目前，智利模板公司的模架不仅在南美得到大量应用，并且还正在打入国际市场。据智利模板公司介绍，智利也是发展中国家，它的经济实力与我国还有一定差距，建筑工人的工资水平和模架的价格，与我国的情况基本在同一水平。插销式脚手架是国际主流脚手架，也是适合我国国情的更新换代产品。在我国建筑施工中，推广应用这种新型模架是完全可行的，事实上许多施工企业已经接受，并在许多工程中得到应用。

2. 推广应用新型脚手架是解决脚手架施工安全的根本措施

据智利模板公司介绍，由于采用了这种新型脚手架，脚手架的施工安全已较好地得到控制。多年来，我国建筑施工用扣件式钢管脚手架，每年发生多起倒塌事故，给国家和人民生命财产造成巨大损失。随着我国大量现代化大型建筑体系的出现，扣件式钢管脚手架已不能适应建筑施工发展的需要，大力开发和推广应用新型脚手架是当务之急。但是，为什么施工企业采用安全可靠的新型脚手架不积极呢？上海是我国最大的工业城市，也是国际大都市，经济实力已基本达到发达国家的水平。但是，近几年，上海市建筑施工脚手架坍塌事故不断发生，2008年上海市扣件式钢管脚手架坍塌事故居国内前茅。可见并不是经济实力的问题，而是采用新技术的积极性，对施工工人安全的责任性和施工管理水平的问题。

3. 在新型模板、脚手架技术推广中存在的几个问题

其一是认识问题。我国脚手架企业已具备加工生产各种新型脚手架的能力。但是国内市场还没有形成，施工企业对新型脚手架的认识还不足，采用新技术的能力还不够，大多数施工人员没有见过新型脚手架，有些施工人员虽然见过，但没有使用过，不敢轻易使用。采用新技术需要重新学习和培训，对工程负责人会带来一定困难，因此，对采用新技术的积极性不高。

其二是体制问题。如项目承包制度不完善，项目负责人的短期行为，限制了新技术的推广应用。有些项目负责人又将工程分包给包工头，大部分包工头的技术水平和素质都较低。因此，有人认为项目承包制是推广新技术的最大障碍。为了更有效地推广新技术，应完善项目承包制度，改革管理体制，调动项目负责人推广应用新技术的积极性，为新技术的推广应用提供一个良好的外部环境。

其三是管理问题。有关部门应制订政策鼓励施工企业采用新型脚手架，尤其是高大空间的脚手架应尽量采用新型脚手架，保证施工安全；限制使用扣件式钢管脚手架，尽快淘汰竹（木）脚手架。对扣件式钢管脚手架和碗扣式钢管脚手架的产品质量及使用安全问题，应加强质量监督和健全监控机构；大力开展整治建筑市场混乱的工作，引导施工企业采用安全可靠的新型脚手架；积极发展专业模板、脚手架公司，大力开展租赁业务；决不能武断地限制、禁止使用新型脚手架。

载于《建筑施工》2009 年第 3 期

四 国外模板和脚手架

44 国外建筑模板和脚手架技术的发展趋势

一、模板工程的重要性

模板是浇灌混凝土构件的重要施工工具。无论是现场浇灌或预制厂预制都必须采用模板，所以模板工程是混凝土和钢筋混凝土结构工程施工中一项量大面广的施工工艺。在现浇混凝土结构工程的费用中，包括混凝土工程、钢筋工程、模板工程以及相应的脚手架工程等的费用，模板工程的工程费用一般约占30%以上。

据日本的有关资料介绍，模板工程费用一般约占混凝土结构工程费用的40%~45%，约占建筑工程费用的10%左右。

据美国的有关资料介绍，模板工程费用约占混凝土结构费用的35%~60%。在美国R.L普里福伊著的"混凝土结构的模板工程"一书中介绍，混凝土结构中所用的模板费用，要大于混凝土或钢筋的费用。

据德国的有关资料介绍，模板工程费用约占混凝土结构费用的35%~50%。在德国PE-RI模板公司的资料中介绍，欧洲混凝土结构工程的费用中，模板工程占52.7%、混凝土工程占29.6%、钢筋工程占9.6%。

模板工程所需的人工费占的比例很高，一般约占现浇混凝土结构工程人工费的28%~45%。据日本的有关资料介绍，现浇混凝土结构工程人工费中，混凝土工程占8%~10%、钢筋工程占30%~35%、模板工程占50%左右。

据德国PERI模板公司的资料介绍，在现浇混凝土结构工程总费用中，模板工程的人工费占46.7%，材料费只占6%。混凝土工程的人工费占7.8%，材料费占21.8%。钢筋工程的人工费占8.7%，材料费占9.0%。

由此可见，在现浇混凝土结构工程中，模板工程所需的工程费用和劳动量要比混凝土工程和钢筋工程大得多。

在施工技术上，混凝土结构工程中，主要技术集中在模板工程上，混凝土施工设计主要是模板施工设计。模板工程要完成一系列的工作，如模板和支撑系统的配板设计；模板的计算；模板的安装、拆除；模板的维修、保管以及模板的运输等。其中模板的安装和拆除所占的劳动量最多，而这些工作仍然大量采用手工操作。因此，寻求模板工程的合理化，促进模板工程的技术进步，减少模板工程费用，节省大量劳动力，是降低混凝土结构工程费用的重要途径。

如何降低模板工程的费用，更好地发挥它的经济效益，可以考虑以下几点：

（1）采用模板体系，降低用工数量

在现浇混凝土结构工程总费用中，模板工程的人工费占的比例很大，因此，采用先进的模板体系，可以节省大量人工。据美国混凝土协会的有关资料介绍，采用先进的模板体系，可以把模板工程分成若干较为简单的步骤，使不熟练的工人在有经验工人的指导下，就可以进行操作，即使模板工程的一次投资较多，由于可以节省大量人工，还是可以取得良好的经济效果。

（2）采用先进工艺，加速模板周转

在模板工程施工中，可以采用爬模、滑模、台模、早拆模等先进施工工艺，减少模板投入量，加速模板周转。也可以使用早强水泥，掺加早强剂，采用加热养护等方法，可以缩短混凝土的养护周期，加速模板脱模和周转。

（3）开发新型模板，提高使用寿命

模板的材料有多种多样，提高模板材料的性能和质量，就能增加模板的使用次数。如我国胶合板模板的使用次数大多为 10 次以内，国外胶合板模板的使用次数一般为 50~75 次，钢框或铝合金框胶合板模板的使用次数一般可达 200 次以上，芬欧汇川木业有限公司开发的新型胶合板模板使用次数可达 300 次以上。德国 Alkus 塑料模板公司开发的新型塑料模板，这种模板重复使用次数已达到 1000 次，使用年限可超过 10 年。国外钢模板的重复使用次数一般为 500 次，有的国家可达到 1000 次，铝合金模板的使用次数更多，可以达到 3000 次。

（4）改进施工管理，减少作业时间

日本对支模和拆模的作业程序作了分析，提出支模程序中 60% 的工作量为直接作业，40% 为间接作业。在直接作业中，55% 的工作量是安装对拉螺杆、连接件、支撑等，因此，减少这些构件的数量是节约模板费用的有效途径。国外许多模板体系都采用加大模板面积，加强模板刚度，减轻模板自重等方法，达到减少模板连接件、对拉螺杆、支撑等数量，缩短了支模和拆模的时间，节约了大量人工和费用。在 40% 的间接作业中，搬运工作量占了很大的比重，要节约这部分的费用，必须改进施工管理，制订严格的施工计划和措施。

（5）设计与施工相结合

在建筑设计中，能考虑模板施工的要求，做到设计与施工紧密配合，对模板施工工程中的模板设计和模板施工都会有很大的作用。不仅可以节省模板和支撑的用量，还可以加速施工进度，取得较大的经济效益。据美国混凝土协会介绍，住宅设计中尺寸的合理化，可以降低模板施工工程造价 40% 左右。

二、模板和脚手架系统的发展概况

1. 模板系统发展概况

模板工程在国外有相当长的发展过程，最初的混凝土模板是采用木制散板，按结构形状拼装成混凝土的成型模型。这种模板装拆很费时间和劳动力，拆模后成一堆散板，材料损耗也很大。

20 世纪初，开始出现了装配式定型木模板，根据工程需要，预先设计出一套有几种不同尺寸的定型模板，由加工单位进行批量生产。施工时要按结构型式，预先做出配板设计，在现场按配板图进行拼装，拆模后还可以继续周转使用。这种装配式定型木模板使用了很长时间，直到现在有些地方仍然在采用。

20 世纪 50 年代后半期，在法国等国家开始出现了大型模板，采用机械代替人工，进行大块模板的安装、拆除和搬运，用流水法进行施工。从而可以提高劳动效率，节省劳动力和缩短施工工期，这种模板的施工方法很快便普及到欧洲各国。多年来，大模板施工方法在欧洲、美国、日本等国家都有了很大的发展，被认为是一种工业化的施工方法。在许多国家的模板公司都已形成了各具特色的大模板体系，在模板工程中，大模板是应用范围最广、使用量最多的模板施工方法之一。

到了 20 世纪 60 年代，又开始发展组合式定型模板，这种模板是在原来的装配式定型模板的基础上加以改进的，加上配套的拼装附件，可以拼装成不同尺寸的大型模板。它与以前的尺寸固定的大型模板不同，由于它采用模数制设计，可以通过板块的组合，变化大型模板的尺寸。它既可以一次拼装，多次重复使用，又可以灵活拼装，随时变化拼装模板的尺寸，因而使用范围更广，成为目前现浇混凝土工程中最主要的模板型式。

20 世纪 70 年代以来，模板发展为体系化，形成了具有各种不同特点的模板体系。模板制作出现了不少专业模板工厂，模板工厂不仅能设计、制作模板，供应配套附件和支撑系统，还生产必要的辅助材料和专业工具。生产专业化有利于提高劳动效率，降低成本，保证产品质量和完善规格品种。

（1）木胶合板

木胶合板应用已有百年以上历史，在欧美等国家很早已开始应用，芬兰最早应用胶合板是在 1912 年左右，目前芬兰是世界上胶合板生产最先进的国家，芬欧汇川公司是世界上最大的林业公司之一。最早应用是 1893 年在瑞士巴赛尔市大礼堂的 153 英尺跨度的弧形悬梁。

1934 年美国开始应用胶合板，在威士康新州麦迪生市用胶合板施工的美国农业部森林产品试验室，至今仍然安好无损。1942 年发明了防水的酚醛（Phenol- resorcinol）胶粘剂，这种黏合剂解决了胶合板脱胶的问题，能使胶合板在室外应用，因而胶合板得到大幅度的发展和应用。在建筑施工中，用作混凝土成型的专用胶合板模板，也得到大量应用。美国商务部于 1963 年发表了胶合板制作标准 CS253-63，使得胶合板的产品质量得到保证，生产和应用更加规范。

日本是在第二次世界大战后从美国引进的，由于胶合板模板在粘结剂及其性能等方面的问题未解决，直到 1965 年后才开始大量应用，并制订了木胶合板模板标准。目前木胶合板模板和钢框木胶合板模板已成为应用最广泛的模板形式。

（2）钢模板

模板初期使用的主要材料是木材，其原因是投资成本低，木材资源丰富。但是，由于木料使用寿命短，以及现场需要搬运切割，造成了大量的工程成本浪费。第二次世界大战后，因木料来源日渐稀少，所以钢模板进入其旺盛时代。

钢模板是国外较早使用的一种模板，美国在 1908 年最先使用钢模板，并且很快传入其他国家。由于这种模板具有承载能力强、使用寿命长等特点。钢模板有全钢大模板、轻型钢模板和组合钢模板等几种类型。美国 EFCO 模板公司成立于 1934 年，至今已有 78 年历史，是以一种钢模板起家，数十年来，长期坚持钢模板的开发和创新，目前已开发和推广了多种钢模板体系，EFCO 模板公司也已发展为美国最大的专业模板公司之一。

日本在第二次世界大战后从美国引进钢模板，由于战后木材资源十分缺乏，采取"以钢代木"措施，开发钢模板，1954 年开始批量生产，至 1957 年后开发了组合钢模板，发展速度较快，已在高速公路、立交桥、水坝等工程中大量应用。20 世纪 60 年代以后，一些大型建筑企业开始对钢模板进行深入研究和开发、对模板设计、生产工艺、施工技术，使用管理等方面不断改进，应用范围不断扩大。

（3）铝合金模板

由于钢模板具有重量较重，又容易生锈，以及无法随意更改尺寸等问题，它的使用就有了很大的局限性。另外，在 20 世纪 60 年代后期，美国和加拿大的建筑工程进入高峰时期，工人工资渐涨，竞争日趋激烈。到 1970 年，工资已提高到之前的一倍，多家建筑公司因此走入窘境。如何降低建筑成本、提高工效，逐渐成为建筑公司所面临的紧迫难题。

美国在 20 世纪 60 年代初研制了铝合金模板，20 世纪 70 年代，美国国际房屋有限公司开发了用铝合金铸造成型的 Contech 铸铝合金模板体系。这种模板具有重量轻、刚度好、使用寿命长、能多次周转使用、模板精度高以及表面可加工装饰图案等特点。但是这种模板用铝量多、重量大、价格高。加拿大 ALUMA 系统模板公司急市场所需，结合木材可塑性以及钢材高强度等特点，研发出一套以铝合金为主要材料的模板体系。

现在模板公司一般采用铝合金型材加工制作铝合金模板，这种模板重量轻、强度和刚度好，可用于墙、梁、柱、楼板、楼梯等各种部位。美国 SYMONS、WTF、PFI 等模板公司还生产装饰铝合金模板，可以浇筑各种图形的混凝土墙面和地面。在美洲、中东、东南亚等 50 多个国家和地区得到应用。

在欧洲采用全铝合金模板较少，采用铝框胶合板模板作楼板模板施工比较多。在韩国许多建筑施工的工程中，采用轻型全铝合金模板较多，这种模板重量轻，一个人就可以搬运，使用寿命长，可以周转使用上百次，模板回收率高，在墙、梁、柱、板的模板施工中，结合楼板模板采用快拆模体系，使用效果非常好。另外，采用租赁方式，对施工企业可以得到较好的综合经济效益。

（4）塑料模板

20 世纪 60 年代中期，日本开始使用 ABS 树脂制作塑料模板，德国 Alkus 塑料模板公司从 1985 年开始研究和开发能替代木模板的塑料模板。但是塑料模板在欧美和日本等发达国家不断开发与应用是在 20 世纪 90 年代以后。

欧美等发达国家根据塑料的材料特性，如塑料模板具有表面光滑、容易脱模的特点，开发了各种品种规格的塑料模板。德国 Alkus 塑料模板公司于 2001 年开发了新型塑料面板，与 MEVA 模板公司合作制作钢框塑料模板，这种塑料板材质轻、耐磨性好、周转使用次数多。据一些工程应用证明，这种模板重复使用次数已达到 1000 次，使用年限可超过 10 年。

由于塑料模板的刚度和强度较低，为了提高塑料模板的刚度和强度，一些模板公司在原料配方或模板结构上进行改进。GMT 在国际上是 20 世纪 80 年代才开发，90 年代广泛应用的"以塑代钢"新型复合材料，它具有钢材、玻璃钢等材料的共同优点。韩国开发了 GMT 复合材料的建筑模板，并已大量用于建筑工程中。GMT 模板强度和刚度较高，一般情况下，素板可以重复使用 45 次以上，钢框塑料模板可以使用百次以上。

斯洛文尼亚研制开发了 EPIC 塑料模板体系，这种模板选用聚丙烯为基材，特殊纤维增强的复合材料，采用注塑模压成型工艺，模板结构作了改进，模板的强度和刚度较高。全套模板体系由 7 种规格模板和 25 种连接件组成。

日本研制开发了一种轻型塑料模板，这种模板采用正反面均为平面，中间用竖肋隔成许多空心的结构，因此模板重量很轻，重量仅为 $6.9kg/m^2$。

根据塑料具有较大的可塑性，能按设计要求形成独特的混凝土形状的特点。德国研制开发了一种 NOE PLAST 可塑模板内衬，可以把精美的木纹、浮雕、大理石、花岗石等多种外饰面真实地表现到混凝土上，它能创造出更具建筑美感的混凝土表面。

塑料还具有导热系数小、耐腐蚀性好的特点。1994 年，加拿大模板公司开发保温泡沫塑料墙体模板，这种模板是一次性模板，既可以作模板又可以作墙体的保温层。由于模板施工操作轻便，不用大型施工机械设备，又不用拆除模板，它的施工成本更低；墙体不仅有良好的保温效果，还有较好的隔音效果。

2. 脚手架系统发展概况

最早使用的脚手架是木脚手架，20世纪初，英国首先应用了用连接件与钢管组成的钢管支架，并逐步完善发展为扣件式钢管脚手架。日本到了20世纪50年代开始大量应用扣件式钢管脚手架。

20世纪30年代，瑞士发明了可调钢支柱，由于这种支柱具有结构简单、装拆灵活等特点，在各国都已得到普遍应用，20世纪80年代以来，为增加钢支柱的使用功能，不少国家在钢支柱的转盘和顶部附件上作了改进，使钢支柱的使用功能大大增加。铝合金支柱是采用带槽的方形铝合金管作套管，插管是四角带齿牙的铝合金管，在欧美不少模板公司都已生产，并且已在施工工程中大量应用。

20世纪50年代以来，美国首先开发了门式脚手架，不久欧洲各国也先后引进并发展这种脚手架，形成了各种规格的门架体系。1955年日本许多建筑公司开始引进这种门式脚手架，但当时日本扣件式钢管脚手架仍占主导地位。以后，由于扣件式钢管脚手架的安全事故不断发生，所以在1958年扣件式钢管脚手架再次发生倒塌事故后，脚手架的安全性被提到日程上来，特别强调脚手架的安全性。由于门式脚手架装拆方便、承载性能好、安全可靠，在一些工程中开始大量应用。

门式脚手架首先使用在地下铁道、高速公路的支架工程中。1956年日本JIS（日本工业标准）实行了有关脚手架的标准制订，1963年劳动省在劳动安全卫生规定里也制订了有关脚手架、支撑的一些规定。1963年日本一些规模较大的建筑公司开发、研究或购买门式脚手架，在工程中大量应用。1965年随着超高层建筑的增多，脚手架的使用量也越来越多。1970年各种脚手架租赁公司开始激增，由于租赁脚手架能满足建筑施工企业的要求，减少企业投资，所以，门式脚手架应用量迅速增长。目前，门式脚手架仍在大量应用，并且对门架的安全护栏进行了更进一步改进。

20世纪70年代中，英国SGB模板公司首先研制成功了碗扣式钢管脚手架，至今在世界各地很多地方已得到推广应用，许多国家的脚手架厂都有这种产品，其局部构造稍有不同。

20世纪80年代以来，欧美等发达国家开发了各种类型的插销式钢管脚手架。这种脚手架是立杆上的插座与横杆上的插头，采用楔形插销连接的一种新型脚手架。该脚手架的插座、插头和插销的种类和品种规格很多，主要有两种形式，即盘销式钢管脚手架和插接式钢管脚手架。

（1）盘销式钢管脚手架

盘销式钢管脚手架的插座有圆盘形插座、方板形插座、圆角形插座、多边形插座、十字形插座等，插孔有四个，也有八个，插孔的形状插头和插销的形式也多种多样。

1）圆盘式钢管脚手架

这种脚手架是德国莱亚（Layher）公司在20世纪80年代首先研制成功，其插座为直径120mm、厚18mm的圆盘，圆盘上开设8个插孔，横杆和斜杆上的插头构造设计先进，组装时将插头先卡紧圆盘，再将楔板插入插孔内，压紧楔板即可固定横杆。

目前在许多国家采用并发展了这种脚手架，它的插座、插头和楔板的形状及连接方式各不相同，脚手架的名称也不同，如德国呼纳贝克（Hunnebeck）公司称为Modex，加拿大阿鲁玛（Aluma）公司称为Surelock。

2）圆角盘式钢管脚手架

该脚手架是德国PERI公司开发研制成功的，圆角盘插座上有四个大圆孔和四个小圆孔，横杆插头插入大圆孔内，斜杆插头插入小圆孔内。不但可广泛用作各种脚手架、模板支架，还可用作看台支架。

3）方板式钢管脚手架

该脚手架是日本朝日产业株式会社在20世纪90年代首先研制成功的，其插座为100mm×100mm×8mm的方形钢板，四边各开设2个矩形孔，四角设有4个圆孔。横杆插头的构造设计新颖独特，加工精度高。组装时将插头的2个小头插入插座的2个矩形孔内，打下插头的楔板，通过弹簧将内部的钢板压紧立杆钢管，锁定接头，故接头非常牢固。拆卸时，只要松开楔板，就能拿下横杆。

（2）U形耳插接式钢管脚手架

该脚手架是法国Entrepose Echaudages公司在20世纪80年代首先研制成功，该公司是一家有50多年历史的老企业，它开发设计的U形耳插接式钢管脚手架在欧洲和亚洲建筑市场已得到大量推广应用。

（3）V形耳插接式钢管脚手架

这种脚手架是在20世纪90年代研制成功的，其结构型式是每个插座是由4个V形卡组成，插头为C形卡，组装时先将C形卡插头与V形卡插座相扣，再将楔板插入V形卡插座内，压紧楔板即可固定。

在国外已有不少国家采用这种脚手架，如智利Unispan公司生产的插接式钢管脚手架，在南美许多国家已大量应用。在印度、"阿联酋"也已大量采用这种脚手架，并准备打入国际市场。

三、模板和脚手架技术的发展趋向

1. 模板材料的多样化

（1）木胶合板模板

木胶合板模板是国外应用最广泛的模板型式之一，经过酚醛覆膜表面处理的木胶合板模板，具有表面平整光滑，容易脱模，耐磨性强，防水性较好；模板强度和刚度较好，能多次重复使用；材质轻，适宜加工大面模板等特点，可适用于墙体、楼板等各种结构施工。在经济发达国家，其施工使用面约占60%左右。

胶合板产品有A-B级、A-C级、B-B级、B-C级、C-C级和C-D级等不同等级。其中B-B级最适合用作混凝土模板，B-B级混凝土模板又可分为两个基本等级：B-B级Ⅰ类混凝土模板和B-B级Ⅱ类混凝土模板。B-B级Ⅰ类混凝土成型模板的面板，采用具有高强度和刚度的木材。B-B级Ⅱ类混凝土成型模板的面板，采用的木材强度和刚度稍低一点，但仍能满足大多数混凝土施工的要求。

B-B级混凝土成型模板又可分为无表面贴面和贴面板，无表面贴面板也有表面磨光处理和表面不处理两种。贴面模板也有两种，即MDO混凝土模板和HDO混凝土模板，MDO表示"中密度贴面"，而HDO表示"高密度贴面"。

HDO B-B级混凝土成型模板的表面坚硬、光滑，通常用于对混凝土表面要求尽可能光滑的场合。它能形成近乎磨光的混凝土表面。HDO的正反面都防潮湿，但用于混凝土成型时，却不能具有相同的效果。模板在使用时反面会留下损伤和凹陷，可能使模板的两面使用变得不切实际。HDO B-B级混凝土成型模板通常可重复使用20~50次，有些可使用200次以上。

普通 MDO 是用作油漆表面的，不应用于混凝土成型，模板一般仅有单面贴面。MDO 混凝土成型模板通常在出厂前，表面做脱模处理，并在板四周涂密封胶防水。每次使用前应对表面进行脱模处理，以保护表面，便于脱模。MDO 成型模板可在混凝土表面形成毛面或平面。

（2）钢模板

钢模板有组合钢模板、全钢大模板和轻型钢模板等几种类型。组合钢模板具有使用灵活、通用性强；装拆灵活、搬运方便；承载能力强、使用寿命长等特点。这种模板的种类很多，使用范围也很广。如模板种类有平面模板、曲面模板、线条模板、转角模板、异形模板、梯形模板、麻面模板以及梁腋模板等。

全钢大模板的特点是模板面积大、强度和刚度都较高、承载能力强、使用寿命长。大模板按其结构型式的不同，有整体式大模板、拼装式大模板和模数式大模板等几种。但由于模板重量较大，适用范围较小，主要适用于浇灌混凝土墙体，目前在欧洲全钢大模板应用较少，采用钢框或铝合金框大模板较普遍。

轻型钢模板既有全钢大模板面积大的特点，又具有重量轻，便于人工操作；使用范围广，可用于各类墙、板、梁、柱和圆形结构的混凝土工程；装拆灵活，配件轻巧，装拆作业方便，施工效率高，混凝土表面平整等特点，得到施工单位的欢迎。目前，在国外许多国家大都采用轻型大钢模，如美国 EFCO 系统钢模板公司、智利 Unispan 模板公司、韩国金刚工业株式会社等模板公司等，都开发和采用了轻型钢模板体系。

（3）铝合金模板

铝合金模板与钢模板有许多相似的特点，它的重量比钢模板约轻二分之一，故装拆、搬运方便，有利于采用较大尺寸的模板。铝合金模板可以采用铸造成型，能得到合理的断面型式。这种模板具有重量轻、刚度好、使用寿命长、能多次周转使用、模板精度高等特点。目前主要采用铝合金型材加工制作铝合金模板，这种模板重量轻、强度和刚度好，板面经过涂刷处理后不生锈，使浇灌的混凝土表面很漂亮。另外，还有生产装饰铝合金模板，可以浇筑各种图形的混凝土墙面和地面。

（4）塑料模板

这种模板具有表面光滑、易于脱模、重量轻、耐腐蚀性好、回收率高、加工制作方便等特点。另外，它还有其他模板不易做到的特点，即它允许设计有较大的自由度，可以根据设计要求，加工各种形状或花纹的异形模板，形成独特的混凝土形状。目前已有可以用于墙体、楼板、柱子等各种结构施工的平面模板、用于浇筑双向密肋楼板的塑料模壳，用于装饰混凝土表面的塑料衬模，以及其他特殊用途的模板。国外工业发达国家的塑料模板发展很快，开发了各种品种规格的塑料模板，其中有钢（铝）框塑料板模板；塑料装饰衬模；全塑料装饰模板；全塑料大模板；泡沫保温塑料模板；GMT 模板；中空塑料模板；塑料模壳等。

（5）玻璃钢模板

这种模板是采用玻璃纤维布为基材，不饱和聚酯树脂为粘结剂，利用模具加工的一种模板。它具有重量轻，施工方便；易脱模，表面光滑，易成型，加工制作简便；强度高，可多次重复使用等特点。目前主要用作玻璃钢模壳和小曲率圆柱模板。

（6）混凝土模板

这种模板吸收了预制和现浇两者的优点，它具有现场吊装方便、支撑简单、不必拆模、减少现场钢筋和混凝土工作量、施工速度快等优点。对大体积混凝土结构基础、墙体、高层建筑的楼板、梁等方面都可采用，同时也可用作高级墙面的镶面板。

（7）纸模板

用经过防水处理的纸，加上防水粘结剂，制成圆筒形模板，可用于浇灌混凝土圆柱，或预埋在混凝土构件中形成预留孔洞的模板使用。脱模时拉动呈螺旋形卷在纸上的铁丝，则厚纸就揭下来了，只能一次性使用。

（8）橡胶模板

橡胶可以制作充气模板，也可以制作橡胶管模板。这种橡胶管模板是用于小口径的排水管或空心楼板，浇筑混凝土之前，在橡胶管内充气后就位，浇筑混凝土后，待混凝土硬化后放气抽出即可。

2. 模板规格的体系化

20 世纪 70 年代以来，欧美、日本等国家的模板规格已形成了各具特色的模板体系。如适用于各种浇灌混凝土墙体的大模板体系；适用于各种混凝土结构的组合式模板体系；适用于浇灌混凝土楼板、平台的台模体系；适用于同时浇灌混凝土墙体与楼板的隧道模体系；适用于筒体结构和高层建筑的滑动模板、爬升模板及提升模板体系；以及适用于坝堤施工的悬臂模板体系等。在当前模板工程中，大模板体系和组合式模板体系的应用范围最广，使用量最多。

（1）墙体大模板体系

目前国外墙模板体系主要有无框模板体系、钢框胶合板模板体系和钢模板体系三种。

1）无框模板体系是用木工字梁或型钢作檩条，面板为实木模板或胶合板模板。还有一种胶合板模板和钢连接件连接的简易无框模板。无框模板的特点是价格较低，使用灵活，可以拼装成各种形状的模板结构，尤其是形状比较复杂的结构。

2）钢框模板体系中，有小型钢框胶合板模板、轻型钢框胶合板模板和重型钢框胶合板模板三种。

小型钢框胶合板模板的边框和肋为热轧扁钢，板厚一般为 6mm，边框截面高度为 63～80mm，面板厚为 12mm 胶合板，规格尺寸较小，一般最大规格为 1500mm×900mm，其特点是重量轻，适宜于手工操作，装拆方便灵活。

轻型钢框胶合板模板。其边框和肋为冷弯型钢，或边框为空腹钢框，肋为冷弯型钢，边框截面高度为 100～120mm，面板厚为 14mm 胶合板，其特点是模板规格尺寸较大，一般最大规格为 3000mm×900mm，模板重量较轻，强度和刚度较大，装拆灵活。

重型钢框胶合板模板。其边框和肋均为空腹钢框，边框截面高度为 140～160mm，面板厚为 18mm 胶合板，其特点是模板规格尺寸大，最大规格为 3300mm×2400mm，模板强度和刚度大，可承受混凝土侧压力 80kN/m²。

带框模板的共同特点是钢框的强度和刚度都较大，模板组装时不需要附加纵横楞条，只需用夹具将两块模板的边肋夹紧固定即可，因此装拆速度很快，省工省料，非常方便。

3）钢模板体系中，有全钢大模板、轻型钢模板和组合钢模板三种。

全钢大模板的特点是模板强度和刚度较大、使用寿命长、模板面积大、模板上可带有支撑架、装拆和搬运方便、操作简便等，主要适用于墙体结构混凝土施工。按其结构形式的不同，可分为整体式、拼装式和模数式三种。但模板重量较大，目前在欧洲应用较少。

轻型钢模板既有全钢大模板面积大的特点，又具有重量轻，便于人工操作；使用范围广，可用于各类墙、板、梁、柱和圆形结构的混凝土工程；装拆灵活，配件轻巧，装拆作业方便，施工效率高，混凝土表面平整等特点，受到施工单位的欢迎。

组合钢模板具有使用灵活、通用性强；装拆灵活、搬运方便；承载能力强、使用寿命长等特点。这种模板的种类很多，使用范围也很广，既适用于工业和民用建筑，也适用于筒仓、桥梁、隧道、水坝等构筑物。

（2）楼板模板体系

国外楼板模板施工方法很多，主要有活动支柱体系和台模体系两种。

1）活动支柱体系，每层楼板施工完后，要将支柱拆除，再移到上一层施工。这类体系使用的支柱为钢支柱或铝合金支柱；面板为胶合板、钢框胶合板模板或铝框胶合板模板；横梁为木工字梁、型钢或钢桁架等，利用这些支柱、面板、横梁相互组合，形成了多种多样的施工方法。

2）台模施工体系，台模也称飞模，它是由面板和支架两部分组成，可以整体安装、脱模和转运，利用起重设备在施工中层层向上转运使用。可以适用于各种结构体系的现浇混凝土楼板和梁的模板工程。

台模施工是在 20 世纪 60 年代首先在欧洲推广应用，由于台模施工可以一次组装，多次重复使用，节省装拆时间，施工操作简便，具有很显著的优越性。在国外发达国家的台模施工方法，已形成了各具特色的台模体系。

（3）柱模板体系

国外柱模板体系也很多，有木梁和木模体系、型钢和钢模体系、型钢和钢框胶合板模板体系等。采用木梁、型钢与木模、钢框胶合板模板或钢模板组合，可形成各种柱模板施工方法。

（4）筒体模板体系

国外筒模板一般采用型钢和钢框胶合板模板体系，也有采用全钢模板体系。调节筒模的方法，以前都采用转动中央调节螺杆，或四角紧伸器来使四面模板移位，这种调节方法比较麻烦。目前国外模板公司采用新的调节方法，施工非常方便。如德国 PERI 模板公司采用在四面模板中间各加一块梯形 TSE 模块，通过提插梯形模块来完成筒模的装拆。奥地利 DOKA 模板公司在筒模四角采用可调角模，各角模顶部固定一个螺管，螺管内插一根方管，方管上有两处与角模相连，调节螺管带动方管上下，改变角模角度来完成筒模的装拆。意大利 AL-PI 模板公司和 FARESIN 模板公司在筒模四角的角模采用三角形模板，通过拉插三角形模板来完成筒模板的装拆施工。

（5）爬升模板体系

爬升模板由大模板、爬升系统和爬升设备三部分组成。吸收了滑模和大模板两者的优点，能像滑模一样以墙体为支承点，利用爬升设备自下而上地逐层爬升。又与大模板支模形式相似，能得到大面积支模的效果。爬升模板在桥墩、筒仓、烟囱和高层建筑等高度较大、形状比较简单、墙壁较厚的模板工程中得到大量应用。爬升模板可采用人工爬模和自动爬模两种方法。

爬模是在 20 世纪 70 年代中期首先在西欧兴起，由于爬模不需要连续爬升施工，工人操作较易掌握。另外，爬模施工是在混凝土达到一定强度后脱模，混凝土结构尺寸和表面质量都较好，施工也较安全可靠。所以爬模很快在欧洲、南美、日本、非洲等国家及地区推广应用，并形成多种形式的爬模施工方法。

（6）单面模板体系

单面模板主要适用于大坝、护坡、大型基础等，由于只有单面模板，不能用对拉螺杆，因此模板的支撑体系必须坚固，能承受较大的混凝土侧压力。

（7）桥梁模板体系

桥面箱梁等构件一般采用预制工艺制作，随着桥梁设计和施工技术的进步，在高速铁路和公路的桥梁设计中，已向大体积、大吨位的整孔预制箱梁方向发展。在现浇箱梁的施工中，已大量采用移动模架造桥机及挂篮，广泛应用于城市高架、轻轨、高速铁路和公路桥施工。

（8）隧道模板体系

在隧道衬砌施工中，已广泛使用模板台车，近几年模板台车不断技术创新，从平移式发展到穿行式，从边顶拱模板发展到全断面模板。目前模板台车主要有穿行式全断面模板台车、平移式全断面模板台车、针梁模板台车、穿行式马蹄形模板台车、非全圆断面模板台车等。广泛应用于公路、铁路、水利水电的隧道施工。

3. 模板使用多功能

（1）装饰模板

为节省劳动量、缩短整个工程的工期和提高经济效益，模板使用也正在向多功能方向发展。将模板工程与装饰工程相结合施工，可以简化装饰工程，保证质量，缩短工期，降低费用。

1）树脂砂浆加衬模板

树脂砂浆加衬模板是在拼装的大模板上喷涂一层厚 3mm 的树脂砂浆，脱模后，模板上的砂浆层会吸附在混凝土面上，这种加衬层的特点是既代替了脱模剂，又保护了模板面和混凝土面，还可以提前脱模，如果在砂浆中加入颜料，即可作为混凝土面的装饰面层。

2）高强砂浆薄壁模板

日本开发了一种预制高强砂浆薄壁模板，厚度为 25mm，表面光滑，精度高，可直接做装饰层。其可适用于柱的断面为 500～1000mm，层高为 2500～4500mm；梁的宽度为 350～750mm，高度为 500～1000mm，长度为 1500～9000mm。如果将瓷砖等装饰材料预先贴在模板面上，浇灌混凝土后，可使瓷砖或耐热砖与混凝土连成一体。这种模板的特点是可以免去装饰工程和外脚手架，提高施工效率，缩短工期，降低施工成本，减少现场施工废料。

3）塑料装饰模板

目前，欧美等国家研制了各种清水混凝土装饰模板，如美国 SYMONS 模板公司开发了各种树脂装饰衬模，共有七大类、193 种和 705 个规格，其中有线条型、木纹型、砖块型、石块型、石料型、平滑凹槽型等，品种规格非常多，可广泛用于各类建筑物的外墙和地坪。美国 ACC 模板公司研制的树脂装饰模板，可以浇筑出各种仿石块的混凝土墙面，这种模板可与钢框胶合板模板组合使用。

还有德国 NOE 模板公司研制的树脂装饰衬模，有 130 多种不同花纹，可用于桥梁、立交桥、建筑物外墙、公共建筑的地坪等。由于在混凝土内可加入各种颜料，浇筑的混凝土可以一次成型且有各种花纹、各种颜色的外装饰，这种模板施工工艺非常有前途。

4）铝合金装饰模板

20 世纪 70 年代，美国国际房屋有限公司开发了用铝合金铸造成型的 Contech 铸铝合金模板体系。这种模板具有重量轻、刚度好、使用寿命长、能多次周转使用、模板精度高以及表面可加工装饰图案等特点。

美国 SYMONS、WTF、PFI 等模板公司还生产装饰铝合金模板可以浇筑各种图形的混凝土墙面和地面。

（2）透光模板

这种模板的特点是能通过半透明的模板，用目测了解混凝土的浇筑和捣实情况、钢筋与预埋件的位移状况和模板受力情况，从而保证混凝土工程质量。

（3）透水模板

透水模板是在模板上打许多小孔，模板里侧粘一层聚酯类特殊织布。使用这种模板能排出混凝土里的空气和多余水分，从而能降低混凝土的水灰比，提高密实度和耐久性，减轻对模板的侧压力，简化支模工艺，减少支模用料。所以，虽然增加了渗透层的材料费用，但工程费用还可以低于常规模板，且工程整体质量好。这种模板在英国、瑞典、澳大利亚等国都已得到应用。

日本开发了一种改进型透水模板，商品名为"透水模板Ⅱ型"，它是在模板表面热敷一层高密度过滤布和一层剩余水分水道的无纺布，大大提高了脱水性能。这种模板比常规模板提高了耐久性，可以使用 5～6 次，成本比原来的降低 40%，混凝土表面平滑密实，不易被污染。这种模板可适用于隧道、桥梁、道路、挡土墙等结构物。

透水模板有多种类型：

1）复合模板。在胶合板模板上粘结聚酯过滤和聚乙烯排水层，这种模板重复使用 3～4 次需重新粘贴。

2）吸水模板。在胶合板模板上，衬贴一层能高度吸水的聚合物板片，其吸收的水量达板片重量的 200 倍，这种板片还不能重复使用。

3）网框模板。在密肋铝合金框上，布贴一层有开放纹理的玻璃纤维蓆片和一层织物，这种板可以重复使用。

（4）柔性充气模板

美国研制了一种新型柔性充气模板，采用橡胶类材料加工而成。这种模板适合于做成几何形状比较复杂的曲面壳体结构，模板装拆十分方便，施工速度快，用压缩空气充模代替模板支架，可以节省大量支架材料和装拆用工，综合经济效益较好。美国已用这种模板施工了数百个壳体结构。我国东北部分工程也已应用。

日本开发了适用于拱顶屋面施工的"HP 拱顶工法"，采用空气膜作模板，用喷射混凝土成型。其特点是可以减少混凝土和钢筋用量，缩短施工工期，降低造价。

（5）密肋网眼钢模板

这种模板是由厚 0.4～0.75mm 的镀锌钢板，冲压成单向的 V 形密肋和立体网格的钢板。主要用作混凝土的一次性模板，兼作部分配筋，还可以作竖向施工缝的挡板，能起到强化结构、简化模板施工工艺的作用。法国有一家模板公司，已研制成在工厂加工的网眼钢板墙体模板，到现场安装速度可比一般模板提高 4 倍，浇灌混凝土后外装饰层可采用石膏板或其他贴面层。

（6）保温模板

保温模板在欧洲开发已有 40 多年历史，1996 年美国积极推广应用这项新技术，并以此技术为核心，形成了"新型混凝土结构住宅体系"，材料采用泡沫树脂（聚苯乙烯和聚氨酯）和变形钢筋。这种模板建筑的住宅特点是：舒适性好；节能环保，造价低；牢固结实，安全耐久；维修费用低；居住环境优越，有利健康。

4. 支承系统工具化、多样化

模板支承系统是随着模板工程技术进步而相应得到发展的。目前，许多国家的模板支承系统已发展成为各具特色的施工工具，形成各种系列产品。

（1）扣件式钢管脚手架

长期以来，与木模板工程配套的支承系统，普遍使用木支撑或竹支撑。扣件式钢管脚手架是用连接件与钢管组成的钢管支架，由于这种支架具有加工简便、装拆灵活、搬运方便、通用性强等特点，很快推广到世界各国。目前，在许多国家已形成各种形式的扣件式钢管脚手架，并成为应用最普遍的脚手架。这种脚手架的扣件类型有玛钢扣件和钢板扣件。

（2）可调钢支柱

这是一种单管式支柱，利用螺管装置可以调节钢支柱的高度。由于这种支柱具有结构简单、装拆灵活等特点，在各国都已得到普遍应用，其结构形式有螺纹外露式和螺纹封闭式两种。与螺纹外露式钢支柱相比，螺纹封闭式钢支柱具有防止砂浆等污物粘结螺纹，保护螺纹，并在使用和搬运中不被碰坏等优点。所以，螺纹封闭式钢支柱在欧洲一些国家应用很普遍。20 世纪 80 年代以来，为增加钢支柱的使用功能，不少国家在钢支柱的转盘和顶部附件上作了改进，使钢支柱的使用功能大大增加。还有的在底部附设了可折叠的三角架，使单管式支柱可以独立安装，更有利于钢支柱的装拆施工。

（3）铝合金支柱

铝合金支柱在欧美不少模板公司都已生产，并且在施工工程中已大量应用。这种支柱采用带槽的方形铝合金管作套管，插管是四角带齿牙的铝合金管，其特点是重量轻，承载能力大，单根支柱可承载 6 吨，支柱之间可用横杆连接成支架，提高承载力和稳定性。

（4）门式脚手架（门形支架）

20 世纪 50 年代以来，美国首先研制成功了门式脚手架，由于它具有装拆简单、承载性能好、使用安全可靠等特点，所以发展速度很快。20 世纪 60 年代初，欧洲一些国家先后引进并发展了这种脚手架，并形成了各种规格的门形支架体系，还研制和开发了与门形支架结构型式基本相似的梯形、三角形和方塔式等支架。

日本在 20 世纪 60 年代，不断发生扣件式钢管脚手架坍塌安全事故，由于门式脚手架的安全性较好，开始大量推广应用门式脚手架。

（5）碗扣式钢管脚手架

碗扣式钢管脚手架（CUPLOK 脚手架）是英国 SGB 模板公司的专利，至今已有 30 多年的应用历史，目前在欧洲仍有生产和应用，但使用量不多，在亚洲、非洲等不少国家正在大量推广应用。在日本这种脚手架应用也较多，在横杆两端还加了 4 个钢耳板，用斜杆连接以增强碗扣式钢管脚手架的整体刚度。

（6）插销式脚手架

20 世纪 80 年代以来，欧美等发达国家开发了各种类型的插销式脚手架。这种脚手架是立杆上的插座与横杆上的插头，采用楔形插销连接的一种新型脚手架。由于它具有结构合理、承载力高、装拆方便、节省工料、技术先进、安全可靠等特点，在欧洲、美国等许多发达国家应用很广泛，是当前国际主流脚手架，该脚手架的插座、插头和插销的种类和品种规格很多。主要有两种形式，即盘接式脚手架和插接式脚手架。其中盘接式脚手架包括圆盘式脚手架、方板式脚手架、圆角盘脚手架等，插接式脚手架包括 U 形耳插接式脚手架和 V 形耳插接式脚手架。

5. 技术不断创新、设备不断更新

欧洲许多跨国模板公司有不少是老企业，如奥地利多卡模板公司创立于 1868 年，已有

144 年历史的老企业，芬欧汇川木业有限公司创立于 1883 年，已有 129 年的老企业，英国 SGB 模板公司创立于 1920 年，也是 92 年的老企业，德国 HÜNNEBECK 模板公司创立于 1929 年，德国 NOE 模板公司创立于 1939 年。这些老企业能够长久不衰、不断发展为规模很大的跨国模板公司，就是靠技术不断创新、设备不断更新。

德国 PERI 模板公司创建于 1969 年，MEVA 模板公司创建于 1970 年，这两个模板公司都只有 40 多年历史的企业，但都已发展为跨国模板公司，尤其是 PERI 模板公司 1970 年销售额为 25 万马克，1990 年销售额上升到 1.48 亿欧元，2005 年已达到 6.5 亿欧元，已成为世界最大的跨国模板公司之一。

这些模板公司能如此快速发展，主要是不断开发新产品，提高技术性能，满足施工工程的需要。据 NOE 公司、SGB 公司等介绍，基本上每两年可研制出一种新产品，并在施工工程中推广应用。芬欧汇川木业有限公司有一个欧洲最大的科研开发中心，能不断开发胶合板新产品。PERI 模板公司有一个庞大的科研机构和科研队伍，对模板、脚手架产品不断改进，不断开发新产品，增强公司产品的竞争力，目前公司已拥有 50 多个产品体系。MEVA 模板公司也十分重视新产品开发，目前已拥有 30 多个产品体系，在产品展览室内都陈列着。

另外采用先进的专用生产设备，模板、脚手架生产工艺都已形成自动化生产线，生产工人很少，如 PERI 模板公司有职工 3900 多人，工人只有 200 多人。MEVA 模板公司有职工 300 余人，工人仅 40 人。先进的生产设备可确保产品的加工质量和加工速度。

6. 规模化生产、集体化经营

欧洲几个跨国模板公司生产规模都很大，并在世界各国建立了生产基地和办事处。如奥地利 DOKA 模板公司在德国、捷克、瑞士、芬兰等国都有生产基地，在 43 个国家有办事处，其中在中国上海也有一个办事处。德国 HÜNNEBECK 模板公司在 50 个国家有办事处，有 60 多个生产基地。德国 PERI 模板公司在 55 个国家有 42 个子公司或代表处，70% 的业务都扩展到国外，有 25000 个客户，每年完成 5 万个以上模板项目。

目前欧洲模板公司在注重销售的同时，更关注租赁方式，如 PERI 模板公司的租赁业务很大，其租赁器材的资产达 3 亿欧元。HÜNNEBECK 模板公司有 50 多个租赁业务公司。SGB 模板公司在英国有 60 多个租赁和销售分部，最近计划要扩大租赁投资。MEVA 模板公司年营业额达 7000 万欧元，其中 80% 为租赁收入。

国外模板企业都是私人企业，许多企业已形成企业集团，实行集团化经营、规模化生产。如 DOKA 模板公司和 SHOP 公司组成 UMDASCH 集团公司，集团公司 2001 年总产值达 5.27 亿欧元，其中 DOKA 公司占 70%，SHOP 公司占 30%。又如芬欧汇川木业有限公司是世界上最大的林业公司之一，该公司 2004 年全球销售额达 98.2 亿欧元，公司在芬兰、法国、俄罗斯等国家有 9 个胶合板厂，维萨建筑模板已远销到 80 多个国家。采用集团化经营方式，可以提高企业竞争力，实行规模化生产有利于专业化生产，提高生产效率、降低生产成本。

欧洲各国的模板公司的数量并不多，但生产规模较大，生产设备和技术先进。例如德国是世界上模板技术最先进的国家之一，模板公司的数量不超过百家，但在国际上有较大影响的模板公司有近 20 家。最大的模板公司年销售额达 6 亿欧元以上，中型模板公司年销售额也达 6000 ~ 7000 万欧元。

写于 2012 年 5 月

45 欧美木胶合板模板发展的研究

木胶合板应用已有百年以上历史，在欧美等国家很早已开始应用，芬兰最早应用胶合板是在1912年左右，目前芬兰是世界上胶合板生产最先进的国家。美国在1934年开始应用胶合板，1942年发明了防水的酚醛（Phenol-resorcinol）胶粘剂，这种黏合剂解决了胶合板脱胶的问题，能使胶合板在室外应用，因而胶合板得到大幅度的发展和应用，1963年美国商务部发表了胶合板制作标准CS253-63，使得胶合板的产品质量得到保证，生产和应用更加规范。

早在20世纪30年代，欧美等国家已开始开发和应用木胶合板模板。多年来，世界各国都很重视发展建筑用木结构、木装饰材料和木模板等，其原因之一是木材在资源和能源方面都有很大的优势。木材是一种可再生资源，一般树木10~20年即可成材，而铁矿资源要几万年。木材又是一种节能型材料，生产能耗小，每加工1t木材的能耗为279kW·h，而钢材的能耗为木材的27倍，塑料的34倍，铝材的300倍。据美国的一项研究表明，木材产品占美国所有工业原材料产品的47%，钢铁产品占23%，而木材产品消耗的能源只占4%，钢铁产品占48%。

欧洲、美国等国政府均鼓励多用木材，木材需求的扩大，可以激发人们植树造林的积极性，刺激森林资源增长。一些林业发达国家通过大面积种植人工林，保证了木材的供应，有效地保护了天然林。据报道，世界35%的原木产量来自人工林。如美国人工林木材产量占全国木材用量的55%，新西兰人工林的用量占95%。世界林业发展大致经历了三个阶段，即破坏森林阶段、保护和恢复森林阶段、改造和发展森林阶段。目前，美国、芬兰等发达国家已进入第三阶段，进入木材生长量大于消耗量的良性循环阶段。

随着对木胶合板模板的胶合性能和表面覆膜处理等技术的不断进步，这种模板已成为国外许多国家应用最广泛、使用量最多的模板形式。这种模板具有表面平整光滑，容易脱模；耐磨性强，防水性好；模板强度和刚度较好，使用寿命较长；材质轻，适宜加工大面模板等特点，可适用于墙体、楼板等各种结构施工，能满足清水混凝土施工的要求。由于厚薄均匀度较好，适宜加工钢框胶合板模板体系，使模板的使用寿命和施工技术得到更大的提高。在经济发达国家，其施工使用面约占60%左右。以下介绍欧洲和美国有代表性胶合板公司的简况。

一、芬欧汇川木业有限公司

芬兰是世界著名的木材加工国家，胶合板及其制成品是芬兰的主要出口产品，占芬兰全国年出口总额的86%。芬兰现有木材加工企业130多家，其中生产胶合板的企业只有23家。芬欧汇川木业有限公司是世界上最大的林业公司之一，该公司创立于1883年，是已有130多年的老企业，自1912年起开始生产胶合板，胶合板产品的品种有20多种，维萨模板（WISA）是其中的一种。公司在芬兰及欧洲有9家工厂，全世界共有10家胶合板销售办事处，胶合板年产量达100万m³，2003年全球销售额达97.87亿欧元，2004年达98.2亿欧元。

维萨模板是混凝土工程专用的一种建筑模板，它的主要原材料是芬兰桦木和云杉木，这种材料木质坚硬、均匀、重量轻，加工的胶合板强度高、耐磨性好。为了提高维萨模板的使用性能，在板面进行覆膜加工，使得表面平滑并提高耐磨性。

维萨模板的覆膜层是在普通底板的两面经过覆膜机的高温热压工艺，覆上酚醛树脂覆膜而形成的。覆膜层的厚度直接影响模板的耐磨性和使用寿命，普通维萨模板的覆膜层为 $120g/m^2$，一般可周转使用 30 ~ 50 次，是一种既经济又实用的模板，大多数工程可以使用。高级维萨模板的覆膜层为 $240g/m^2$，可周转使用 100 次以上，主要用于大型桥梁、水坝等工程。超级维萨模板的覆膜层为 $400g/m^2$，可周转使用上千次，主要用于混凝土预制构件厂的混凝土浇筑以及大型模板体系。

维萨模板有一种无缝大模板，是由标准尺寸的板以大斜面拼接而成。在覆膜之前先将板表面砂光，然后覆膜，最大尺寸为 12300mm×2700mm。

芬欧汇川木业有限公司的维萨建筑模板已远销到 80 多个国家。芬欧汇川公司一直很关注中国庞大的建筑市场，早在 1995 年已在上海设立办事处，该公司的维萨模板在中国已有较大的知名度，产品在我国许多重点工程中大量应用，如北京 2008 年奥运会国家体育场、北京国家大剧院、北京国际贸易中心、北京联想研发中心；上海浦东国际机场、上海浦东、恒隆等大厦；深圳万科总部大楼、深圳平安中心；二滩、小浪底、三峡等水电站工程；秦山、田湾、岭澳核电站工程；江苏苏通长江大桥、黄河滨州大桥、镇江润扬大桥等大型公路桥梁以及标志性建筑工程项目之中都已应用。

二、美国辛普森木材公司

辛普森公司创立于 1890 年，当时是一个小型的私营木材公司，经过多年的发展，目前该公司已成为美国最大的私营综合性木材公司之一，也是西北太平洋地区最悠久的木材公司之一。该公司的产品已远销国外很多地方，1997 年的总销售额超过 13 亿美元。

辛普森公司在美国拥有 86.7 万英亩林地，公司还规定每砍伐一颗树木，必须种植 1 ~ 2 棵树木，可以保证公司的木材资源。公司还专门设立了一个奥林匹克胶合板部门，胶合板生产厂设在华盛顿州的谢尔顿市，专业生产高级的贴面胶合板。贴面胶合板有 3000 多种不同的贴面产品，包括高密度贴面（HDO）、中密度贴面（MDO）、树脂薄膜贴面（PSF）、聚酯贴面以及玻璃纤维贴面。1997 年贴面胶合板的总产量为 21.5 万 m^3，其中贴面胶合板模板占全美国市场份额的 60%。

美国胶合板协会对胶合板的等级作了规定，其中规定 B-B 级胶合板是最适合用作混凝土模板，它又可分为两个基本等级：B-B 级Ⅰ类胶合板模板和 B-B 级Ⅱ类胶合板模板。B-B 级Ⅰ类胶合板模板的面板，采用具有高强度和刚度的木材。B-B 级Ⅱ类胶合板模板的面板，采用的木材强度和刚度稍低一点，但仍能满足大多数混凝土施工的要求。

B-B 级胶合板模板又可分为无表面贴面板和贴面板，无表面贴面板也有表面磨光处理和表面不处理两种。贴面模板也有三种，即中密度贴面（MDO）胶合板模板、高密度贴面（HDO）胶合板模板和酚醛树脂薄膜贴面（PSF）胶合板模板。

MDO 板的树脂含量为 34% ~ 35%，这种板通常用于表面粗糙的地方，模板一般仅有单面贴面。MDO 胶合板模板通常在出厂前，表面做脱模处理，并在板四周涂密封胶防水。每次使用前应对表面进行脱模处理，以保护表面，便于脱模。MDO 胶合板模板可在混凝土表面形成毛面或平面，一般适用于 12 层以下的建筑、桥梁、停车场和要求无光表面的工程，这种板通常可重复使用 10 ~ 25 次。

HDO 板的树脂含量为 52% ~ 58%，这种板的表面坚硬、光滑，通常用于对混凝土表面要求尽可能光滑和多次重复使用的工程上。如饭店、高层办公楼、博物馆、电站、公寓和大型住宅区等。它能形成近乎磨光的混凝土表面。HDO 板分单面板和双面板，单面高密度覆面板模板可使用 20 ~ 50 次，系统成型作业可使用上百次，双面高密度覆面模板可使用 25 ~ 75 次，系统成型作业可使用两百次。

PSF 板的树脂含量约为 64%，能多次重复使用，一般用于需要有建筑光洁度的各种工程上。PSF 板通常为某个具体工程而制作的，产品可以从高级豪华产品到低级经济产品，利用不同的贴面层和纸型号的搭配，可以适合不同工程项目的要求。根据板的贴面层和纸的构造及用途的不同，可重复使用 50 ~ 250 次。

三、我国与欧美国家木材公司的差距

1. 森林资源上的差距

美国是一个森林面积的大国，国土面积的三分之一覆盖着森林，森林面积为 2.96 亿公顷。我国是一个森林资源十分缺乏的国家，长期以来，我国林木采育失调，乱采乱伐严重，林区面积大幅度减少。解放后的 33 年内，全国减少森林面积 1/3。经过多年的保护措施和植树造林，目前，我国森林面积为 1.75 亿公顷，仅为美国森林面积的 60%。

美国规定土地使用者们每年必须种植树木 20 亿棵，还有自然播种生长的数百万棵树木，每年的种植树木量比砍伐的树木量多出 27%，进入良性发展阶段。我国木材年消费量为 2.8 亿 m^3，其中国内木材供应量为 1.6 亿 m^3，国外进口木材总量为 1.2 亿 m^3，进口木材占 43%，可见我国木材资源缺口很大。

芬兰加工胶合板的木材主要是桦木和云杉木，美国加工胶合板的木材主要是松木和冷杉木，这种材料木质坚硬、均匀，加工的胶合板强度高、耐磨性好、使用寿命长。我国木胶合板原材料用量中杨木占 70%，是我国胶合板生产用材的主要资源，这种材料木质松软、重量轻、加工的胶合板强度低、耐磨性差、使用次数少。

2. 企业规模上的差距

美国乔治亚胶合板厂是美国中等规模的企业，人均年产量达 740m^3/人·年，加拿大维尔吾胶合板厂也是中等规模的企业，人均年产量达 624m^3/人·年。山东临沂新港木业发展有限公司是我国规模较大、生产效率较高的胶合板模板生产厂，人均年产量 192.7m^3/人·年，相差 3 ~ 4 倍。印度尼西亚也不是工业发达国家，有胶合板厂 113 家，企业平均年产量为 6 万 m^3，人均年产量为 67.5m^3/人·年。我国胶合板生产厂曾达到 7000 多家，目前还有胶合板企业 4500 家，企业平均年产量仅 0.70 万 m^3，人均年产量为 8.2m^3/人·年，相差 8 倍。

3. 产业集中度上的差距

国外发达国家的胶合板企业数量不多，但大部分已形成规模化生产。如芬兰只有 23 个胶合板厂，其中芬欧汇川木业有限公司有 9 个胶合板厂，胶合板年产能力达 100 万 m^3，平均每个企业年产量为 11.11 万 m^3。加拿大只有 12 个胶合板厂，胶合板年总产量达 200 多万 m^3，其中胶合板模板年产量为 20 万 m^3，平均每个企业的年产量为 16.67 万 m^3。印度尼西亚有 113 个胶合板厂，平均每个企业年产量为 6 万 m^3。

我国模板生产厂家的规模都不大，产业集中度很低，木胶合板生产厂多达 4500 余家，但年产能力 10 万 m³ 以上的企业只有 10 家左右，年产能力 1 万 m³ 以上的企业只有 200 多家，平均企业年产量仅 0.70 万 m³。其中约有 10% 的厂家能生产木胶合板模板，即有 600 家左右。

4. 技术水平上的差距

国外发达国家的胶合板生产厂，基本上都已采用机械化、自动化的先进生产流水线，生产技术和设备的技术含量高，能保证产品质量，并且十分注重科技和设备投入，不断研究和开发新产品，提高产品质量. 如芬欧汇川公司专门设立一个欧洲最大的胶合板科技开发中心，为公司不断提供新产品和新技术。

我国木胶合板生产厂家很多，大部分厂的生产工艺和设备落后，技术水平低，产品质量差，一般只能生产素面胶合板模板，使用次数仅为 3~5 次，木材利用率很低，仅是国外的 1/10，木材资源浪费很严重。如果提高工业化程度，生产高质量的覆面胶合板模板，则使用次数可达到 30~50 次，甚至达到 100 次以上，大大提高了木材的利用率。

5. 产品质量上的差距

欧美国家胶合板的基材质量好和覆膜技术水平高，所以胶合板的使用寿命长。如芬兰的普通维萨模板可周转使用 30~50 次；高级维萨模板可周转使用 100 次以上；超级维萨模板可周转使用上千次。美国的中密度贴面模板可重复使用 10~25 次；高密度覆面模板可重复使用 25~75 次；树脂薄膜贴面模板可重复使用 50~250 次。而我国胶合板模板的质量差距很大，使用次数相差 10 多倍，一般的胶合板模板使用次数仅为 3~5 次，较好的胶合板模板使用次数为 10~20 次，高级的胶合板模板使用次数为 50~60 次。

随着中国加入世贸组织，一些外商十分重视中国市场，相继派代表团来华进行市场调查，如美国辛普森公司，奥地利飞凡模板公司、加拿大胶合板协会等，都来华与协会进行过交流。另外，面对中国庞大的胶合板模板市场，芬欧汇川木业有限公司、芬兰太尔集团、芬兰劳特公司和芬兰斯道拉恩索公司等外国企业，先后在中国建立生产厂和代表处，为中国胶合板企业提供先进的贴面纸、粘结胶和人造板设备等，对提高我国胶合板模板产品质量起了较大的作用。

写于 2014 年 4 月

46　国外墙体模板的研究与应用

墙体模板是各种模板中最重要的模板，墙体模板的使用量很大，尤其在多层剪力墙民用建筑中，约占整个工程模板用量的80％；由于建筑物的外墙面要求多种多样，如有平面、各种线条、各种图案等，因此，墙体模板的种类也很多；墙体模板施工是高空作业，特别是外墙模板的施工，外脚手架搭设高度很高，脚手架不稳易产生安全事故。因此，做好墙体模板的施工研究，对提高施工效益和施工安全十分重要。

墙体模板有无框模板体系、钢框胶合板模板体系、钢模板体系、铝合金模板体系和塑料模板体系等

一、无框墙体模板体系

这种模板是由木模板、木工字梁、特制槽钢及相应附件组合而成。该模板具有大面积墙模及标准化模板的特点，预先在工厂按模数设计组装成几种规格尺寸，模板长度有1000mm、2750mm、3750mm三种，宽度有500mm、750mm、1000mm、2000mm四种，加上500mm长度的辅助板，可以快速拼装成500mm进位的各种长度和宽度的模板，其承受混凝土侧压力可达$50kN/m^2$，见图1。

还有一种胶合板模板和钢连接件连接的简易无框模板，见图2。无框模板的特点是价格较低，使用灵活，可以拼装成各种形状的模板结构，尤其是形状比较复杂的结构。

图1　Doka墙模板

图2　简易无框模板

二、钢框胶合板墙体模板体系

1. 小型钢框胶合板模板

这种模板有63型模板和80型模板两种，63型模板的边框为高63.5mm，两端厚8mm的扁钢，横肋为∠50mm×30mm×3mm的角钢，面板为双覆膜的胶合板模板。板厚12mm。模板规格尺寸长度为900mm、1200mm、1500mm、1800mm四种，宽度为100～600mm十一种。其特点是模板重量轻，面积小，搬运和操作方便；通用性强，可适用于各种结构模板施工；施工速度快，施工费用低。见图3。

80 型模板的边框和肋为热轧扁钢,板厚一般为 6mm,边框截面高度为 80mm,面板厚为 12mm 胶合板,规格尺寸较小,长度为 1500mm、1200mm、900mm,宽度为 900mm、600mm、450mm、300mm,其特点是重量轻,适宜于手工操作,装拆方便灵活。见图 4。

图 3 韩国 63 型模板

图 4 PERI 80 型模板

2. 轻型钢框胶合板模板

这种模板的边框和肋为冷弯型钢,或边框为空腹钢框,肋为冷弯型钢,边框截面高度为 100~120mm,面板厚为 14mm 胶合板,其特点是模板规格尺寸较大,一般最大规格为 3000mm×900mm,模板重量较轻,强度和刚度较大,装拆灵活。见图 5、图 6。

图 5 paschal 墙模板

图 6 streif 墙模板

3. 重型钢框胶合板模板

这种模板的边框和肋均为空腹钢框,边框截面高度为 140~160mm,面板厚为 18mm 胶合板,其特点是模板规格尺寸大,最大规格为 3300mm×2400mm,模板强度和刚度大,可承受混凝土侧压力 80kN/m² 。见图 7、图 8。

图 7 Faresin 墙模板

图 8 NOE 墙模板

钢框胶合板模板的共同特点是钢框的强度和刚度都较大,模板组装时不需要附加纵横楞条，只需用夹具将两块模板的边肋夹紧固定即可，因此装拆速度很快，省工省料，非常方便。

三、钢墙体模板体系

1. 全钢大模板

这种模板的特点是模板强度和刚度较大、使用寿命长、模板面积大、模板上可带有支撑架、装拆和搬运方便、操作简便等，主要适用于墙体结构混凝土施工。按其结构形式的不同，可分为整体式、拼装式和模数式三种。但模板重量较大，目前在欧洲应用较少。见图9。

2. 轻型钢模板

这种轻型钢模板，模板规格的长度有 2400～600mm 五种，宽度有 600～100mm 十三种，肋高为50mm，钢板厚3mm，内肋采用角钢，见图10。这种钢模板的特点是：

（1）模板重量轻，一块 1200mm×600mm 的模板重量仅33kg，便于人工操作。

（2）使用范围广，可用于各类墙、板、梁、柱和圆形结构的混凝土工程。

（3）装拆灵活，由于模板、配件和支撑组成的体系较完善，装拆作业方便，施工效率高。

图9 全钢大模板

图10 智利轻型钢模板

3. 组合钢模板

这种模板具有使用灵活、通用性强；装拆灵活、搬运方便；承载能力强、使用寿命长等特点。这种模板的种类很多，使用范围也很广，既适用于工业和民用建筑，也适用于筒仓、桥梁、隧道、水坝等构筑物。见图11、图12。

图11 日本组合钢模板

图12 钢模板吊装施工

四、铝合金墙体模板体系

1. 铝框胶合板模板

这种模板的边框和横肋均为铝合金型材，边框高63.5mm，可与钢框胶合板模板通用，面板为厚 12mm 的胶合板。规格尺寸与钢框胶合板模板基本相同。其特点是重量轻、人工操作方便、施工速度快、适用范围广，见图 13。

这种墙模是由铝合金框、胶合板和相应附件组成的铝框胶合板模板体系。模板规格采用模数制设计，长度有 2400mm、1800mm、1500mm、1200mm 和 900mm 五种，宽度为 600～100mm，以 600mm 为主。这种模板重量轻，比钢框胶合板模板的重量可轻 30%；装拆方便，可比木模板的拼装速度提高 60%；模板的刚度和强度较大，墙模可承受混凝土侧压力可达 60kN/m² ，见图 14。

图 13　韩国铝框胶合板模板　　　　　图 14　加拿大铝框胶合板模板

2. 组合铝合金模板

这种模板的边框和横肋为铝合金型材，面板为铝合金板，采用焊接方式将面板与边框和横肋连成一体。边框的高度也是 63.5mm，规格尺寸与铝框胶合板模板相同，其特点是重量轻、装拆简便、通用性强、使用寿命长，可回收重复使用。见图 15。

3. 全铝合金模板

这种模板有两种标准板，一种是 6-12 标准板，其边肋板两端距连接孔中心距离为 15.2cm，其余孔中心距为 30.5cm，3.2mm 厚的铝合金面板及槽形加劲肋。另一种是 8-8 标准板，板两端距连接孔中心距及其余孔中心距均为 20.3cm，3.2mm 厚的铝合金面板及槽形加劲肋。辅助板宽度为 10.2cm 到 61.0cm，用以调整拼装模板的宽度，模板顶端调节板长度为 1.83m 和 0.91m，宽度有多种，用以调节拼装模板的高度，见图 16。

图 15　韩国铝合金模板　　　　　　　图 16　美国铝合金模板

相邻模板的连接件为直径 ϕ16mm 圆销钉和楔片，将圆销钉插入连接孔，楔片插入圆销钉的长孔内锁紧即可。这种模板的特点是重量轻，施工效率高，附件设计巧妙，操作简单，重复次数多，使用寿命长。另外，面板可加工成砖石纹理，以形成独特的混凝土表面，见图 17。

五、塑料墙体模板体系

1. 钢框塑料模板

该公司已逐步将钢框木胶合板模板的板面改为塑料板面板,已在墙体和楼板等施工工程中大量应用该模板的边框为冷轧成型的空腹钢框,肋为冷弯成型的矩形型材,面板为厚21mm覆面胶合板或塑料板。模板规格长度为 3000mm、2500mm、1250mm 三种,宽度为2500mm、1250mm、1000mm、750mm、550mm、500mm、450mm、300mm、250mm 九种,高度为120mm。其特点是钢框的强度和刚度大,可承受混凝土侧压力 97kN/m^2;模板装拆灵活,施工速度快,适用范围广,见图18。

图17 装饰铝合金模板

图18 MEVA 钢框塑料模板

2. 装饰塑料模板

这是一种全塑料装饰墙模板,它完成的装饰混凝土成品,超过了塑料或橡胶衬模的效果。这种模板的边框和内肋均为高强塑料,板面为压制成各种花纹的塑料板,利用连接件可拼装成墙模或柱模,浇筑混凝土后,可以浇筑各种仿石块的混凝土墙面,外形非常逼真,见图19。还可以采用液体整体着色或渗透着色对混凝土表面进行着色处理,装饰效果很好,见图20。

图19 美国装饰塑料模板

图20 着色处理墙体

3. 保温泡沫塑料墙体模板

这种模板是一次性模板,既可以作模板又可以作墙体的保温层。在成本上与传统的施工方法相比,由于模板施工操作轻便,不用大型施工机械设备,又不用拆除模板,它的施工成本更低;墙体不仅有良好的保温效果,还有较好的隔音效果,与多数建筑墙体相比,可以降低噪音50%;由于墙体有特殊的保护,能经受时间和大自然的考验而不会腐烂,所以使用这种墙体模板是安全可靠的;这种模板也是节能环保的产品,不仅可以节省大量木材,使用后还可以回收再利用,施工现场几乎没有废品,见图21。这种模板已大量用于住宅、商场、医院和学校等建筑，见图22。

图21　加拿大塑料墙模板

图22　塑料墙建筑

写于2014年2月3日

47　国外楼板模板的研究与施工技术

楼板模板工程施工中，模板、支架和横梁占用的时间较长，一般每层楼的占用时间 7～8 天；使用的数量大，楼板模板的使用量，约占整个工程模板用量的 40% 左右，装拆的用工多；楼板模板施工是高空作业，模板上面的荷载较大，支架不稳易产生安全事故。因此，做好楼板模板施工的技术创新，对提高施工效益和施工安全十分重要。

为了提高施工效益，减少模板工程费用，减轻劳动强度，采取各种技术措施，形成各种模板体系。主要有以下措施：

（1）提高模板部件的标准化，提高施工工效。

（2）采用模板部件的轻型化，减轻施工重量，节省装拆和搬运人工。

（3）改革模板施工工艺，减少部件的使用量，加速模板和部件的周转。

目前国外楼板模板施工方法很多，主要有活动支架体系、无支架体系、台模施工体系、模壳施工体系等。

1. 活动支架体系

这类体系每层楼板施工完后，要将支架拆除，再移到上一层施工。国外楼板模板使用的支架，大多采用钢支柱或铝合金支柱；也有采用门式支架、碗扣式支架、插销式支架等；面板为胶合板、钢框胶合板模板或铝框胶合板模板；横梁为木工字梁、型钢或钢桁架等。利用这些支架、面板、横梁相互组合，形成了多种多样的施工方法。为了提高楼板模板施工的效益和合理化，目前国外有不使用横梁、少使用支架以及尽早撤去支架等各种方法。

（1）木梁、钢（铝合金）支柱支模体系

这种支模是最简单的楼板模板体系，横梁采用木工字梁，面板采用胶合板或木模板，支架采用钢支柱或铝合金支柱，用材料量和用工量多，模板和支撑系统占用时间长，见图 1 和图 2。

图 1　钢支架　　　　　　　　　　图 2　铝合金支架

（2）钢梁、钢支柱支模体系

这种支模方法是面板采用胶合板模板，将木工字梁改为钢梁，钢梁的形式可有多种多样，钢梁的强度和刚度较高，使用寿命长，支架采用钢支柱，见图 3 和图 4。

图3 矩形钢梁

图4 工字形钢梁

（3）钢桁架、插销式支架支模体系

这种支模方法是采用插销式支架，支架的顶端放钢桁架作主梁，槽型钢作次梁，搁在主梁上，与主梁表面形成一个平面，在上面铺设胶合板模板非常方便，见图5、图6。

图5 架设主梁和次梁

图6 插销式支架和主、次梁

（4）连体钢梁、钢支柱支模体系

近年来，欧洲一些模板公司开发了一种新的楼板模板支模体系，将薄钢板加工的几根钢梁连成一体，安装时就可以很轻松地用钢支柱，将连体钢梁安装就位，见图7。也可以先用钢支柱支撑主梁，再安装连体钢梁，见图8。这个方法可以一次安装几根钢梁，提高了安装和拆除的工效。

图7 连体钢梁一次就位

图8 连体钢梁安装在主梁上

（5）钢框胶合板模板、钢梁、钢支柱支模体系

这种支模体系采用钢框胶合板模板，增加了模板的刚度，提高了模板使用次数，可以省了次梁，模板组装和拆除更方便了，在地面就可以作业，提高了工效，见图9和图10。

图9 钢框胶合板模板

图10 在地面作业

（6）铝合金模板、钢支柱支模体系

这种支模体系也是近年开发的新技术，可以不要主、次梁，基本部件只有两个，一是铝合金模板，在模板上有四个特殊的转角；二是可调钢支柱，在钢支柱的上部有能快速装拆的结构，见图11。其特点是操作简单，技术工人要求低，稍经培训即可操作；施工速度快，平均每人每小时可拼装模板 31.68m^2（合 11 块模板），可拆除模板 57.60m^2（合 20 块模板），4 个工人可完成整层楼板模板的装拆施工；施工安全，90% 的工作是在地面层完成，见图12。

图11 模板和钢支柱

图12 可在地面作业

2. 无支架体系

这种支模体系没有支架，钢梁、钢桁架等由墙体、梁或柱子承受，其特点是可以减少支架，节省施工费用，提高施工工效；增加施工的活动空间，在楼板模板的上下面，可以同时施工，加快了施工工程进度。

（1）可调钢梁、胶合板支模体系

这种支模方法操作非常简单，施工部件少，施工速度快，直接将可调钢梁放在墙体上，工人可以在地面作业，适用于开间较小的楼面，见图13。

图13 安装可调钢梁

（2）可调桁架、胶合板支模体系

这种支模方法是面板采用胶合板模板，可调桁架作横梁，桁架直接搁在大梁上，桁架长度可以调节，见图14。如果房间开间较大，可以在中间架设支架，见图15。

图 14 可调桁架作横梁

图 15 中间架设支架

3. 台模施工体系

台模是浇筑钢筋混凝土楼板的一种工具式模板，水平模板同支撑系统连成整体，其形状如同台桌，故称为台模。由于施工中利用起重机械，层层向上吊运，翻转重复使用，中途不再落地，所以又称为"飞模"。

它是由面板、主次梁、支架和可调低座等部件组成。可以整体安装、脱模和转运，利用起重设备在施工中层层向上转运使用。可以适用于各种结构体系的现浇混凝土楼板和梁的模板工程。台模施工可以一次组装，多次重复使用，节省装拆时间，施工操作简便，具有很显著的优越性。发达国家的台模施工方法，已形成了各具特色的台模体系。

（1）立柱式台模

这种台模是由传统的满堂顶撑支模的形式演变而来，构造较简单，制作容易，施工方便，通用性强。面板一般采用胶合板，也可采用铝合金模板，支架采用钢支柱，见图16。

（2）框架式台模

这种台模的支架是由框架、交叉斜撑和可调底座组成。其特点是可以利用现有脚手架组装，拼装简单，受力性能好，支架的搭设高度可以很高，尤其适合于层高较高的楼板施工，见图17。

图 16 钢支柱台模

图 17 框架式台模

（3）桁架式台模

这种台模的面板一般选用胶合板，支架由桁架、檩条和可调底座组成，桁架可采用型钢或铝合金型材组装。其特点是可以整体脱模和转运，一次组装可多次重复使用，节省大量的拆卸和搬运的成本。装拆速度快，承载能力强，可组装成大面积台模，大幅度降减低工时以及人工成本。

桁架式台模按构造和用途的不同，可分为大型整体台模和轻型台模。其中大型整体台模的特点是台模面积大，尤其适用于大开间、大进深、无柱帽的现浇无梁楼盖结构，见图18。

轻型台模的特点是采用模数制设计，应用范围广，能组装成不同长度的台模，能方便组装成大面积台模，不仅能满足建筑结构尺寸的变化，对复杂的梁板结构更具优势，见图19。

图18　大型整体台模

图19　轻型台模

（4）悬挂式台模

这种台模的特点是先将钢支座固定在混凝土柱或墙体上，再将钢梁固定在相邻的钢支座上，将钢桁架放在钢梁上，见图20，最后将模板逐块吊放在钢桁架上，见图21。悬挂式台模可以免除支撑，节省人工成本，提高施工效率，加快施工工程进度；所需部件少，操作简便，可快速现场组装；可组装成各种跨度尺寸的工程，尤其适用于跨度较大、柱排列整齐的结构工程；可调试横向桁架满足不同柱间距离，可轻易在现场组装，支撑高度容易调整。

图20　钢桁架放在钢梁上

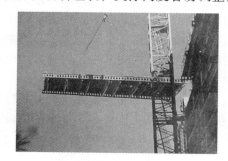

图21　吊放模板

（5）折叠式台模

这种台模与立柱式台模基本相同，不同的是支架可以折叠。台模安装时，将台模吊起，再将折叠支柱立起来，见图22。拆除时，将台模吊起，折叠支柱收起，运到上一层再安装，或堆放起来，见图23。其特点是；整个台模不用拆除，安装速度非常快，运输也很方便，可以节省大量人工。

图22　折叠支柱立起

图23　折叠支柱收起

4. 模壳施工体系

这种支模体系是由模壳和支撑系统组成，模壳的材料可以是玻璃钢或塑料，采用薄壁加肋的结构形式，节省材料，重量轻，刚度好，强度高，周转次数多。支架采用可调钢支柱，主要适用于大跨度、大空间的密肋楼板。见图24、图25。

图24　支撑钢支柱

图25　安装模壳

写于 2014 年 1 月 10 日

245

48 日本模板、脚手架技术的现状和发展方向

我国组合钢模板技术是从日本引进的，30 年来我国组合钢模板的生产厂家、产量和使用量都大大地超过日本。但是，日本在木胶合板模板和钢框胶合板模板大量应用的情况下，组合钢模板在土木工程施工中应用仍较普遍。而我国在不少地区已提出不准使用组合钢模板，大批钢模板厂和租赁企业面临倒闭或转产的局面，其主要原因是我国组合钢模板的生产设备、产品质量、规格品种、配套附件和工程应用等方面与日本仍存在较大差距。中国模板协会曾组织钢模板、脚手架技术考察团赴日本考察。考察日本钢模板生产和钢模板设备情况，新型模板、脚手架体系的设计及应用技术，了解日本模板工程的现状和发展方向，与日本仮设工业会进行技术交流，参观了仮设工业会的模板、脚手架试验室和展览室。日本组合钢模板、脚手架的生产和安全管理经验，新型模板、脚手架体系的技术创新和推广应用，都值得我们学习和借鉴。

1. 日本钢模板的生产和应用概况

日本钢模板是在 1951 年从美国引进的，由于战后木材资源十分缺乏，采取"以钢代木"措施，开发钢模板，1954 年开始批量生产，至 1957 年发展速度较快，已在高速公路、立交桥、水坝等工程大量应用。20 世纪 60 年代以后，一些大型建筑企业开始对钢模板进行深入研究和开发，在模板设计、生产工艺、施工技术、使用管理等方面不断改进，应用范围不断扩大。1967 年制订了日本 JIS 产品标准，产品形成标准化，规格系列完善，广泛应用于工业和民用建筑、构筑物等工程中，生产厂家也发展到几十家。

20 世纪 80 年代后，随着日本大量建筑施工任务的高峰已过去，建筑工程量越来越少，因此，模板厂家竞争越来越激烈，有些规模较大的企业，为了竞争中获胜，对钢模板生产工艺进行大规模技术改造，逐步采用机械化和自动化生产工艺，提高产品质量，降低产品成本。有些生产技术力量薄弱、设备工艺落后的厂家被迫倒闭或转产。因此，到 20 世纪 80 年代尚有 10 多家钢模板厂，到了 20 世纪 90 年代就剩下 2~3 家钢模板厂了。

日本组合钢模板生产线已经达到完全机械化、自动化的程度，如采用带钢由连轧成型，切断机自动定尺切断，传入冲孔机双面冲孔压鼓，在焊接组装台上人工组装，由焊接机器手自动焊接，输送到整形台上整形，再进入加热炉内加热处理，然后自动喷漆，喷上各种标记，最后包装入库。一条年产 15 万 m^2 的生产线只有 7 个生产工人。可见日本钢模板生产工艺先进，自动化程度高，产品质量好。当然这条生产线也是经过很多年逐步改进和完善的。如日本松户工场 1982 年开始采用钢模板连轧机设备，见图 1；1984 年采用自动焊接设备，见图 2；1994 年采用自动喷漆设备，前后经过十二年的不断改造和完善，才形成一条自动化程度较高的钢模板生产线。

图 1　钢模板连轧机

图 2　自动焊接设备

由于日本钢模板产品质量高，模板体系完善，各种配件和支撑系统配套，因此其应用范围较广，不仅能适应清水混凝土施工的要求，在土木工程施工中，钢模板仍占主导地位。如钢模板与专用高强背楞组合，可以拼装成墙大模板、隧道模等，见图3、图4。还可用作桥梁模板、圆形筒模、水坝模板、鱼礁模板等，见图5～图8。

图 3　墙大模板

图 4　隧道模

图 5　桥梁模板

图 6　圆形筒模

图 7　鱼礁模板

图 8　水坝模

日本全国模板拥有量中，大部分是木胶合板模板，钢框胶合板模板的用量较少，因此模板生产厂家很少，一般厂家既生产模板，又生产脚手架、支撑等。另外，还有一部分铝合金模板、塑料模板、不锈钢模板等。

2. 日本脚手架的生产和应用概况

日本最早使用的脚手架是木脚手架，到了 20 世纪 50 年代开始大量应用扣件式钢管脚手架。1953 年美国首先开发了门式脚手架，不久欧洲各国也先后引进并发展这种脚手架，形成了各种规格的门架体系。1955 年日本许多建筑公司开始引进这种门式脚手架，但当时日本扣件式钢管脚手架仍占主导地位。以后，由于扣件式钢管脚手架的安全事故不断发生，所以在 1958 年扣件式钢管脚手架再次发生倒塌事故后，脚手架的安全性被提到日程上来。由于门式脚手架装拆方便，承载性能好，安全可靠，在一些工程中开始大量应用。

门式脚手架首先使用在地下铁道、高速公路的支架工程中。1956 年日本 JIS（日本工业标准）有关脚手架的标准制订，1963 年劳动省在劳动安全卫生规定里也制订了有关脚手架、支撑的一些规定。这样，门式脚手架已成为建筑施工中必不可少的施工工具。1963 年日本一些规模较大的建筑公司开发、研究或购买门式脚手架，在工程中大量应用。1965 年随着超高层建筑的增多，脚手架的使用量也越来越多。1970 年各种脚手架租赁公司开始激增，由于租赁脚手架能满足建筑施工企业的要求，减少企业投资，所以，门式脚手架应用量迅速增长。

日本对脚手架技术的引进和开发非常重视，国外各种先进脚手架在日本几乎都可以看到，如碗扣式钢管脚手架、插接式脚手架、盘销式脚手架、方塔式脚手架、三角框脚手架和钢支柱等。日本建设大工工事业协会是专门从事脚手架行业管理的社团组织，协会会员有近 700 家。日本仮设工业会是负责模板和脚手架行业管理的社团组织，协会有会员 380 多家，其中脚手架和附件生产企业有 120 余家，远远多于钢模板厂家。日本脚手架企业不但积极引进国外先进脚手架，还非常重视技术创新，对引进的脚手架还进行改进。如在碗扣式钢管脚手架的横杆两端，各焊上四个钢板，钢板上有一个圆孔，用于连接拉杆，增强脚手架的整体稳定，见图 9。又如门式脚手架在结构上和安全防护栏杆处都做了很大改进，增强了门架的安全性，见图 10。

图 9　碗扣式钢管脚手架

图 10　门式脚手架

日本脚手架企业已形成专业化生产，大部分企业专业生产脚手架或模板的几个配件，如有的企业专业生产钢脚手架板，有的生产安全栏杆，有的生产轮子等。由于专业化生产，产品质量得到保证，并且还不断创新，开发新产品和新技术。日本有一家专业生产模板对拉螺栓的企业，多年来致力于新产品的创新，已拥有技术专利 200 多个。日本有不少脚手架企业开发了新型脚手架，如日本朝日产业株式会社研发的强力支架系统是新型模架技术，见图 11；日本住友株式会社研发的插接式脚手架，见图 12；

图11　强力支架

图12　插接式脚手架

另外，日本脚手架企业还开发了 H 形脚手架、方塔式脚手架、三角框脚手架、盘销式脚手架、折叠式脚手架等，并且种类很多，应用范围较广。

3. 日本模板、脚手架的产品质量和安全管理

日本钢模板、脚手架产品质量高，除了生产厂的生产设备和生产工艺先进之外，更关键的是有严格的质量管理体制和有权威的质量监控机构。据日本仮设工业会介绍，日本劳动省授权该会有三项任务：

（1）产品质量认证。由该会负责产品质量检测和定期抽检工作，每年检查 1/3 会员厂家，即每个厂家三年检查一次，产品合格者发质量认证书，产品上可以打印协会的标记，不合格的要整顿。凡是通过质量认证的厂家，产品质量可靠，用户放心，一般施工企业都会购买有质量认证标记的产品。

（2）产品安全认可。对脚手架、钢支柱、脚手板等产品，除质量认证外，还需通过安全认可。由日本仮设工业会发给安全认可证书的产品，才能在施工中应用。对旧脚手架、钢支柱、脚手板等也规定每隔几年由该会抽检试验，达不到要求的不准继续使用或降级使用。

（3）产品标准制订和实施。日本各种模板、脚手架产品标准由日本仮设工业会负责制订和实施。每年还组织标准培训班或各种研讨会。

4. 日本模板、脚手架工程的发展方向

（1）产品的安全性。特别是脚手架和脚手板等产品，在设计上不仅要求装拆方便，更要求安全可靠，在脚手架搭设时，周围要有安全栏杆和网栏，脚手板接头之间不能有缝隙，防止杂物掉落伤人。据日本仮设工业会介绍，日本已 10 多年没有因脚手架质量安全问题产生伤亡事故。

（2）产品的多样化。不同类型的工程施工可以采用不同用途的模板和脚手架。土木工程中，除了通用钢模板外，按不同工程要求设计了各种专用钢模板，如道路模板、桥梁模板、隧道模板、水坝模板、烟囱模板、竖井模板等。另外，还有木胶合板模板、钢（铝）框胶合板模板、塑料模板等。脚手架的种类更多，有多种框式脚手架、承插式脚手架、扣件式钢管脚手架和专用脚手架，可按工程要求采用。

（3）产品的轻型化。随着日本模架工人年龄老化，必须减轻建筑工人的劳动强度，建筑模板和脚手架的设计要趋向轻型化，装拆方便，外表美观，要不断开发新产品。如开发的压型钢脚手板的板厚为 1.2mm，每块长 3m 的板仅重 10.5kg，每块长 3m 的铝合金脚手板仅重 7.8kg。

（4）产品的环保要求。日本对环保的要求很高，对废旧模板、脚手架的处理要符合环保要求。据介绍，由于考虑到木胶合板模板报废后处理会影响环境，所以对钢（铝）框胶合板模板、钢模板和塑料模板的用量越来越大。

5. 几点启示

（1）采用先进生产设备，提高产品质量。我国组合钢模板生产设备至今没有一家企业达到日本的水平，大部分钢模板厂的生产设备仍很简陋，生产工艺落后，产品质量很难达到标准要求。多数厂家的生产设备只有折边机、压轧成型机，以及几台压机和冲床，钢模板专用设备大部分是仿制或委托加工，加工精度差，也有一些厂家采用专业生产厂制造的设备。但是现在多数厂家设备陈旧，模具磨损严重，又不愿投资进行技术改造，采用先进设备，这样如何能保证产品质量，企业又如何能生存呢？石家庄市太行钢模板有限公司多年来在设备改造、技术创新等方面做了大量工作，先后开发和采用了钢模板连轧机、一次冲孔机、自动焊接设备等，提高了生产效率，减轻了劳动强度，确保了产品质量，钢模板销售供不应求，产品还出口到新加坡、马来西亚等国家。

（2）加强产品质量监督，规范模板市场。日本采取给模板和脚手架生产企业颁发产品合格证书和产品安全认可证书，给施工企业进行技术和安全培训，要求施工企业购买有合格证书的产品，这样确保了产品质量，也规范了模板市场。我国大部分模板和脚手架企业质量管理体制不健全，又没有严格的质量监督措施和监控机构，不少厂家采用劣质钢板或改制钢板加工，严重影响了钢模板产品质量和使用寿命。对施工企业采用低劣产品缺乏监理控制，以致大量低劣模架流入施工现场。因此，我们呼吁政府有关部门，采取有效的质量管理措施，对模板生产企业应实行产品质量认证制度，对施工企业采用的模板和脚手架的质量应实行施工监理制度，对租赁企业的模板、脚手架应进行抽检和整顿，实行废旧模板、脚手架报废机制。

（3）完善模板支撑体系，提高使用效率。日本钢模板体系完善，模板规格品种齐全，各种配件和模板支架的规格品种多样，使用非常方便。又由于日本钢模板产品质量高，其应用范围较广，不仅能用于一般工业与民用建筑，在土木工程施工中，钢模板仍占主导地位。我国钢模板的规格品种较少，产品质量越来越差；施工应用不规范，多数施工企业在施工中，用钢板替代扣件，用钢筋替代对拉螺栓，用木方替代楞条和柱箍，钢模板体系不完善，使用效果很差，施工工效低，施工质量也难保证，以致钢模板的使用范围也越来越小，地上工程使用量大减。因此，我们在提高钢模板产品质量的同时，要大力开发各种专用模板，各种配件和支撑体系，完善模板和支撑系统，施工企业要提高施工技术水平，积极采用新技术和新工艺，提高模板使用效果，我国钢模板一定能在建筑施工中重新发挥重要作用。

载于《建筑技术》2011 年第 11 期

49　澳大利亚科康钢模板应用技术

1. 概况

科康（CORCON）钢模板是由澳大利亚 DCI 公司董事长安迪·斯托卡先生设计和发明的。安迪先生是英国及澳大利亚皇家工程师协会会员。经过多年的试验研究，于 1994 年科康钢模板研究成功，从 1995 年至 1999 年科康钢模板技术先后获得澳大利亚政府有关部门颁发的发明奖、开发奖、设计奖、工程奖等十一项。该项技术已在多个国家取得发明专利权，包括在中国也已取得发明专利证书。

CORCON 字母是由 CORRUGATED（拱形）和 CONCRETE（混凝土）两个字组的前三个字母组成，意思是浇筑成拱形结构的混凝土模板。科康钢模板的适用范围，主要用于多种结构的楼板和顶板施工，尤其适用于跨度较大的车库、仓库、多层厂房等建筑的楼板施工，也可用于墙体施工。

2. 科康钢模板体系的主要部件

科康钢模板体系的部件很少，结构简单，主要由以下三种部件组成。

（1）波纹拱形钢模板。由厚度为 5～6mm，长宽尺寸为 1000mm×1000mm 的镀锌钢板用连轧机轧制成波纹状，并在横向成拱形的模板，见图 1。

图 1　波纹拱形模板

（2）槽形梁模板。厚度 1.2mm 的镀锌钢板用由连轧机轧成槽形梁模板，梁高度为 50～300mm，长度为 1500mm，梁模板上口两边有翼缘板，用来支承拱形模板，见图 2。

（3）马镫形支承件。由厚度 3～4mm 的钢板压制成马镫形支承件，在支承件上端焊接两根支承臂，用来支承梁模板，马镫形支承件的高度要大于梁模板的高度，见图 3。

3. 科康钢模板的施工技术

（1）拱形模板一般为单块安装，也可以将几块拱形模板组合成大块模板安装，如图 4所示，将三块拱形模板相互搭接，两边将一对边轨点焊在拱形模板上，组成大模板。

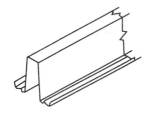

图 2　槽形梁模板

图 3　马镫形支承件

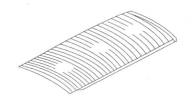

图 4　拼装拱形模板

（2）槽形梁模板安装时，先将相邻两根梁模板用连接臂，以点焊方式连接。连接臂的两端各有一个凹部，将拱形模板安装在两端的凹部上，见图 5。拱形模板和梁模板都以搭接方式接长，梁模板一端放在承重墙上，另一端在两根梁模板的搭接处，设木方和支承杆，见图6。

（3）如果梁模板的承载较大，则按图6所示的支承杆直接支撑梁模板底部，梁模板易产生不稳定。因此，可以将槽形梁模板支承于马镫形支承件中，将支承件上端的两根支承臂牢固地嵌合于梁模板顶部的翼缘板槽内，从而提高了模板体系的稳定性，见图7。

图5　槽形梁模连接

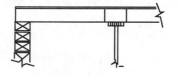
图6　槽形梁模安装

图7　梁模与支承件连接

（4）为了防止梁模板在马镫形支承件中可能产生横向移动，可在支承件的下角部加焊两根钢筋，以限止梁模板下端晃动，见图8。另外，在支承件的底部两侧焊上一对凸耳，在凸耳中间开设一个钉子孔，梁模板和支承件安装后，可将支承件两侧的凸耳钉于支撑木方上，见图9。

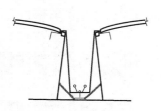
图8　支承件内加焊钢筋

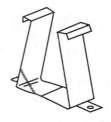
图9　支承件构造

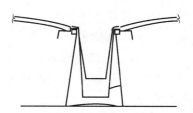
图10　嵌入高度不同梁模

（5）如果梁高度有变化时，可以在槽形梁模板内嵌入高度变化的梁模板，便可形成具有变化高度的混凝土梁，见图10。

（6）在多层建筑物中需要将天花板固定于楼板的底部时，可在浇筑混凝土前，将木板条设置在梁模板的底部或侧壁上，拆除梁模板后，木板条将固定在混凝土梁的表面，可以很方便地用钉子将天花板钉在木板条上。

（7）在墙体施工时，可将槽形模板与拱形模板一起作为带柱的墙体模板。如图11所示，用对拉螺杆将梁模板与平面模板隔开，用支杆将拱形模板与平面模板隔开，并压在槽形模板上。

A安装

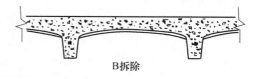
B拆除

图11　墙体模板

（8）在护坡或堤坝墙体施工时，如图12所示，用预埋对拉螺杆将槽形模板拉固紧，用支杆将拱形模板与坡堤墙隔开，并顶压住槽形模板。

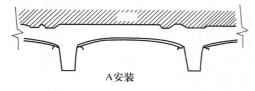
A安装

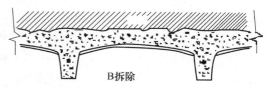
B拆除

图12　护坡模板

（9）科康钢模板可应用于不同跨度的建筑结构及承载要求，两个梁模板加上波纹模板标准中心距为1200mm，可以根据设计要求连续扩展，在应用预应力的情况下，可使最大跨度达到26m。

4. 科康钢模板的特点和效果

科康钢模板是一种值得推广应用的新型模板，尤其是这种模板能有效地实现绿色施工的节材节能、环境文明、场地节省、减轻强度、人员安全等要求。

（1）科康钢模板的几个部件均是采用轧机将钢板压轧成型，生产效率高，产品质量好。这种钢模板使用寿命长，可以反复使用100次以上，模板拆卸后，可以全部回收无废弃物，既有利于环境管理又节省大量木材，是以钢代木的一种新型模板。

（2）科康钢模板的构造合理、部件少，楼板模板安装不需要任何螺栓及挂钩连接，装拆十分方便。模板部件的重量都较轻，不需要吊车运送和安装，模板工人劳动强度较低，与胶合板模板相比可以节省工人劳动力50%左右。

（3）由于拱形模板只有一种规格，可以重叠堆放，槽形模板有几种规格，也可以重叠堆放，因而科康钢模板的堆放和搬运都很方便，储存占用施工场地很少，与使用其他模板相比，可以减少储放施工用地80%，对施工场地狭小的工程更为适宜，见图13。

图13　拱形模板储存

（4）科康钢模板的结构为板梁一体的结构设计，拱形模板还有波纹，因此，成型混凝土结构的强度和刚度都很高，具有较高的抗震性能，建筑一个相同跨度的楼板结构，可以减少水泥和钢筋的用量40%左右，减少施工用模板支架50%左右。

（5）由于使用科康钢模板能大量减少水泥和钢筋的用量，根据DCI公司提供的测算资料，与采用木胶合板模板相比，使用每平方米科康钢模板，平均可减少二氧化碳排放量2kg，节约能源40%，具有很好的环保效应。

（6）科康钢模板在澳大利亚已得到大量应用，在其他国家也正在逐步推广，并取得了较好的效果，如在马来西亚的4000m²住宅建筑工程中应用科康钢模板，与当地应用"e"Joist系统相比，节约造价50%。在我国山东青岛和威海的建筑工程中也已试用，如青岛山水名园项目6000m²会馆建筑中使用科康钢模板，与采用组合钢模板相比，节省劳动力75%，缩短工期75%，技术经济效果都很明显。

载于《建筑施工》2012年第10期

50　德国塑料模板的发展与应用技术

国外工业发达国家的塑料模板发展很快，开发了各种品种规格的塑料模板，其中有钢（铝）框塑料板模板；塑料装饰衬模；全塑料装饰模板；全塑料大模板；泡沫保温塑料模板；GMT模板；中空塑料模板；塑料模壳等。德国塑料模板的研究和应用较早，技术先进，品种多样，使用面广。下面对德国有关塑料模板公司的发展与应用情况分别进行介绍。

1. 德国 Alkus 塑料模板公司

德国 Alkus 塑料模板公司从1985年开始研究和开发能替代木模板的塑料模板，经过十年的努力，成功地开发出性能优于木模板的新型塑料模板。2000年正式批量生产，并在法兰克福的纽约大都会歌剧院工程中大量应用。

2001年该公司与 MEVA 模板公司合作，为 MEVA 模板公司提供新型塑料模板。这种模板的两表面为硬质塑料，中间为添加玻璃纤维和辅助材料的增强塑料。硬质塑料表面平整光滑，并有很强的耐磨性。塑料板厚度大于12mm时，在硬质塑料与增强塑料之间，粘贴0.5mm厚的铝纸，其作用是可以较好解决塑料板热胀冷缩和阻燃性的问题。

这种塑料板材质轻、耐磨性好、周转使用次数多，并且清理和修补方便，经济效益好。至2005年这种模板已在世界不少国家得到大量应用。至2010年，据一些工程应用证明，这种模板重复使用次数已达到1000次，使用年限可超过10年，在世界各国的应用量已近200万 m²。见图1、图2。

图1　粘贴铝纸塑料模板

图2　alkus 塑料模板

2. 德国 MEVA 模板公司

该公司创立于1970年，现已成为德国较大的跨国模板公司之一。2002年该公司采用了德国 alkus 公司生产的塑料模板，开发了钢框塑料板模板，塑料板厚度为12mm和15mm，这种塑料板耐磨性很高，据介绍，这种塑料板可以用作滑雪板。我们亲眼看到周转使用次数已达到500次的模板，表面质量仍然很好，并且清理和修补也很容易，如模板表面给划伤了，可以在伤口处用焊枪焊补，再用刀刮平即可，见图3。如模板表面的伤口较大，可以用钻头将板面钻一个圆洞，再将预先加工好的圆塞，涂抹胶水，垫补在圆孔上，见图4。

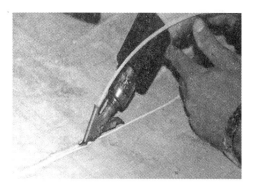

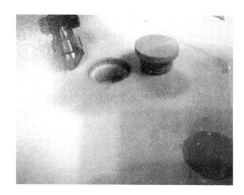

图3　板面补划口　　　　　　　　　　　　图4　板面补伤口

　　该公司已逐步将钢框木胶合板模板的板面改为塑料板面板，已在墙体和楼板等施工工程中大量应用，见图5和图6。由于这种钢框塑料板模板价格较贵，因此以租赁为主，该公司的年营业额中80%为租赁收入。

图5　墙体塑料模板　　　　　　　　　　　图6　楼板塑料模板

3. 德国 HÜNNEBECK 模板公司

　　该成立于1929年，是将近有80年历史的老企业，在国际上有较大影响的跨国模板公司之一。2003年该公司研制了一种粘贴塑料板的铝框塑料板模板，其塑料板分两层，底层塑料板厚度为12mm，固定在铝框上，面层塑料板厚度为2~3mm，利用专用设备，将面层塑料板粘结在底层塑料板上，见图7。由于面层塑料板耐磨性很好，这种模板也可以使用几百次。塑料面板损坏后，可以利用专用设备将塑料面板揭下，再压上一层塑料面板即可。这种铝框塑料板模板重量很轻，模板装拆很方便，在墙体和楼板等施工工程中已大量应用，见图8。

图7　铝框塑料模板　　　　　　　　　　　图8　楼板塑料模板

4. 德国 NOE 模板公司

该公司成立于 1957 年，至今也有 50 年的历史，是德国较大的跨国模板公司之一。多年前，该公司研制开发了一种 NOE PLAST 塑料装饰衬模，可以把精美的木纹、浮雕、大理石、花岗石等多种外饰面真实地表现到混凝土上，它能创造出更具建筑美感的混凝土表面。由于已设计出 130 多种不同花纹，因此可以满足外装饰为木制、砖瓦、石料、石膏等外观效果，见图 9。

图 9　NOE PLAST 塑料装饰衬模

这种模板内衬用于预制混凝土和现浇混凝土结构，都能得到同样的效果，如果使用得当，可以周转 100 次以上。这种模板内衬可以广泛应用于桥梁、立交桥、建筑外墙、隔音墙、天花板，以及车站、办公楼、饭店等公共建筑的地坪，见图 10。

由于在混凝土内可以加入不同颜色的调料，使浇筑的混凝土饰面更逼真，这种模板将混凝土浇筑与外装饰结合施工，可以省去大量装饰用的材料和人工费用，综合经济效果较好。

图 10　施工效果图

5. 德国 PECA 模板公司

该公司经过多年的研究和工程应用，开发了一种在钢筋骨架上粘贴一层塑料布的模板，这种模板主要用于基础、楼板等模板施工。根据施工混凝土结构的尺寸，可在模板工厂预先加工成型，再运到施工现场安装，混凝土浇筑完后，拆除模板非常轻便，有些基础模板可以不拆除，施工费用也可以大幅降低，见图 11 ~ 图 14。

图 11　塑料基础模板

图 12　塑料楼板模板

图 13　塑料圆筒模板

图 14　塑料临时结构

载于《建筑技术》2014 年第 8 期

51　斯洛文尼亚塑料模板的发展与应用技术

近年来，斯洛文尼亚 EPIC 集团公司研制开发了 EPIC 塑料模板体系，这种模板选用聚丙烯为基材，特殊纤维增强的复合材料，采用注塑模压成型。EPIC 塑料模板有 EPIC ECO 模板体系和 EPIC FARESIN 模板体系，前者为轻型模板，后者为中型模板。EPIC 集团公司可为施工企业提供销售、租赁和技术服务，对于租赁模板的客户，公司还可以按客户的要求，为其设计一整套配模和模板装拆施工等施工方案，并提供施工现场培训。至 2004 年 EPIC ECO 塑料模板已有 52 个建筑施工公司在不同工程中得到应用，目前 EPIC ECO 塑料模板已在俄罗斯、白俄罗斯、乌克兰、克罗地亚、塞尔维亚和前南斯拉夫等国家得到应用，2006 年 EPIC 集团公司也到我国北京来进行产品介绍。

1. EPIC ECO 模板体系

该套模板体系由 7 种规格模板和 25 种连接件组成，其模板规格和重量见表 1。

表 1　模板规格和重量

长度（mm）	宽度（mm）	肋高（mm）	重量（kg）
1400	700	100	17.60
	500	100	12.60
	400	100	10.82
	300	100	8.42
	200	100	5.57
700	700	100	7.60
	300	100	3.70

EPIC ECO 塑料模板体系的特点是：

（1）模板和连接件均采用复合材料制作，模板体系较完整，模板的承载能力可达到 40kN/m^2，装拆速度快、施工简便。

（2）模板重量轻，模板与连接件一起的重量仅为 18～22kg/m^2，最大的模板重量为 17.6kg，因此很适合用人工操作，并可以节省起重机吊装费用。

（3）由于模板重量轻，不但可以减轻工人劳动强度，而且可以节省大量运输和搬运费，100m^2 的模板及连接件的重量仅 2.2 吨，只需一辆较小的卡车就可搬运。

（4）这种模板可以周转使用 300 次以上，报废后可以全部回收，再由厂家制作成新模板，是一种绿色环保的产品。

（5）塑料模板表面平整光滑，脱模方便，可以连续使用 6～7 次再涂脱模剂。这种模板在零下 17 度的寒冷条件下仍可以安全使用。

EPIC ECO 塑料模板可以应用于基础、墙、柱等结构的模板工程，见图 1～图 3。

图 1　基础模板

图2　柱子模板

图3　墙体模板

EPIC ECO 塑料模板用作楼板模板时，楼板的厚度应控制在 200mm，见图 4。采用 EPIC ECO MULTIFLEX LN 20 模板体系，楼板的厚度可以达到 400mm，见图 5。

图4　EPIC ECO 楼板模板

图5　MULTIFLEX LN 20 楼板模板

2. EPIC ECO SKY SPEED 模板体系

EPIC 集团公司于 2006 年又开发了用于楼板模板施工的 EPIC ECO SKY SPEED 模板体系，这套模板的长度为 1400mm，其重量仅 7.5kg。其设计新颖，简化和改进了楼板模板的安装和拆卸程序，见图 6。

图6　EPIC ECO SKY SPEED 楼板模板

EPIC ECO SKY SPEED 塑料模板体系的特点是：

（1）模板重量轻，组装简便，一个工人平均每小时可组装或拆除 $12m^2$。

（2）模板体系由塑料模板、钢支柱和横梁等组成，由于横梁的独特设计，模板支撑不用附加扫地杆、横杆和斜杆。

（3）这套模板体系可以支撑楼板厚度达 400mm。

（4）采用租赁方式，可以降低 30% 的模板费用。

载于《建筑技术》2013 年第 8 期

52 意大利塑料模板的发展与应用技术

意大利 GEOTUBE 公司生产的塑料模板产品，品种规格多样，使用面较广。有多种墙体模板、柱模板和楼板模板等，采用聚丙烯塑料模压密肋成型。该公司的产品在德国 Bauma 博览会和美国国际混凝土博览会上都多次展出过。目前，该公司与我国大连的一家建材公司合作，正在将这种塑料模板产品在我国的一些建筑工程中应用。

1. 塑料柱模板

塑料柱模板有圆形柱、正方形柱和长方形柱等多种形式，见图 1 和图 2。其规格尺寸见表 1。

图 1　圆形塑料柱模板

图 2　方形塑料柱模板

表 1　各种塑料柱模板规格尺寸　　　　　　　单位：mm

圆形柱内径	250	300	350	400	500	600
正方形柱内部尺寸	300×300					
长方形柱内部尺寸	300×400					
单个模板高度	600	600	600	600	600	600
最大模板高度	6000	6000	6000	6000	6000	6000

GEOTUBE 塑料柱模板体系的特点是：

（1）该产品重量轻，使用方便，可以重复多次使用，一般可以周转使用 30 次以上。

（2）由于塑料模板表面光滑不粘混凝土，表面清除很方便，用一点水即可以清洗干净。

（3）由于方形柱模板是一个 90 度的固定模具，因此，模板安装和拆除很容易，施工速度快。

（4）每块模板长度为 600mm，不需要切割或改制；模板搬运和储存方便，还可以在潮湿的地方储存。

（5）相邻模板用尼龙连接件连接，非常牢固。

2. 塑料墙梁模板

墙梁模板的尺寸为 1200mm×600mm，重 11kg，可以承受混凝土侧压力 60kN/m²，主要用于墙体、梁的混凝土结构工程，见图 3 和图 4，也可以用于基础和柱等，见图 5 和图 6。

图 3　塑料墙模板

图 4　塑料梁模板

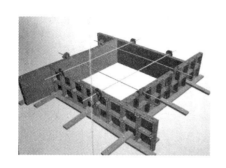

图 5　塑料基础模板

图 6　塑料柱模板

3. 塑料楼板模板

该公司的塑料楼板模板有平面塑料楼板模板、槽形塑料模壳、盆形塑料模壳和空心楼板模板等多种产品，可以按设计要求施工不同构造的楼板工程。

（1）平面塑料楼板模板

这种楼板模板体系是采用钢支柱作支撑，在钢支柱的 U 形顶托上放木工字梁，在木工字梁上放塑料垫块，再在垫块上逐块放模板，见图 7 和图 8。

图 7　楼板模板支撑系统

图 8　安装楼板模板

（2）槽形塑料模壳

这种楼板模板的支撑系统也是由钢支撑、木工字梁和塑料垫块等组成，模板为槽形塑料模壳，见图 9。楼板施工完后，形成有纵梁的槽形混凝土楼板，见图 10。

图9　槽形塑料模壳

图10　槽形楼板

（3）盆形塑料模壳

这种楼板模板的支撑系统也是由钢支撑、木工字梁和塑料垫块等组成，模板为盆形塑料模壳，见图11。楼板施工完后，形成密肋梁的混凝土楼板，见图12。

图11　盆形塑料模壳

图12　密肋梁楼板

（4）空心楼板模板

这种楼板模板很新颖，楼板模板支撑体系施工方法与上面的几种楼板模板基本不同，在模板上先铺设底层钢筋，在钢筋上放空心模板，上面再铺上层钢筋，浇灌混凝土后，形成有纵横向内肋的空心混凝土楼板。空心模板预埋在楼板内不能取出重复使用，见图13。

图13　空心楼板模板

载于《建筑技术》2014年第8期

53 美国装饰模板的应用技术

美国装饰模板应用较早，目前在各种建筑的墙体、大厅和立交桥的柱子、建筑物的装饰墙面以及地面等领域已广泛应用。装饰模板有塑料装饰衬模、塑料装饰模板和铝合金装饰模板，并且在混凝土涂层中，用各种特殊配方的颜色，可以将普通混凝土的灰色表面，变成非常完美的木纹、砖块、石块等一样的各种建筑装饰面，以增强混凝土表面的效果，形象逼真，简直可以达到以假乱真的地步。

一、塑料装饰衬模

美国 SYMONS 模板公司是已有 100 多年历史的老企业，也是全球较大的模板公司之一。公司模板产品在美国的市场占有率最大，SYMONS 钢框胶合板模板系统在世界很多国家的建筑工程中已得到大量应用。近年来，该公司大力研制开发了清水艺术混凝土塑料装饰衬模，这种装饰衬模可以同时完成混凝土结构和装饰工程，节省了人工，缩短了工期，降低了工程造价。

1. 品种和规格

装饰衬模的建筑图案共分七大类，有 193 种和 705 个规格，其中线条型衬模有 40 种，138 个规格，见图 1；木纹型衬模有 34 种，126 个规格；砖块型衬模有 8 种，38 个规格，见图 2；石块型衬模有 12 种，56 个规格，见图 3；石料型衬模有 34 种，98 个规格；平滑凹槽型衬模有 44 种，170 个规格；其他类型衬模有 21 种，79 个规格，见图 4。

图 1 线条型衬模

图 2 砖块型衬模　　　图 3 石块型衬模　　　图 4 其他类型衬模

2. 装饰衬模材料

装饰衬模的材料有以下 4 种：

（1）SPS 塑料：是由聚苯乙烯塑料制成，这种材料价格很低，一般一次性使用时非常经济。

（2）ABS 塑料：它是一种热成型 ABS 塑料，这种材料有良好的抗冲击能力和抗紫外线性能，可以重复使用 5~10 次。

（3）Dura-Tex：它是一种聚氨酯人造橡胶，具有多种优质人造橡胶的特性，可以重复使用 40 次以上。

（4）Elasto-Tex：它是一种特级聚氨酯人造橡胶，具有优异的耐久性和抗撕裂性能。能适用于复杂图案设计，拆模后不会出现毛面和不符合设计要求，可以重复使用 100 次以上。

这种装饰衬模能适用于模块化模板体系、现场制作或工厂预制的胶合板模板体系。衬模与模板的连接可以采用 U 形钉、铆钉、螺杆或粘结剂等附件，根据衬模材料的型号和现场的条件使用不同的附件。

二、塑料装饰模板

美国 ACC 模板公司于 2004 年研制开发了一种最具创新力的产品——ARCH-CRETE，这是一种全塑料装饰墙模板，它完成的装饰混凝土成品，超过了塑料或橡胶衬模的效果。这种模板的边框和内肋均为高强塑料，板面为压制成各种花纹的塑料板，利用连接件可拼装成墙模或柱模，见图 5。

浇筑混凝土后，可以浇筑各种仿石块的混凝土墙面，外形非常逼真，还可以采用液体整体着色或渗透着色对混凝土表面进行着色处理，装饰效果很好，见图 6。这种模板还可与钢框胶合板模板组合使用，见图 7。经过试验室的耐磨性试验，其反复使用可以达到 1500 次。

图 5　塑料装饰墙模　　　　图 6　仿石块的混凝土墙面　　　　图 7　与钢框胶合板模板组合

三、铝合金装饰模板

美国采用铝合金模板较多，过去美国 CONTECH 模板公司主要采用铸铝合金模板，这种模板表面可以铸成砖块型和石块型等装饰模板，但是这种模板的用铝量多，重量大，价格高。现在已大量采用型材铝合金模板，美国 SYMONS、WTF、PFI 等模板公司生产装饰铝合金模板可以浇筑各种图形的混凝土墙面，见图 8。另外，还可以在铝合金圆辊表面加工成各种图形，在混凝土地面滚压后，就可形成各种图形的混凝土地面，见图 9。

图 8　铝合金墙面装饰模板　　　　　　图 9　铝合金地面装饰模板

四、表面纹理色彩系统

Spray-Rite 表面纹理色彩系统是与装饰模板相配套的混凝土饰面技术，这个系统是基于高强混凝土涂层的特殊配方，可以将普通混凝土的灰色表面，变成一种非常完美的建筑装饰面，以增强混凝土表面的效果。这种系统的使用方式有两种：

（1）液体整体着色。其颜料是一种高纯度的人工氧化铁混合物，整体着色有 30 种标准颜色，如客户有要求，公司也可以订制颜色。整体着色的施工中，必须先将搅拌机和砂石骨料清洗干净，混凝土搅拌时要控制好水灰比和坍落度，最后加入整体着色颜料。

在混凝土浇灌前，必须高速搅拌至少十分钟。由于高纯度的氧化铁颜料能在混凝土中迅速扩散，在整个混凝土施工过程中形成均匀的颜色。整体着色工艺适用于一些特殊饰面技术，如喷砂饰面、扫地痕纹饰面、水刷石饰面以及印痕纹理饰面，可以用于大型柱子、室内外地面、预制混凝土产品以及现浇混凝土，见图 10 和图 11。

图 10　大型柱子

图 11　室外地面

（2）渗透着色。其颜料是一种渗透型活性颜料，有 10 种标准颜色，如需要特殊的颜色和效果，可以混合两种或多种标准颜色。在使用渗透着色颜料之前，新浇灌的混凝土必须养护 24 ~ 28 小时，并把混凝土表面清理干净。

在施工前，对渗透着色颜料进行彻底搅拌，用刷子和喷雾器进行渗透着色，颜料经喷涂后立即用刷子抹匀，经过喷涂的表面必须保持至少 4 小时不受干扰。渗透着色颜料可以用于光滑的或印有纹理的混凝土、水泥基底的面层、竖直或水平的混凝土及砖石表面、人工的岩石风格表面、水纹饰面以及主题饰面。渗透着色颜料可以在混凝土表面形成独特的颜色效果，让混凝土看上去拥有类似砖石结构的自然色彩，见图 12 和图 13。

图 12　砖石表面

图 13　光滑混凝土地面

54 加拿大塑料模板的发展与应用技术

一、加拿大 QUAD-LOCK 模板公司

该公司自1994年开发保温泡沫塑料墙体模板以来，目前在该行业内已占领先地位。QUAD-LOCK 体系是一种保温混凝土模板，它是由57mm 和108mm 厚的塑料模板与塑料拉结件、角部加固钢带和槽钢轨道等配件组成的。

这种模板是一次性模板，既可以作模板又可以作墙体的保温层。在成本上与传统的施工方法相比，由于模板施工操作轻便，不用大型施工机械设备，又不用拆除模板，它的施工成本更低；墙体不仅有良好的保温效果，还有较好的隔音效果，与多数建筑墙体相比，可以降低噪音50%；由于墙体有特殊的保护，能经受时间和大自然的考验而不会腐烂，所以使用这种墙体模板是安全可靠的；这种模板也是节能环保的产品，不仅可以节省大量木材，使用后还可以回收再利用，施工现场几乎没有废品。

这种模板已大量用于住宅、商场、医院和学校等建筑，见图1 和图2。

图1　住宅建筑　　　　　　　　　　图2　医院建筑

1. 墙体塑料模板

保温墙体塑料模板有主模板和附加模板两种，主模板的尺寸为长度1220mm、高度300mm、板厚57mm。其材料是高密度和添加阻燃剂的泡沫聚苯乙烯，每隔50mm 有一条沟槽，便于测量尺寸、切断和布置拉结件。附加模板的长度和高度与主模板一致，板厚为108mm，提高了墙的保温值。这种模板的通用性强，可以组合成5 个不同宽度的墙体模板。如两块主模板组合可以组成 R-22 的墙，一块主模板与一块附加模板组合，可以组成 R-32 的墙，两块附加模板可以组成 R-40 的墙，见图3。模板的上面有一排约40mm 高的圆形柱，底部有一排与圆形柱对称圆孔，见图4。保温墙体模板可以组装成平面墙、90°直角墙、135°斜角墙以及 T 形墙等，组装时，将下面模板的圆形柱对正上面模板的圆孔插入即可。

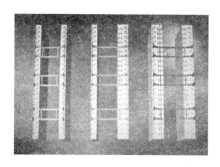

图3　R-22 R-32 R-40 规格

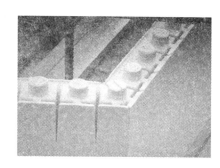

图4　墙体模板

2. 塑料拉结件

它是固定相邻模板距离的配件，其材料是高密度聚乙烯。有5个规格可以组成5种宽度的墙模板，有5种不同颜色以便于识别，其中黑色的是100mm，蓝色的是150mm，黄色的是200mm，绿色的是250mm，红色的是300mm，见图5。组装时，将拉结件的4条脚插入相邻模板，见图6。

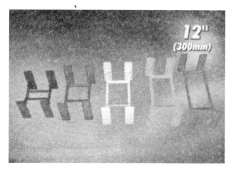

图5　塑料拉结件

图6　拉结件插入模板

3. 角部加固钢带

它是固定转角处模板的配件，其材料是镀锌钢带，可以加工成90°或任意角度，钢带上冲压一排圆孔。组装时，将钢带上的孔套入转角处模板上部的小圆柱内，使转角处模板位置得到加固，见图7和图8。

图7　T形墙加固钢带

图8　直角墙加固钢带

4. 槽钢轨道

它是放在模板底部和顶部的配件，用于保护模板底部和顶部平整和受力均匀。其材料是镀锌槽钢，宽度与墙体模板一致，有57mm和108mm两个规格。见图9和图10。

图9　底部放槽钢轨道　　　　　　　　　图10　顶部放槽钢轨道

5. 施工工艺

在墙体基础施工中，先预埋竖向钢筋，见图9。基础上按墙体的宽度放槽钢轨道，在槽钢轨道上安装墙体模板，再安装门窗洞口模板，见图11。模板安装过程中，还要进行在墙中绑扎水平钢筋、灌缝、堵洞、补缝胶等处理，见图12。然后浇筑混凝土，养护混凝土，见图13。最后对墙体模板进行贴护墙面施工，见图14。

图11　安装门窗洞口模板　　　　　　　　图12　补缝胶

图13　浇筑混凝土　　　　　　　　　　图14　贴护墙面

二、加拿大 ROYAL 建筑体系集团公司

该公司研制的 ROYAL 建筑模板是一个最具有创造性的建筑技术，它是采用大型挤压机成型的塑料建筑产品，这种产品既可作墙体模板，又可以作为墙体。在建筑模板技术行业中，该公司的产品占领先地位。这种塑料模板体系已广泛用于住宅、工厂、医院、学校、商场、施工场地的围挡等，还能适用于地震和飓风地区的建筑，在北美及世界多地得到大量应用，见图15～图18。

图 15　商场建筑

图 16　工厂建筑

图 17　医疗建筑

图 18　住宅建筑

ROYAL 建筑模板技术的特点是：

（1）施工的建筑物结构坚固

由于采用坚硬和耐久的塑料模板，在塑料模板内浇灌了混凝土，在外墙的模板中，还可以加进泡沫保温材料。这种墙体结构非常牢固可靠，混凝土浇灌完后，不用拆除模板，也不用进行墙面装修，所以施工速度非常快，并且质量很高，见图 19。

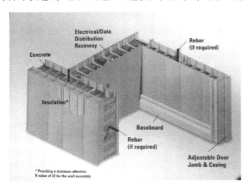

图 19　ROYAL 建筑模板结构图

（2）模板部件为模块化设计

整个模板工程的部件设计，均为模块化部件，现场组装施工十分方便，并且在模板设计中，可以将内保温层、水电管道、结构预留孔洞和各种配件等都已包括在内。因此，建筑施工现场非常文明，工程完工后，建筑物室内环境干净美观，室外装饰可以满足建筑设计艺术的要求。

（3）降低建筑工程成本

由于整个工程是将模板与墙体、保温层合为一体，因此，可以节省大量材料和劳动力，降低工程成本。另外，还可以缩短施工工期，提早用户入住。

（4）具有很好的节能减排效果

ROYAL 建筑墙体具有防潮湿和发霉，不会腐烂和渗漏，还有抗老化和虫害的能力。由于墙体内预置了保温层，提高了墙体的隔热和保温效果。另外，ROYAL 建筑模板部件都可以回收重复利用，这是一种很好的节能和环保的新型产品。

载于《建筑施工》2013 年第 4 期

55 亚洲塑料模板的发展与应用技术

一、越南 FUVI 公司发展概况

越南 FUVI 机械科技公司成立于 1994 年，FUVI 公司创建的主要业务是研究和开发高科技新产品和生产设备，如塑料制品使用的注塑模具、模压机械、钢制品的焊接机器人，以及其他高精度塑料和金属产品。

1999 年 FUVI 公司研制的塑料模板在市场销售和工程使用中得到成功，开发 FUVI 塑料模板的原由是：越南许多建筑工程都在大量采用木胶合板模板，工程完成后，胶合板损耗非常严重，报废的胶合板堆积如山，木材资源浪费非常严重。它不仅是施工成本的问题，节约木材资源和处理胶合板废弃物，对节能和环保的影响是一个值得十分关注的问题。FUVI 公司认为需要开发一套新的模板体系，这种新型塑料模板必须满足建设效率、安全和环境的要求。

2003 年 FUVI 塑料模板首次出口到国际市场，作为一个用户友好和环境友好的产品，通过许多高层项目使用和验收，FUVI 塑料模板已经被许多国家得到认可。到目前为止，FUVI 塑料模板已完成了 10000 个以上的工程项目，在世界各地 40 多个国家得到应用，如德国、俄罗斯、"阿联酋"、巴林、沙特阿拉伯、印度、澳大利亚、新西兰、智利、泰国、马来西亚、新加坡、印度尼西亚、菲律宾、柬埔寨等。

1. FUVI 塑料模板体系的特点是

（1）该套模板体系由几十种规格模板和 40 多种连接件组成，模板体系较完整。

（2）蜂窝型塑料模板采用蜂窝状的密肋布置，因此它具有耐久性和耐冲击强的特点，最大承受混凝土侧压力可达 $100kN/m^2$。

（3）模板重量轻，最大蜂窝型面板的重量仅 7kg，因此，装拆速度快、施工简便，可以减轻工人劳动强度，很适合用人工操作。可以节省起重机吊装费用，以及大量运输和搬运费。

（4）这种模板可以周转使用 100 次以上，报废后可以全部回收，再由厂家制作成新模板，是一种绿色环保的产品。

（5）塑料模板表面平整光滑，脱模方便，可以连续使用 6~7 次再涂脱模剂。

FUVI 塑料模板可以适用于各种混凝土工程的施工应用，包括各种墙体、基础、柱、梁和板等结构的模板工程。见图 1~图 3。

图 1　塑料墙模板

图 2　塑料楼板模板

图 3　塑料梁模板

FUVI 塑料模板与各种模板技术性能比较表见表1。

表1　各种模板技术性能比较表

项目	木模板	钢模板	铝合金模板	FUVI 塑料模板
可重复使用次数	5~10次	20~50次	超过100次	超过100次
表面质量	好，但使用后会迅速降低质量	好，由于板面生锈和变形会降低质量	优秀	优秀
重量	一般，10kg/m²	很重，31kg/m²左右	较轻，20kg/m²左右	非常轻，7kg/m²
安全性	一般	危险	较好	优秀
维修成本	一般	较高	一般	较低
回收率	不能回收	可以回收	回收率高	回收率高
存储要求	存储在仓库，以防风化	存储在仓库，以防生锈	没有仓库要求	没有仓库要求

2. 塑料模板品种和规格

FUVI 塑料模板是全塑料模板体系，有全塑料的平面模板、阴角模、连接角模及夹具、连接件等。

（1）平面模板

平面模板有 MPP 型塑料模板、EH 型塑料模板和蜂窝型塑料模板三种体系。

（a）MPP 型塑料模板

最早开发的是 MPP 型模板，其面板的长度为 1000~100mm 共六种模板。面板厚度为 50mm。模板与模板的连接在板面使用塑料直销连接，支撑系统包括主次梁和支撑脚手架。MPP 型体系的优点是成本低和耐久性较好，但是 MPP 型模板目前只是在越南应用。

（b）EH 型塑料模板

EH 型模板是第二代模板，其模板规格有标准模板和辅助模板两种类型，标准模板的长度为 2000~200mm 共六种，宽度为 500~200mm 共五种；辅助模板的长度为 1000~200mm 共五种，宽度为 150mm、125mm 和 100mm 三种，模板的厚度均为 50mm。在模板正面使用塑料直销连接，背面使用塑料 T 形长销和 L 形销连接，可以适用于各种结构的混凝土模板工程，也适用于滑模工程。其优点是强度大、耐久性好、使用寿命长。

（c）蜂窝型塑料模板

蜂窝型模板的模板结构和规格尺寸与 EH 型模板基本相同，为模压成型的密肋塑料模板，模板内肋采用密肋布置，间距尺寸为 50mm×50mm。模板与模板的连接方式与 EH 型模板相同，在模板的正面使用塑料直销连接，背面使用塑料 T 形长销和 L 形销连接，蜂蜜窝型模板与 EH 型模板可以通用。这种模板的不同之处是表面有 ABS 塑料涂层，模板的长度为 1500~200mm 共六种模板，宽度为 500~200mm 共五种；模板厚度也为 50mm。

蜂窝型模板也有两种基本类型，一种是楼板模板，主板规格为 500mm×1000mm，与工字形塑料梁组成先进的板、梁模板系统；另一种是墙板模板，主板规格为 500mm×2000mm，采用 30mm×60mm 的矩形钢管作背楞。两种模板系统的特点是重量轻，模板安装和拆除方便，模板的承载能力大，能反复多次周转使用，见图4。

图4　蜂窝型墙模板

（2）角模板

（a）阴角模板

阴角模板主要用于墙体和各种结构的内角及凹角的转角部位，只有一种100mm×100mm×500mm的规格模板，边肋上的插销孔距为50mm，采用T形销与其他模板连接。

（b）连接角模

这种角模主要用于柱、梁及墙体等外角及凸角的转角部位，角模板有两种规格尺寸，即50mm×50mm×500mm和50mm×50mm×1000mm。边肋上的插销孔距为50mm，采用T形销与其他模板连接。

（c）嵌补角模

这种模板主要用于梁、板、墙和柱之间结构的接头部位，只有一种100mm×100mm×100mm的规格模板，这是一种高强度和极其耐用的模板。

（d）梁侧角模

梁侧角模是用于板和梁之间，或板和墙之间形成直角的模板，模板规格有50mm×100mm×200mm、50mm×100mm×250mm、50mm×100mm×300mm、50mm×100mm×500mm和50mm×100mm×1000mm五种。模板之间的连接采用T形销，这种模板的强度高、耐用和可靠。

（3）支承件

工字形塑料梁有两种，一种是H200工字梁，截面尺寸为200mm×80mm，其外形与现行的H20木工字梁相似。另一种是H240工字梁，截面尺寸为240mm×80mm，中间腹板为M形的空心ABS塑料芯。塑料工字梁的特点是轻便耐用，承载能力高；长度可以用钉子或螺丝方便地连接，见图5。

（4）连接件

FUVI塑料模板体系的连接件有40多种，其中塑料连接件有直销、T形销、L形销、圆形填补塞、长形填补塞、U形卡具和楔块等。钢材连接件有对拉螺栓、碟形扣件、走道支架、柱箍、可调支柱、可调底座和可调顶托等。

图5　塑料工字梁

3. 工程应用

FUVI塑料模板与各种支承件和连接件组合成的模板体系，已在许多工业和民用建筑工程的墙、柱、梁及圆形筒体等混凝土结构中广泛应用。还可以拼装成大模板、台模、滑动模板、桥梁模板等，在许多施工工程中也已得到广泛应用，见图6～图9。

图6　塑料大模板

图7　塑料台模板

图8　塑料滑动模板　　　　　　　　　　　　　图9　塑料桥墩柱模板

二、韩国韩华集团公司

GMT是玻璃纤维连续毡增强热塑性复合材料（Glass Fiber Mat Reinforced Thermoplastics）的英文缩写，它是用可塑性的聚丙烯及其合金为基材，中间加进玻璃纤维和云母组合增强而成的板型复合材料，它是目前国际上最先进的复合材料之一。它具有钢材、玻璃钢等材料的共同优点，如重量轻、强度高、耐疲劳、耐冲击、有韧性、防腐性好、耐磨性和耐水性好等。

GMT在国际上是20世纪80年代才开发，20世纪90年代广泛应用的"以塑代钢"新型复合材料，目前国际上年产量约15万吨左右，主要生产地在美国、德国、韩国和日本等国家，主要用于中高档汽车结构材料和零配件、建筑模板、包装箱和集装箱的底板与侧板、家用电器、化工装备、体育场馆的座椅和运动器材、军工产品等。韩国和日本的GMT建筑模板已大量用于建筑工程中。见图10、图11。

图10　韩华塑料楼板模板　　　　　　　　　　图11　韩华塑料墙模板

韩国韩华集团公司加工制作的GMT建筑模板在韩国已广泛应用，最近，在北京和上海的多个建筑施工工程中得到应用，这种模板可用于楼板模板和墙体模板施工，其主要特点是：

（1）由于GMT复合材料的强度和刚度较高，一般情况下，素板可以重复使用45次以上，钢框塑料模板可以使用百次以上。并且在受热情况下不会产生变形或弯曲。

（2）模板重量轻，重量仅为7.8kg/m²，最大模板0.91m×1.82m的重量为13kg，比木模板还轻，很适宜人工操作，施工很方便，可节省施工费用和减轻工人劳动强度。

（3）脱模容易，不使用脱模剂也可容易拆除，并且混凝土表面平整光洁。由于这种模板是半透明的产品，采光性较好，大大提高了施工现场的安全性和经济性。

（4）这种模板可以全部回收再利用，节省了废物处理费，作为"以塑代木"的替代产品，有利于节约木材，保护森林资源和生态环境。

三、日本 KANAFLEX 集团公司

该公司研制开发了一种轻型塑料模板，这种模板采用正反面均为平面，中间用竖肋隔成许多空心的结构，因此模板重量很轻，重量仅为 6.9kg/m²，比木胶合板模板还轻 20% 以上。这种模板厚 12mm，主要应用于楼板模板施工，并可以与木胶合板模板通用，周转使用次数可达 20 次以上，也可以在塑料板面上加工木框，提高模板的承载能力，这种木框塑料模板可以作墙体模板施工，见图 12。

图 12　日本轻型塑料模板

载于《建筑技术》2014 年第 8 期

56　加拿大 TABLA 早拆模板体系

应加拿大 TABLA 公司、Aluma 公司和美国 Petent 模板公司加拿大分公司的邀请，中国模板协会于 2008 年 10 月初组织技术考察团，赴加拿大进行考察。参观了 4 个施工工地，3 个租赁公司，取得较大的收获。

加拿大 TABLA 建筑模板系统公司为了研发早拆模板体系，投入数十人的研究人员和 400 多万美元的研究经费，历经四年的研究设计，并经过三年的工厂试验和建筑工地现场实际应用。该产品取得了多项国际专利技术，并在北美市场上和中东地区得到了大量的应用，使用效果很好，深得施工单位的好评。

该早拆模板体系是在确保现浇钢筋混凝土结构的施工安全、符合施工规范要求、保证施工工程质量的前提下，加快材料周转，减少投入，降低成本，提高工效，加快施工进度，缩短工期，具有显著的经济效益和良好的社会效益的一种先进的施工新技术。

一、TABLA 早拆模板的技术特点

1. TABLA 早拆模板技术是当今国际上技术最先进、效率最高、最安全可靠的早拆模板技术之一。由于采用了桌面化的设计，让模板搭拆变得像搭设积木一样简单，通过特殊的设计和产品制造，形成了独特的刚性板面结构，同时大幅度降低了单件产品的重量，最重的产品达 46kg，两个普通工人就能方便地进行模板安装，模板的搭拆在少吊装设备甚至是无吊装设备的情况下也能完成。

2. 模板的组装工作 90% 是在地面上实现，然后再进行空间组装，同时安全防护设施随同模板一起达到模板安装层，有效保证了结构的安全可靠性和施工安全性。同时大大提高了工效，两个普通工人就能方便快捷地进行模板安装，4 个工人可完成整层楼板模板的装拆施工；一般熟练工人每小时安装模板能达到 $31m^2$（约 11 块模板），拆除模板能达到 $57m^2$（约 20 块模板），并且在拆除模板时，无需拆除支撑，在混凝土达到早拆强度时，可加快模板的周转使用率。见图 1。

图 1　模板安装施工

3. 有效解决了传统模板零部件种类繁多、难以管理的缺点。这种支模体系可以不要主、次梁，基本部件只有两个，一是铝合金框胶合板模板，二是可调钢支柱，使在建筑工程中常用的模板、支柱和辅助构件成为简单快捷装拆的施工工具。其特点是操作简单，技术工人要求低，稍经培训即可操作，施工速度快。

4. TABLA 体系全部采用经过表面喷塑处理的铝合金型材、热镀锌的钢构件和维萨胶合板模板，构件之间的连接采用锚固技术，消除了焊接工艺。胶合板模板的反复周转使用率可达到 50 次，铝合金框架的使用寿命可达到 200 次，大大减少了不可再生资源投入，从而达

到绿色环保的要求。

二、TABLA 早拆模板体系的主要部件

TABLA 水平模板体系主要由不同尺寸的模板、支柱、辅助构件、安全设施等组成。

1. TABLA 模板

TABLA 模板由铝合金结构框、角部铰锁及维萨面板组成，见图 2、图 3。TABLA 模板具有多种尺寸规格，分为基本板和调节板。基本板与调节板搭配使用，可以使模板的大小适合建筑结构尺寸的变化。模板基本板有 6 种，其中长度规格有 1200mm、1800mm、2400mm 三种，宽度规格有 600mm、1200mm 两种。

$8' \times 2'/2400 \times 6$

图 2　TABLA 模板

图 3　模板角部（自动铰锁）

所有的模板角部都设有自动铰锁，确保结构在工作状态下的安全性和稳定性。所有部件全部采用专用铆钉铆接，见图 4。TABLA 模板具有较好的整体强度和刚性，保证模板在正常使用下的承载需要和稳定，提高周转使用率。

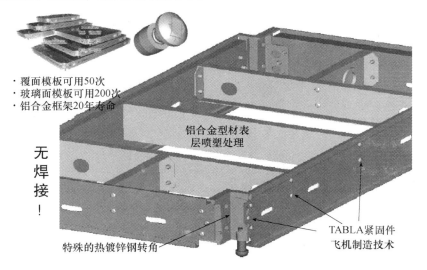

· 覆面模板可用50次
· 玻璃面模板可用200次
· 铝合金框架20年寿命

铝合金型材表层喷塑处理

无焊接！

特殊的热镀锌钢转角

TABLA紧固件飞机制造技术

图 4　模板采用铆接

2. TABLA 钢支柱

TABLA 钢支柱有 P2 和 P3 两种规格，P2 的长度为 2100～3200mm，P3 的长度为 2500～3650mm，还有一种辅助支柱的长度为 1220mm，见图 5。TABLA 钢支柱的特点是采用高强度钢管、承载力高、能实现快速卸载和二次支撑的系统、可在地面上操作完成支架的高度调节。支架的高度一般采用标准构件 P3，如配合脚手架体系，可以达到十几米的支撑高度，见图 6。

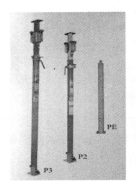

图 5　TABLA 钢支柱

图 6　与脚手架组合拼装

三、TABLA 早拆模板技术

TABLA 早拆模板技术充分考虑了安装、拆卸的方便和快捷，保证了结构的安全可靠性，同时大大提高了工效。如图 7 所示，TABLA 早拆模板技术是利用模板角部的自动铰锁和钢支柱上的早拆头来完成。首先将操作杆的顶端顶住早拆头的活动托座，抬起操作杆撬动活动托座，早拆头便能下落，见图 8。

早拆头下落后，带动模板与混凝土楼板脱离，钢支柱仍然顶住混凝土楼板，见图 9。这时可将操作杆抬起模板，将模板慢慢放下，逐块拆除，见图 10。

图 7　早拆模板安装

图 8　早拆头下落过程

图 9　模板脱离楼板

图 10　拆除模板

混凝土达到脱模强度后，可以将钢支柱拆卸下来，拆卸的方法有两种，一种是螺管拆卸法，在螺管的转盘上面，附加两个带斜面的盘，插销放在上面的盘上，敲动下盘，使上下盘的斜面合拢，插销和插管随着一起下落，脱离混凝土楼板，见图11。

图11　螺管拆卸法

另一种是底座拆卸法，在钢支柱的下面有一个底座，底座内有一个楔块，敲动楔块，插管随着一起下落，脱离混凝土楼板，钢支柱即可拆卸，见图12。

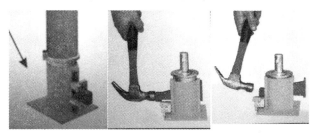

图12　底座拆卸法

写于2014年4月

57　国外插销式钢管脚手架的发展与应用技术

　　建筑脚手架是建筑施工工程中的重要施工工具。在国外脚手架工程中，发达国家的脚手架大多向装拆简单、移动方便、承载性能好、使用安全可靠的多功能方向发展。

　　20 世纪 80 年代以来，欧美等发达国家开发了各种类型的插销式脚手架。这种脚手架是立杆上的插座与横杆上的插头，采用楔形插销连接的一种新型脚手架。由于它具有结构合理、承载力高、装拆方便、节省工料、技术先进、安全可靠等特点，在欧洲、美国等许多发达国家应用很广泛，是当前国际主流脚手架。该脚手架的插座、插头和插销的种类和品种规格很多，可以分为两种主要形式，即盘销式脚手架和插接式脚手架。

一、盘销式脚手架

1. 圆盘式脚手架

　　这种脚手架是德国莱亚（Layher）公司在 20 世纪 80 年代首先研制成功，其插座为直径 120mm、厚 18mm 的圆盘，圆盘上开设 8 个插孔，横杆和斜杆上的插头构造设计先进，组装时，将插头先卡紧圆盘，再将楔板插入插孔内，压紧楔板即可固定横杆，见图 1。

　　目前在许多国家采用并发展了圆盘式脚手架，它的插座有圆盘形插座（图 2）、多边形插座（图 3）、八角形插座（图 4）等多种形式。插孔有八个，其形状也多种多样。插头和楔板的形状及连接方式各不相同，脚手架的名称也不同，如德国呼纳贝克（Hunnebeck）公司称为 Modex，加拿大阿鲁玛（Aluma）公司称为 Surelock。

图 1　圆盘式脚手架

图 2　圆盘形插座

图 3　多边形插座

图 4　八角形插座

这种脚手架在构造上比碗扣式钢管脚手架更先进，其主要特点是：

（1）连接横杆多，每个圆盘上有 8 个插孔，可以连接 8 个不同的横杆和斜杆。

（2）连接性能好，每根横杆插头与立杆的插座可以独立锁紧，单独拆除，碗扣式钢管脚手架必须将上碗扣紧才能锁定，同样，拆除横杆时，也必须将上碗松开。

（3）承载能力大，每根立杆的承载力最大可达 48kN。

（4）适用性能强，可广泛用作各种脚手架、模板支架和大空间支撑。

2. 圆角盘式脚手架

德国 PERI 公司开发的圆角盘式脚手架，其圆角盘插座上有四个大圆孔和四个小圆孔，横杆插头插入大圆孔内，斜杆插头插入小圆孔内，见图 5。其不但可广泛用作脚手架和模板支架，还用作看台支架。

韩国金刚工业株式会社开发的圆角盘式脚手架，其圆角盘插座上只有四个插销孔，脚手架结构简单，装拆方便，主要用作模板支架和民用建筑脚手架，见图 6。

图 5　德国圆角盘插座和插头　　　　　　图 6　韩国圆角盘插座和插头

3. 方板式脚手架

日本朝日产业株式会社在 20 世纪 90 年代研制成功了方板式脚手架，见图 7。其插座为 100mm×100mm×8mm 的方形钢板，四边各开设 2 个矩形孔，四角设有 4 个圆孔。横杆插头的构造设计新颖独特，加工精度高。组装时，将插头的 2 个小头插入插座的 2 个矩形孔内，打下插头的楔板，通过弹簧将内部的钢板压紧立杆钢管，锁定接头，故接头非常牢固。拆卸时，只要松开楔板，就能拿下横杆。其主要特点是：

（1）结构合理，安全性好。每个接头可连接 4 个不同方向的横杆，在方钢板四角上有 4 个圆孔，可以连接水平杆，增加脚手架的整体刚度。

（2）插头的自锁功能强，锁定牢固，装拆方便，将插头的楔板按下就可锁定，拔出楔板即可拆卸。

（3）承载能力强，每根立杆的承载力最大可达 80kN。

（4）采用单元方塔架受力方式，可以组合成 1800mm×1800mm，1800mm×900mm，900mm×900mm 三种塔架，根据施工荷载大小，确定塔架间的间距，受力合理，施工操作空间大。

西班牙方板式脚手架的方钢板插座和插头结构简单，方钢板上只开了四个长方形孔，插头的自锁功能和承载能力差一些，见图 8。

图 7　日本方板式插座和插头

图 8　西班牙方板式插座和插头

二、插接式脚手架

1. U 形耳插接式脚手架

法国 Entrepose　Echaudages 公司在 20 世纪 80 年代研制成功了 U 形耳插接式脚手架，见图 9。该公司是一家有 50 多年历史的老企业，它开发设计的 U 形耳插接式脚手架在欧洲和亚洲建筑市场已得到大量推广应用。其主要特点如下：

（1）结构合理，构造新颖。每个插座可以连接 8 个不同方向的横杆和斜杆。

（2）结构稳定性好，每根立杆的承载力最大可达 90kN。

（3）装拆灵活，搭接牢固。可以满足各种平面形式和空间结构的变化。

（4）适用性能强，安全可靠。可以适用于各种建筑物施工的脚手架，大跨度结构混凝土浇筑的支撑，大跨度钢结构施工平台支撑。

U 形耳插接式脚手架在不少国家已得到普遍应用，图 10 是美国 WAGO 公司的脚手架，图 11 是日本公司开发的脚手架，图 12 是澳大利亚的脚手架。这些脚手架的构造都比较简单，每个插座只能连接 4 个横杆，其承载能力和使用效果都没有法国脚手架的性能好。

图 9　法国 U 形耳插座和插头

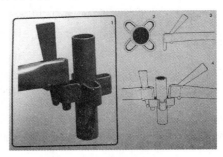

图 10　美国 U 形耳插座和插头

图 11　日本 U 形耳脚手架

图 12　澳大利亚 U 形耳脚手架

2. V形耳插接式脚手架

这种脚手架是在20世纪90年代研制成功的，其结构型式是每个插座由4个V形耳组成，插头为U形耳，组装时，先将U形耳插头与V形耳插座相扣，再将楔板插入V形耳插座内，压紧楔板即可固定。其主要特点是：

（1）结构简单，装拆方便，将插头的楔板打入V形耳插座内即可锁紧，拔出即可拆卸。

（2）整体刚度好，承载能力高，每根立杆的承载力最大可达40kN。

（3）适用范围广，可广泛用于房屋建筑结构的内外脚手架，桥梁结构的支模架，临时建筑物框架及移动脚手架等。

在国外已有不少国家采用这种脚手架，如智利Unispan公司生产的插接式脚手架，在南美许多国家已大量应用，见图13。在印度、"阿联酋"、埃及等国家也已大量采用这种脚手架，并准备打入国际市场，分别见图14、图15和图16。这些脚手架的插座形式基本相同，都是V形耳插座，插头的形式有些不同，如智利、"阿联酋"和埃及的插头都是U形耳插头，印度的插头是香蕉式插头。

图13　智利V形耳插座和插头

图14　印度V形耳插座和插头

图15　"阿联酋"V形耳脚手架

图16　埃及V形耳脚手架

三、几点体会

1. 不断提高脚手架技术水平

国外模架公司能得到快速发展，主要是不断开发新产品，提高技术和安全性能，满足施工工程的需要。20世纪50年代美国开发了门式脚手架，20世纪70年代英国开发了碗扣式钢管脚手架，20世纪80年代德国开发了插销式脚手架，脚手架技术不断提高，到20世纪90年代已成为主导脚手架，经历了近三十年的不断发展过程。

日本20世纪50年代以扣件式钢管脚手架为主导脚手架，到20世纪70年代转为门式脚手架为主导脚手架，经历了二十多年的发展过程。我国从20世纪60年代开始应用扣件式钢管脚手架，到20世纪80年代这种脚手架成为主导脚手架，也经历了二十多年，从20世纪

80 年代到现在又经历了近三十年，这种脚手架仍是主导脚手架。我国要将插销式脚手架成为主导脚手架，已经落后了二十多年，推广新型脚手架的困难重重，安全事故仍在不断发生。

2. 加强脚手架质量监督管理

要解决脚手架的安全隐患问题，最关键是要有严格的质量管理体制和有权威的质量监控机构。如日本劳动省授权仮设工业会三项职能：

（1）产品质量认证。由该会负责对模板、脚手架进行产品质量检查，颁发产品质量合格证书，产品上可打印工业会的产品认证标记。

（2）产品安全认可。除质量认证外，还必须通过安全认可，由工业会发给安全认可证书的产品才能在施工中使用。

（3）产品标准制定和实施。由工业会负责对模板、脚手架产品制定标准，并定期组织标准培训班和产品质量检验等活动。

目前，我国扣件式钢管脚手架钢管 80% 以上不合格，扣件 90% 以上不合格，碗扣式钢管脚手架 80% 以上不合格。主要问题是生产企业无产品合格证书和安全认可证书，建筑市场十分混乱，缺乏严格的质量监督和管理，大批不合格脚手架流入施工现场，安全隐患非常严重，必须下大力气整治。

3. 大力发展专业模架公司

大力推广应用新型脚手架，逐步替代扣件式钢管脚手架，是解决施工安全的重要措施。根据国外的经验，推广新型脚手架的最好途径是发展专业模架公司。专业模架公司在经济发达国家已有几十年的历史，并且有不少专业模架公司已成为跨国模架公司。我国在发展专业模架公司方面，还面临体制、管理，市场等需要解决的问题。随着建筑企业的改制，相信不久也会出现各类模架专业公司，模架工程专业化将是今后发展的趋势。

载于《建筑施工》2013 年第 10 期

历年考察国外著名模板公司合影照片

1991 年考察德国 HUNNEBECK 公司

1996 年考察日本川铁机材工业

2002 年考察德国 PALE 公司

2002 年考察奥地利 DOKA 公司

2002 年考察芬欧汇川木业公司

2004 年考察意大利 PILOSIO 公司

2005 年考察美国 Symons 公司

2004 年考察英国 SGB 公司

2005 年考察台湾 SPI 公司和美国 EFCO 分公司

2006 年考察韩国金刚工业株式会社

2008 年考察加拿大 Aluma 公司

2010 年考察丹麦

北京奥宇集团

塑料模板
——绿色建造模板体系

可调独立方柱模板

塑料模板是新兴绿色施工技术的研发方向。已被国家建设主管部门列入"十二五"期间推广的十项新技术之一。奥宇模板公司参编的《塑料模板》行业标准即将颁布，将为塑料模板的推广应用提供依据。奥宇模板体系——塑料模板，是为推进绿色建筑科技进步满足绿色施工技术要求研发的新产品。产品标准化程度高，可以很少的构件满足大量的工程需要，方便现场的施工管理。

塑料模板可广泛用于各种土木工程。可用于竖向结构也可用于水平结构；可用于整装拆也可用于散装拆；可用于现浇混凝土也可用于自然养护预制构件生产。

使用完毕的塑料模板可由奥宇模板公司回收再生，实现资源重复利用，最大限度降低施工对环境的影响并为用户创造价值！

奥宇模板公司年产 30 万平方米塑料模板生产线已投入使用。

楼板模板工程案例

顶板支模图

顶板拆模效果图

墙板模板工程案例

支模图

拆模效果图

地址：北京市大兴工业开发区金星路 12 号　邮编：102600　电话：8610-69245269
传真：8610-60214741　网址：www.chinaoyu.com

The Biofore Company **UPM**

WISA® — 建筑模板
优质混凝土工程的保证

芬欧汇川（中国）有限公司
胶合板销售
电话：021-6448 5552
传真：021-6448 5489
手机：13501051048
www.wisaplywood.com
www.upm.com/cn

声明：芬欧汇川集团所有维萨®建筑模板在国内没有任何形式的生产加工基地和授权生产厂家，所有产品均为欧洲原产。

石家庄市太行钢模板有限公司

SHIJIAZHUANGSHI TAIHANG GANGMUBAN YOUXIAN GONGSI

石家庄市太行钢模板有限公司，始建于1986年，主要产品有铝模板、钢模板、异形模板、钢框模板、脚手架等，是全国模板、脚手架生产的一级资质企业，是中国模板协会副理事长单位，是新加坡房屋建筑局HDB确认企业，是河北省"重合同、守信用"单位，是钢模板、钢跳板产品出口企业，是通过ISO9001国际质量管理体系认证企业。曾荣获"全国模板、脚手架名牌企业"和"全国模板租赁行业用户信得过企业"称号。

铝模板工地

铝模板

钢模板施工现场

车间一角

Group.
production manual. 极限品质 见证辉煌

地址：石家庄市学府路柳青街11号
网址：www.thgmb.com
邮箱：thmb1986@126.com
电话：0311-868520029、87751598、87753050
传真：0311-86820028

三博模板 SANBO FORMWORK

跨海大桥-港珠澳大桥:预制承台桩基孔模板(φ3600mm)

越南—纯圆穿行式针梁衬砌台车

京包高速—液压爬模

马来西亚槟城二桥—挂篮

马来西亚—预制节段拼装模板系统

沙特阿拉伯—液压倾斜平台

委内瑞拉TIUNA社会住房工程-液压爬模

哈大客运专线—挂篮

韩国高铁—30米、35米整体共用箱梁模板

科威特跨海大桥—一拖四全自动T梁

涿州市三博桥梁模板制造有限公司

地　　址：河北省涿州市城西北街51号　Http:www.sanbo.com.cn　E-mail:sanbo01@263.net.cn
电　　话：0312-3632957　　010-81202838　全国客服电话:4008-126-800　传真:0312-3632902

兴山木业
XINGSHAN WOOD
中 国 清 水 模 板 龙 头 企 业

廊坊兴山木业有限公司创建于1993年10月，占地24万平方米，其中建筑面积8万平方米，公司位于环渤海经济圈中心地带，地理位置十分优越。现有职工1180余人，拥有国内外先进设备160台（套），专业生产各种规格酚醛覆膜清水模板、清水圆柱模板、定尺覆塑胶合板模板。已成为我国木模板行业的龙头企业。

企业以"集合智慧、成就梦想"为宗旨，秉承"兴业报国、品质如山"的企业精神，遵循"金山模板、金牌品质"的品牌理念，依托人才与科学管理，依靠先进的技术和设备，优质的产品，实现企业长远发展。

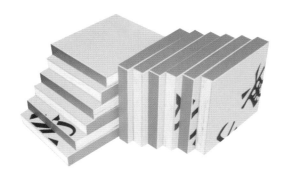

覆塑贴面封边定尺胶合板模板
反复使用80次以上

清水圆柱模板
反复使用15~30次

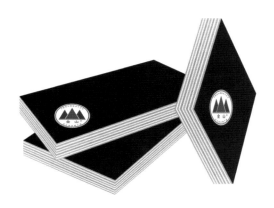

国产黑覆模板
反复使用20次以上

芬兰太尔覆模板
反复使用30次以上

速捷架®
www.jumply.cn

"绿色、安全、专业、高效"

关于我们

"速捷架"公司由无锡市锡山三建实业有限公司投资成立，是集脚手架、系统模板产品研发、生产、销售、设计咨询、租赁、施工、技术服务一体化的国家高新技术企业，下辖无锡速捷脚手架工程有限公司、无锡速建脚手架工程技术有限公司和无锡速接系统模板有限公司，统称为"速捷架"公司。公司主编了中华人民共和国行业标准《建筑施工承插型盘扣式钢管支架安全技术规程》(JGJ231-2010)，同时参编了中华人民共和国行业标准《船用脚手架安全要求》(CB4204-2012)。

速捷架产品被江苏省认定为高新技术产品，已注册多项专利（ZL200810194686.7、ZL201010285568.4），并被住建部列为2010年重点推广的建筑业10项新技术之一。产品已广泛应用于建筑、市政路桥、轨道交通、能源化工、航空工业、船舶工业、大型文体活动临建设施等领域。为了满足市场需要，速捷架公司已投资10000吨速捷架产品用于租赁市场，并专门引进资深技术人员和专业施工队伍组建了一支一体化技术服务团队，已成功承建上海中国博览会会展中心、港珠澳大桥、京沪高铁、苏州高架、无锡地铁、南京地铁、宁波地铁、上海虹桥机场航站楼、禄口国际机场、杭州萧山机场、南京航天晨光探伤室、常州紫荆公园120景观塔苏州西山观音像、山东兖州兴隆文化园金瓶、2008北京奥运会倒计时一周年及青岛奥帆赛开闭幕式工程等一系列桥梁、建筑及舞美工程。

上海·中国博览会会展综合体项目高支模项目

中国博览会会展中心位于上海虹桥交通枢纽西侧，建设用地面积约104公顷。

我公司承接C1区展厅16m高支模专业分包项目，其中主框架梁尺寸为1800mm×2650mm，次框架梁尺寸为600mm×2500mm，楼板厚180mm，主框架梁下部承重支架采用速捷架A型立杆（Q345，Φ60.3mm×3.2mm），立杆间距0.9m×1.2m，步距1.5m；次框架梁及楼板均采用速捷架B型立杆（Q345，Φ48.3mm×3.2mm），立杆间距1.2m、1.5m、1.8m，步距1.5m。

方案设计时，考虑支模高度较高，体量较大，主次框架梁加腋块形面多变且分布不规则的特点，在次框架梁底设置了型钢平台并作为次框架梁模板主龙骨，同时在型钢平台上直接搭设楼板模板支架，这样使荷载在较大区域通过型钢向受力小的区域传递，从而增加了一道安全保障。

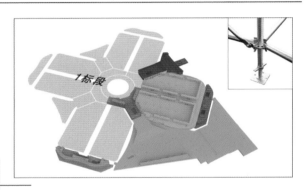

"速捷架"具有安全性能高、搭设方便、节约用功、外形美观等优点。"速捷架"体系具有重荷载、加腋形面复杂多变、施工周期短，在C1F2区的16m高支模支持系统的搭设上，采用"大梁型钢平台"的设计理念，在增强了架体整体稳定性的同时，含钢量降低到11.5kg/m³，又具有很强的灵活性，使施工速度大大提高，为后期施工奠定了基础，提供了保障。

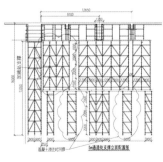

▶ 综合效益

- 材料用量较传统脚手架　　1:5
- 人工成本较传统脚手架　　1:3
- 运输量较传统脚手架　　　1:5
- 时间节省 **50%**、材料损耗 **9‰**、综合成本下降**15%**

地址：江苏省无锡市锡山区锡北镇锡港西路107号　　邮编：214194

电话：0510-83796833-6060　　传真：0510-83795588-6067

网址：www.jumply.cn　　E-mail：sales@jumply.cn　　外销网站：www.rapid-scaffold.com